Heidelberger Taschenbücher Band 15

Lothar Collatz Wolfgang Wetterling

Optimierungsaufgaben

Zweite Auflage

Mit 62 Abbildungen

Springer-Verlag Berlin Heidelberg New York 1971

AMS Subject Classifications (1970): 90-01, 90 C 05, 90 C 10, 90 C 20, 90 C 25, 90 C 30, 90 C 50, 90 D 05, 90 D 10, 90 D 12, 65 K 05, 65 N 15, 41 A 50, 49-01

ISBN-13: 978-3-540-05616-4 e-ISBN-13: 978-3-642-65286-8
DOI: 10.1007/978-3-642-65286-8

Herstellung: Konrad Triltsch, Graphischer Betrieb, 87 Würzburg

Vorwort zur 2. Auflage

In diese zweite Auflage sind neben kleineren Berichtigungen mehrere neue Abschnitte aufgenommen: Dualitätssätze werden jetzt auch für lineare Aufgaben mit unendlich vielen Restriktionen und für konvexe Aufgaben angegeben, im Rahmen der nichtlinearen Optimierung werden verschiedene Varianten der Konvexität wie Pseudo- und Quasikonvexität behandelt, und für nichtlineare Aufgaben ohne Konvexitätsvoraussetzungen werden Minimalbedingungen hergeleitet.

In den Abschnitten 6.8 und 6.9 und in den Aufgaben am Ende des Buches findet man eine Reihe neuer Beispiele. Diese stammen meist aus den Anwendungen; die Kluft zwischen Theorie und Praxis überbrücken zu helfen ist ein Anliegen, das die Verfasser bei der Gestaltung dieses Bändchens geleitet hat.

Auf das wichtige Gebiet der optimalen Steuerungen näher einzugehen war leider auch bei dieser Auflage wegen Raumbeschränkung nicht möglich; so wurde lediglich an einem Beispiel die Problemstellung erläutert. Entsprechendes gilt für eine ausführlichere Darstellung der Methoden zur ganzzahligen Optimierung.

Wir danken den Herren Dr. F. Lempio und P. Gragert für ihre sorgfältige Hilfe bei den Korrekturen und dem Springer-Verlag für das verständnisvolle Eingehen auf alle Ergänzungswünsche.

Sommer 1971 L. Collatz W. Wetterling

Aus dem Vorwort zur 1. Auflage

Das Gebiet, in das dieses Buch eine Einführung geben möchte, hat sich erst in den letzten 20 Jahren zu einem großen neuen Wissenszweig entwickelt; in der deutschsprachigen Literatur hat es noch nicht einmal eine einheitliche Bezeichnung gefunden. Auch weiterhin ist es ein Gegenstand intensiver mathematischer Forschung. Die schnelle Entwicklung ist nicht zuletzt darauf zurückzuführen, daß hier eine besonders enge Berührung zwischen der Theorie und den Anwendungen besteht.

Optimierungsaufgaben sind in sehr verschiedenartigen Anwendungsgebieten aufgetreten, auch in Gebieten, in denen früher mathematische Methoden nur wenig verwendet wurden, wie z. B. in der Volks- und Betriebswirtschaftslehre. Es zeigte sich ferner, daß Fragen aus sehr verschiedenen Teilen der numerischen Mathematik sich dem Problemkreis der Optimierung unterordnen; so führen viele Typen von Anfangswert- und Randwertaufgaben bei gewöhnlichen und partiellen Differentialgleichungen, Approximationsaufgaben, spieltheoretische Fragen und vieles andere auf Optimierungsaufgaben. Der wachsenden Bedeutung dieses Gebietes entsprechend, sind in letzter Zeit eine Anzahl Lehrbücher erschienen, so daß man nach der Berechtigung eines weiteren Buches fragen wird. Nun beschäftigen sich die meisten der vorhandenen Lehrbücher mit Teilgebieten, z. B. mit linearer oder mit nichtlinearer Optimierung (oder „Programming"), mit Spieltheorie usw. So war es die Absicht dieses Buches, einen gewissen Überblick über das gesamte Gebiet zu vermitteln und dabei besonders auch die Zusammenhänge und Querverbindungen zwischen den verschiedenen oben bereits genannten Gebieten darzustellen. Da wir außerdem den Eindruck haben, daß selbst in Mathematiker-Kreisen diese neuen Gebiete, z. B. die schönen allgemeinen Sätze über Systeme von Gleichungen und Ungleichungen, noch nicht allgemein bekannt geworden sind, wollten wir mit diesem Buche eine allgemeine, leichtfaßliche und auch dem Praktiker verständliche Einführung in dieses vielgestaltige Gebiet mit vollständigen Herleitungen geben, ohne jedoch allzusehr auf die Einzelheiten der rechnerischen Durchführung einzugehen. Auch konnten verschiedene weitergehende Fragen, wie z. B. die Theorie der optimalen Prozesse (nach PONTRJAGIN) und die dynamische Optimierung (nach BELLMAN) nicht besprochen werden.

Das Buch ist aus verschiedenen Vorlesungen der Verfasser an der Universität Hamburg entstanden. Einer der beiden Verfasser hat auch in den Anfänger-Vorlesungen über „Analytische Geometrie und Algebra" im ersten Semester die Alternativsätze über Systeme von Gleichungen und Ungleichungen bis zum Dualitätssatz der linearen Optimierung (in diesem Buch § 5) gebracht, weil sich diese Sätze im unmittelbaren Anschluß an die Matrizenlehre und den Begriff der linearen Abhängigkeit von Vektoren in wenigen Stunden darstellen lassen; es erscheint wünschenswert, diese Dinge, die in manchen Ländern sogar in Arbeitsgemeinschaften höherer Schulen besprochen werden (wozu sie sich sehr gut eignen), dem jungen Studenten nahezubringen, da sie zur Verbreitung der Mathematik in anderen Wissenschaften beitragen und daher sicherlich ihre Bedeutung in Zukunft noch steigen wird.

Wir danken Herrn Dr. WERNER KRABS und Fräulein ELSBETH BREDENDIEK für sorgfältiges Korrekturenlesen; der erstgenannte Verfasser dankt Herrn Dr. KRABS für wertvolle Hinweise anläßlich seiner Vorlesungen, und unser besonderer Dank gilt dem Springer-Verlag für die verständnisvolle Unterstützung unseres Vorhabens und für die bekannt gute Ausstattung auch dieses Springer-Buches.

Hamburg, Sommer 1966 L. COLLATZ W. WETTERLING

Inhaltsverzeichnis

Optimierungsaufgaben

I. Lineare Optimierung

§ 1. Einführung

Anhand einfacher Anwendungsbeispiele wird die Formulierung allgemeiner linearer Optimierungsaufgaben in Matrizenschreibweise entwickelt.

1.1. Grundtyp der Optimierungsaufgaben

Beispiel 1. Es wird als erstes ein Problem der Produktionsplanung diskutiert, dessen mathematische Formulierung bereits auf den allgemeinen Typ einer linearen Optimierungsaufgabe führt.

In einem Betrieb können q verschiedene Produkte hergestellt werden. Hierzu werden Hilfsmittel verwendet, und zwar m verschiedene Typen von Hilfsmitteln (Arbeitskräfte, Rohstoffe, Maschinen usw.), die jedoch nur in beschränkter Menge zur Verfügung stehen. Bei der Herstellung einer Mengeneinheit des k-ten Produkts erzielt man einen Reingewinn p_k $(k = 1, \ldots, q)$. Werden also vom ersten Produkt x_1 Mengeneinheiten, vom zweiten x_2 Mengeneinheiten usw., allgemein vom k-ten Produkt x_k Mengeneinheiten hergestellt, so ist der Gesamtgewinn $\sum_{k=1}^{q} p_k x_k$. Es soll nun ein Produktionsplan aufgestellt werden, bei dem der Gesamtgewinn möglichst groß wird. Dabei ist zu berücksichtigen, daß das j-te Hilfsmittel nur bis zu einer endlichen Maximalmenge b_j zur Verfügung steht und daß zur Herstellung einer Mengeneinheit des k-ten Produkts die Menge a_{jk} des j-ten Hilfsmittels benötigt wird. Die x_k sind also so zu wählen, daß die Ungleichungen $\sum_{k=1}^{q} a_{jk} x_k \leqq b_j$ $(j = 1, \ldots, m)$ erfüllt sind, weiterhin sollen natürlich die Mengen $x_k \geqq 0$ sein.

Das gestellte Problem kann somit formuliert werden als *Lineare Optimierungsaufgabe:*

Gegeben sind p_k, b_j, a_{jk} $(j = 1, \ldots, m;\ k = 1, \ldots, q)$*. Die x_k sind so zu bestimmen, daß

$$Q(x_1, \ldots, x_q) = \sum_{k=1}^{q} p_k x_k = \text{Max!}, \tag{1.1}$$

---

* Alle hier auftretenden Größen sind reell.

d.h. möglichst groß wird unter den Nebenbedingungen

$$\sum_{k=1}^{q} a_{jk} x_k \leqq b_j \qquad (j = 1, \ldots, m) \tag{1.2}$$

und den Vorzeichenbedingungen

$$x_k \geqq 0 \qquad (k = 1, \ldots, q)\,. \tag{1.3}$$

Die Schreibweise $Q(x_1, \ldots, x_q) = \text{Max!}$ bzw. $= \text{Min!}$ wird auch weiterhin ständig verwendet. Sie besagt, daß

1. zu prüfen ist, ob die Funktion Q unter den angegebenen Nebenbedingungen ein Maximum bzw. Minimum besitzt, und wenn das zutrifft,

2. dieser Extremwert zu bestimmen ist, ferner Argumentwerte $x_1, \ldots, x_q$, für die Q den Extremwert annimmt.

Die Schreibweise $Q(x_1, \ldots, x_q) = \text{Max!}$ sagt also noch nichts über die Existenz eines Maximums und ist nur als Aufgabenstellung zu verstehen.

Im Rahmen der linearen Optimierung werden Aufgaben des eben beschriebenen Typs behandelt: Gefragt ist nach dem Maximum einer linearen Funktion Q der x_k (der *Zielfunktion*), wobei die x_k einem System von linearen Ungleichungen genügen und nichtnegativ sein sollen. Es kommen auch folgende Abweichungen von dem hier beschriebenen Grundtyp vor:

1. Es ist nach dem Minimum einer Zielfunktion $Q(x_1, \ldots, x_q)$ der Form (1.1) gefragt. Durch den Übergang zu $-Q(x_1, \ldots, x_q)$ ist dieser Fall auf den hier beschriebenen zurückzuführen.

2. In den Ungleichungen (1.2) steht statt $\leqq$ das Zeichen $\geqq$. Durch Multiplikation der Ungleichungen mit -1 erhält man den in (1.2) angegebenen Typ.

3. In den Nebenbedingungen (1.2) steht statt $\leqq$ das Gleichheitszeichen. Auf diesen Fall, in dem also Nebenbedingungen in Form eines linearen Gleichungssystems vorgegeben sind, kann der hier angegebene Typ (1.2), wie später beschrieben wird, durch Einführung von *Schlupfvariablen* zurückgeführt werden.

4. Die Vorzeichenbedingungen (1.3) können wegfallen (oder etwa schon unter den Nebenbedingungen (1.2) enthalten sein).

5. Es sind Kombinationen möglich: Die Nebenbedingungen sind teils als Gleichungen, teils als Ungleichungen gegeben; für einige der x_k sind Vorzeichenbedingungen vorgeschrieben, für die übrigen nicht.

Beispiel 2. An einem konkreten, wenn auch stark idealisierten Beispiel soll die Aufgabenstellung der linearen Optimierung weiter erläutert und graphisch veranschaulicht werden.

In einem landwirtschaftlichen Betrieb werden Kühe und Schafe gehalten. Für 50 Kühe und 200 Schafe sind Ställe vorhanden. Weiterhin sind 72 Morgen Weideland verfügbar. Für eine Kuh werden 1 Morgen, für ein Schaf 0,2 Morgen benötigt. Zur Versorgung des Viehs sind Arbeitskräfte einzusetzen, und zwar können jährlich bis zu 10000 Arbeitsstunden geleistet werden. Auf eine Kuh entfallen jährlich 150 Arbeitsstunden, auf ein Schaf 25 Arbeitsstunden. Der jährlich erzielte Reingewinn beträgt pro Kuh 250 DM, pro Schaf 45 DM.

Die Anzahlen x_1 und x_2 der gehaltenen Kühe bzw. Schafe sind so zu bestimmen, daß der Gesamtgewinn möglichst groß wird.

Die mathematische Formulierung führt auf die lineare Optimierungsaufgabe

$$\left.\begin{aligned} Q(x_1, x_2) = 250x_1 + 45x_2 &= \text{Max!} \\ x_1 \qquad\quad &\leqq 50 \\ x_2 &\leqq 200 \\ x_1 + 0{,}2x_2 &\leqq 72 \\ 150x_1 + 25x_2 &\leqq 10000 \\ x_1 \geqq 0,\ x_2 &\geqq 0\,. \end{aligned}\right\} \tag{1.4}$$

Abb. 1.1 zeigt die graphische Veranschaulichung dieser Aufgabe.

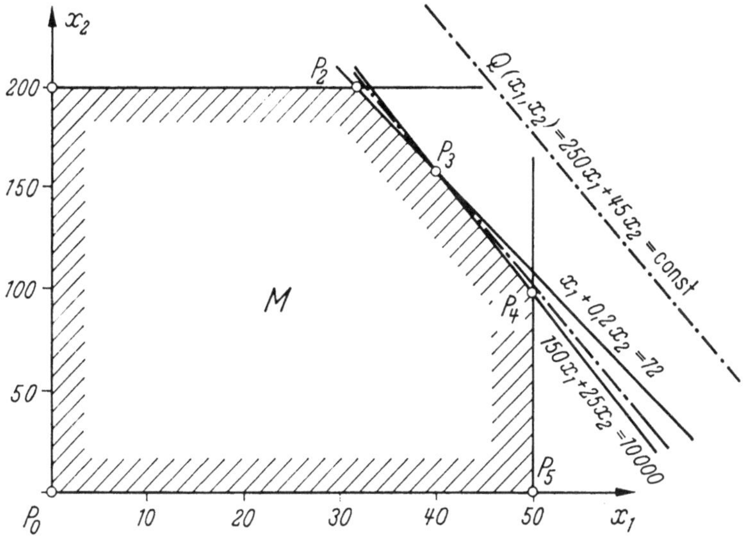

Abb. 1.1

Die Punkte, deren Koordinaten x_1, x_2 allen in (1.4) geforderten Ungleichungen genügen, sind genau die Punkte des schraffierten Sechsecks M einschließlich seiner Randpunkte. Durch $Q(x_1, x_2) = c$

ist eine vom Parameter c abhängende Schar paralleler Geraden gegeben. Die Aufgabe (1.4) kann nun auch so formuliert werden: Unter denjenigen Geraden dieser Schar, die Punkte von M enthalten, ist die Gerade gesucht, für die c möglichst groß wird. Es sei dies die Gerade $Q(x_1, x_2) = c^*$. Dann liefern genau alle Punkte, die diese Gerade mit M gemein hat, eine Lösung der Aufgabe (1.4). Es ist anschaulich klar (und wird später allgemein bewiesen), daß unter diesen Punkten mindestens ein Eckpunkt von M ist. Es könnte (bei anders gewählten Konstanten in $Q(x_1, x_2)$) auch der Fall eintreten, daß eine ganze Seite (und dann sogar zwei Eckpunkte) von M auf der Geraden $Q(x_1, x_2) = c^*$ liegen. Jedenfalls genügt es, den Wert von $Q(x_1, x_2)$ für alle Eckpunkte von M zu berechnen. Der größte der so erhaltenen Werte ist zugleich der Maximalwert von $Q(x_1, x_2)$. Die Koordinaten des zugehörigen Eckpunktes lösen die Optimierungsaufgabe. Man erhält:

Eckpunkt	x_1	x_2	$Q(x_1, x_2)$
P_0	0	0	0
P_1	0	200	9000
P_2	32	200	17000
P_3	40	160	*17200*
P_4	50	100	17000
P_5	50	0	12500

Damit lautet das Ergebnis: Man erzielt den größten Gewinn, nämlich 17200 DM, wenn man 40 Kühe und 160 Schafe hält.

1.2. Der Grundtyp in Matrizenschreibweise

Der Grundtyp der linearen Optimierungsaufgabe, beschrieben durch (1.1), (1.2) und (1.3), soll nun durch Einführung von Matrizen und Vektoren in abkürzender Schreibweise noch einmal formuliert werden. Die p_k, b_j und x_k werden zu (Spalten-)Vektoren

$$\boldsymbol{p} = \begin{pmatrix} p_1 \\ p_2 \\ \cdots \\ p_q \end{pmatrix}, \quad \boldsymbol{b} = \begin{pmatrix} b_1 \\ b_2 \\ \cdots \\ b_m \end{pmatrix}, \quad \boldsymbol{x} = \begin{pmatrix} x_1 \\ x_2 \\ \cdots \\ x_q \end{pmatrix} \tag{1.5}$$

zusammengefaßt, die a_{jk} zu einer Matrix

$$\boldsymbol{A} = \begin{pmatrix} a_{11} & a_{12} & \dots & a_{1q} \\ a_{21} & a_{22} & \dots & a_{2q} \\ \dots & \dots & \dots & \dots \\ a_{m1} & a_{m2} & \dots & a_{mq} \end{pmatrix}. \tag{1.6}$$

Die zu $\boldsymbol{A}$ transponierte Matrix wird mit $\boldsymbol{A}'$ bezeichnet:

$$\boldsymbol{A}' = \begin{pmatrix} a_{11} & a_{21} & \dots & a_{m1} \\ \dots & \dots & \dots & \dots \\ a_{1q} & a_{2q} & \dots & a_{mq} \end{pmatrix},$$

entsprechend der aus einem Spaltenvektor, etwa $\boldsymbol{p}$, gebildete Zeilenvektor mit

$$\boldsymbol{p}' = (p_1, p_2, \ldots, p_q) .$$

Die lineare Optimierungsaufgabe lautet dann:

Gegeben sind reelle Vektoren $\boldsymbol{p}$ und $\boldsymbol{b}$ gemäß (1.5) und eine reelle Matrix $\boldsymbol{A}$ gemäß (1.6). Gesucht ist ein reeller Vektor $\boldsymbol{x}$, für den

$$Q(\boldsymbol{x}) = \boldsymbol{p}'\boldsymbol{x} = \text{Max!} \tag{1.1a}$$

wird unter den *Nebenbedingungen*

$$\boldsymbol{A}\boldsymbol{x} \leqq \boldsymbol{b} \tag{1.2a}$$

und den *Vorzeichenbedingungen*

$$\boldsymbol{x} \geqq \boldsymbol{0} . \tag{1.3a}$$

$\boldsymbol{0}$ ist dabei der Nullvektor. Die Relation $\geqq$ oder $\leqq$ zwischen Vektoren soll bedeuten, daß die entsprechende Relation für alle Komponenten gilt. Für Nebenbedingungen und Vorzeichenbedingungen wird der Sammelbegriff *Restriktionen* gebraucht. Durch Einführung eines Hilfsvektors $\boldsymbol{y} = \boldsymbol{b} - \boldsymbol{A}\boldsymbol{x}$ lassen sich die Ungleichungen (1.2a) in Gleichungen überführen. An die Stelle von (1.2a) treten die Gleichungen

$$\boldsymbol{A}\boldsymbol{x} + \boldsymbol{y} = \boldsymbol{b} \tag{1.2b}$$

und zu (1.3a) kommen die weiteren Vorzeichenbedingungen

$$\boldsymbol{y} = \begin{pmatrix} y_1 \\ \ldots \\ y_m \end{pmatrix} \geqq \boldsymbol{0} \tag{1.3b}$$

hinzu.

Einen Vektor mit nichtnegativen Komponenten, mit dem man nach diesem Prinzip Ungleichungen in Gleichungen überführt, nennt man einen *Schlupfvariablenvektor*, seine Komponenten *Schlupfvariable*. (Man beachte aber, daß durch diesen Vorgang die Gesamtzahl der *Un*gleichungen nicht reduziert wird, da neue Vorzeichenbedingungen hinzukommen.)

Setzt man nun

$$\left.\begin{array}{l} \hat{\boldsymbol{x}} = \begin{pmatrix} \boldsymbol{x} \\ \boldsymbol{y} \end{pmatrix} = \begin{pmatrix} x_1 \\ \ldots \\ x_q \\ y_1 \\ \ldots \\ y_m \end{pmatrix}, \quad \tilde{\boldsymbol{p}} = \begin{pmatrix} \boldsymbol{p} \\ \boldsymbol{0} \end{pmatrix} = \begin{pmatrix} p_1 \\ \ldots \\ p_q \\ 0 \\ \ldots \\ 0 \end{pmatrix} \left.\vphantom{\begin{matrix}0\\0\\0\end{matrix}}\right\} m \text{ Komponenten}, \quad \tilde{\boldsymbol{b}} = \boldsymbol{b}, \\ \tilde{\boldsymbol{A}} = (\boldsymbol{A}, \boldsymbol{E}_m) = \begin{pmatrix} a_{11} & \ldots & a_{1q} & 1 & 0 & \ldots & 0 \\ a_{21} & \ldots & a_{2q} & 0 & 1 & \ldots & 0 \\ \ldots & \ldots & \ldots & \ldots & \ldots & \ldots & \ldots \\ a_{m1} & \ldots & a_{mq} & 0 & 0 & \ldots & 1 \end{pmatrix}, \end{array}\right\} \tag{1.7}$$

$$n = q + m \tag{1.8}$$

mit $\boldsymbol{E}_m$ als m-reihiger Einheitsmatrix, so werden (1.1a), (1.2a), (1.3a) äquivalent zu

$$Q(\tilde{\boldsymbol{x}}) = \tilde{\boldsymbol{p}}'\tilde{\boldsymbol{x}} = \text{Max!}\,, \tag{1.1c}$$

$$\tilde{\boldsymbol{A}}\tilde{\boldsymbol{x}} = \tilde{\boldsymbol{b}}\,, \tag{1.2c}$$

$$\tilde{\boldsymbol{x}} \geqq \boldsymbol{0}\,. \tag{1.3c}$$

Man erhält also eine lineare Optimierungsaufgabe in $n = q + m$ Variablen, wobei als Nebenbedingungen m lineare Gleichungen gegeben sind. Ist andererseits eine lineare Optimierungsaufgabe des Typs (1.1c), (1.2c), (1.3c) gegeben, also mit Gleichungen als Nebenbedingungen, wobei $\tilde{\boldsymbol{x}}$, $\tilde{\boldsymbol{p}}$ und $\tilde{\boldsymbol{A}}$ nicht notwendig die in (1.7) angegebene spezielle Gestalt haben, so ist umgekehrt die Überführung in eine lineare Optimierungsaufgabe mit Ungleichungen als Nebenbedingungen in trivialer Weise möglich. (1.2c) ist nämlich äquivalent zu

$$\left.\begin{aligned} \tilde{\boldsymbol{A}}\tilde{\boldsymbol{x}} &\leqq \tilde{\boldsymbol{b}} \\ -\tilde{\boldsymbol{A}}\tilde{\boldsymbol{x}} &\leqq -\tilde{\boldsymbol{b}} \end{aligned}\right\}. \tag{1.2d}$$

Bei Anwendungsbeispielen sind im allgemeinen die Nebenbedingungen als Ungleichungen gegeben. Bei theoretischen Überlegungen ist es jedoch in der Regel zweckmäßiger, den Fall zu betrachten, daß die Nebenbedingungen die Gestalt von Gleichungen haben. Beide Fälle sind, wie gezeigt worden ist, äquivalent. Es werden also im folgenden meist lineare Optimierungsaufgaben des Typs

$$Q(\boldsymbol{x}) = \boldsymbol{p}'\boldsymbol{x} = \text{Max! (oder Min!)}\,, \quad \boldsymbol{A}\boldsymbol{x} = \boldsymbol{b}\,, \quad \boldsymbol{x} \geqq \boldsymbol{0} \tag{1.9}$$

betrachtet, wobei $\boldsymbol{A}$ eine Matrix mit m Zeilen und n Spalten, $\boldsymbol{p}$ und $\boldsymbol{x}$ Vektoren mit n Komponenten und $\boldsymbol{b}$ ein Vektor mit m Komponenten sind. Dabei soll

$$n > m \tag{1.10}$$

sein (wie in dem Fall, wenn n sich nach (1.8) aus m und q ergibt). Die Zeilenzahl der Matrix $\boldsymbol{A}$ soll also kleiner sein als die Spaltenzahl. Nach der Theorie der linearen Gleichungssysteme müßte nämlich im Fall $n \leqq m$ (mindestens) eine der drei folgenden Möglichkeiten eintreten:

1. Durch $\boldsymbol{A}\boldsymbol{x} = \boldsymbol{b}$ ist $\boldsymbol{x}$ eindeutig bestimmt; dieses $\boldsymbol{x}$ ist dann die Lösung der Optimierungsaufgabe, sofern $\boldsymbol{x} \geqq \boldsymbol{0}$ gilt; wenn dieses $\boldsymbol{x}$ nicht $\geqq \boldsymbol{0}$ ist, hat (1.9) keine Lösung.

2. Die Gleichungen $\boldsymbol{A}\boldsymbol{x} = \boldsymbol{b}$ sind unverträglich. Die Optimierungsaufgabe besitzt keine Lösung.

3. Einige von den Gleichungen sind linear abhängig von den anderen und damit entbehrlich.

Auch Probleme, die im Vergleich zu Beispiel 1 ganz andersartig sind, führen auf den Aufgabentyp (1.9), wie folgendes Beispiel zeigt:

Beispiel 3. (Transportproblem, nach W. Knödel, 1960):

In 7 Zuckerfabriken F_j werden a_j Tonnen Zucker pro Monat produziert ($j = 1, \dots, 7$). In 300 Orten G_k werden r_k Tonnen Zucker pro Monat verbraucht ($k = 1, \dots, 300$). Es ist $\sum_{j=1}^{7} a_j = \sum_{k=1}^{300} r_k$. Die Transportkosten je Tonne Zucker von F_j nach G_k sind c_{jk}. Die Aufgabe lautet, den Verteilungsmodus, d. h. die Vorschrift, wieviel Zucker (nämlich x_{jk} Tonnen) von F_j nach G_k zu transportieren ist, so zu bestimmen, daß die Transportkosten minimal werden. Das führt auf das Problem

$$\left.\begin{array}{l} \sum_{j=1}^{7} x_{jk} = r_k, \quad \sum_{k=1}^{300} x_{jk} = a_j, \quad x_{jk} \geqq 0 \\ Q(x_{jk}) = \sum_{j,k} c_{jk} x_{jk} = \text{Min!} \end{array}\right\} \tag{1.11}$$

Setzt man[1]

$$\begin{aligned} \boldsymbol{x} &= (x_{1,1}, \dots, x_{1,300}, x_{2,1}, \dots, x_{7,300})' \\ \boldsymbol{p} &= (c_{1,1}, \dots, c_{1,300}, c_{2,1}, \dots, c_{7,300})' \\ \boldsymbol{b} &= (a_1, \dots, a_7, r_1, \dots, r_{300})' \end{aligned}$$

und

$$\begin{array}{cccc} \overbrace{\qquad\qquad}^{300\text{ Spalten}} & \overbrace{\qquad\qquad}^{300\text{ Spalten}} & \cdots & \overbrace{\qquad\qquad}^{300\text{ Spalten}} \end{array}$$

$$\boldsymbol{A} = \underbrace{\left(\begin{array}{cccc|cccc|c|cccc}
1 & 1 & \cdots & 1 & 0 & 0 & \cdots & 0 & & & & & \\
0 & 0 & \cdots & 0 & 1 & 1 & \cdots & 1 & \cdots & & & 0 & \\
 & 0 & & & & 0 & & & & & & & \\
 & & & & & & & & & 1 & 1 & \cdots & 1 \\
\hline
1 & & & & 1 & & & & & 1 & & & \\
 & 1 & & 0 & & 1 & & 0 & & & 1 & & 0 \\
 & & \ddots & & & & \ddots & & \cdots & & & \ddots & \\
 & 0 & & 1 & & 0 & & 1 & & & 0 & & 1
\end{array}\right)}_{2100\text{ Spalten}}
\begin{array}{l} \left.\vphantom{\begin{array}{c}1\\1\\1\\1\end{array}}\right\}\ 7\text{ Zeilen} \\ \left.\vphantom{\begin{array}{c}1\\1\\1\\1\end{array}}\right\}\ 300\text{ Zeilen} \end{array} \tag{1.12}$$

so nimmt das Problem (1.11) gerade die Gestalt (1.9) an:

$$Q(\boldsymbol{x}) = \text{Min!}, \quad \boldsymbol{A}\boldsymbol{x} = \boldsymbol{b}, \boldsymbol{x} \geqq \boldsymbol{0}.$$

[1] Diese platzsparende Schreibweise, bei der ein Spaltenvektor als transponierter Zeilenvektor mit den gleichen Komponenten dargestellt wird, wird im folgenden häufig verwendet.

Das Problem wurde in dieser Form in Österreich praktisch durchgerechnet. Im Vergleich zu der vorher bestehenden Regelung wurde eine Kostenersparnis von etwa 10% erzielt. Dadurch amortisierten sich die Kosten für Programmierung, Maschinenrechenzeit usw. in 10 Tagen.

§ 2. Lineare Optimierung und Polyeder

Dieser Paragraph bringt die Grundlagen der Polyedertheorie, soweit sie für die elementare Theorie der Optimierung und für das Simplexverfahren gebraucht wird. Dabei kann Satz 7 und sein Beweis von einem mehr praktisch orientierten Leser überschlagen werden. Die Betrachtungen und Bezeichnungen werden durch die Beispiele in § 4 erläutert und erscheinen dann recht naheliegend. Ein völlig anderer Zugang (ohne die etwas mühseligen Betrachtungen über Polyeder, aber auch ohne Begründung des Simplexverfahrens) findet sich in Nr. 5.5 und 5.6.

2.1. Zulässige Punkte und Minimalpunkte

Im Beispiel 2 ergab sich als Menge der Punkte, deren Koordinaten allen Restriktionen genügen, das in Abb. 1.1 dargestellte Sechseck. Das Maximum der Zielfunktion wurde in einer Ecke des Sechsecks angenommen. Hier soll nun gezeigt werden, daß entsprechende Aussagen auch im allgemeinen Fall der Aufgabe (1.9) gelten, die jetzt als Minimumaufgabe geschrieben wird:

$$Q(\boldsymbol{x}) = \boldsymbol{p}'\boldsymbol{x} = \text{Min!}\,, \tag{2.1}$$

$$\boldsymbol{A}\boldsymbol{x} = \boldsymbol{b}\,,\ \boldsymbol{x} \geqq 0\,. \tag{2.2}$$

Dabei seien $\boldsymbol{A}$ eine reelle Matrix mit m Zeilen und n Spalten, $\boldsymbol{p}$ und $\boldsymbol{b}$ reelle Vektoren mit n bzw. m Komponenten; dafür wird kurz $\boldsymbol{p} \in R^n$, $\boldsymbol{b} \in R^m$ geschrieben. Mit R^n wird der n-dimensionale lineare Vektorraum bezeichnet (entsprechend R^m). Es sei $m < n$. Gefragt ist nach einem Vektor $\boldsymbol{x} \in R^n$, der (2.2) genügt und in (2.1) das Minimum liefert. Statt „Vektor" wird auch häufig die Bezeichnung „Punkt" gebraucht werden. $\boldsymbol{x} \in R^n$ heißt *zulässiger Vektor* oder *zulässiger Punkt*, wenn $\boldsymbol{x}$ die Gleichungen und Ungleichungen (2.2) erfüllt. Die Menge aller zulässigen Punkte $\boldsymbol{x}$ wird mit M bezeichnet.

Definition 1: $\boldsymbol{x}^1, \ldots, \boldsymbol{x}^k$ seien Vektoren des R^n und $\alpha_1, \ldots, \alpha_k$ reelle Zahlen.

$\boldsymbol{x} = \sum_{j=1}^{k} \alpha_j \boldsymbol{x}^j$ heißt *Konvex-Kombination* von $\boldsymbol{x}^1, \ldots, \boldsymbol{x}^k$, wenn $\alpha_j \geqq 0\ (j = 1, \ldots, k)$ und $\sum_{j=1}^{k} \alpha_j = 1$ gilt. Wenn sogar alle $\alpha_j > 0$ sind, heißt $\boldsymbol{x}$ *echte Konvex-Kombination* von $\boldsymbol{x}^1, \ldots, \boldsymbol{x}^k$.

Definition 2: Eine Punktmenge K heißt *konvex*, wenn mit je zwei Punkten $\boldsymbol{x}^1$ und $\boldsymbol{x}^2$ auch jede Konvex-Kombination von $\boldsymbol{x}^1$ und $\boldsymbol{x}^2$ (jeder Punkt der Verbindungsstrecke) zu K gehört.

Die Menge M der zulässigen Punkte der Aufgabe (2.1), (2.2) ist konvex, denn aus $\boldsymbol{A}\boldsymbol{x}^i = \boldsymbol{b}$, $\boldsymbol{x}^i \geqq \boldsymbol{0}$, $\alpha_i \geqq 0$ $(i = 1, 2)$, $\alpha_1 + \alpha_2 = 1$ folgt $\boldsymbol{A}(\alpha_1 \boldsymbol{x}^1 + \alpha_2 \boldsymbol{x}^2) = \alpha_1 \boldsymbol{b} + \alpha_2 \boldsymbol{b} = \boldsymbol{b}$, $\alpha_1 \boldsymbol{x}^1 + \alpha_2 \boldsymbol{x}^2 \geqq \boldsymbol{0}$. Weiterhin ist M offensichtlich eine abgeschlossene Punktmenge des R^n.

Definition 3: Ein Punkt $\boldsymbol{x} \in M$ heißt *Ecke* von M, wenn $\boldsymbol{x}$ sich nicht als echte Konvex-Kombination zweier verschiedener Punkte von M darstellen läßt.

Es seien nun $\boldsymbol{a}^1, \ldots, \boldsymbol{a}^n$ die Spaltenvektoren der Matrix $\boldsymbol{A}$. Für $\boldsymbol{A}\boldsymbol{x} = \boldsymbol{b}$ kann man dann schreiben

$$\sum_{k=1}^{n} \boldsymbol{a}^k x_k = \boldsymbol{b}\,. \tag{2.3}$$

Ist $\boldsymbol{x} \in M$, so erfüllen die Komponenten x_k diese Gleichung.

Satz 1: $\boldsymbol{x} \in M$ *ist genau dann Ecke von* M, *wenn in* (2.3) *die zu* *p o s i t i v e n* *Komponenten* x_k *gehörigen Spaltenvektoren von* $\boldsymbol{A}$ *linear unabhängig sind.*

Beweis: I. $\boldsymbol{x}$ sei Ecke von M. Man kann ohne Beschränkung der Allgemeinheit voraussetzen, daß genau die r ersten Komponenten von $\boldsymbol{x}$ positiv sind: $x_k > 0\,(k = 1, \ldots, r)$, $x_k = 0\,(k = r+1, \ldots, n)$. Dabei ist $0 \leqq r \leqq n$. Für $r = 0$ ist die Menge der zu betrachtenden Spaltenvektoren leer. Eine leere Menge von Vektoren ist nach Definition linear unabhängig. Für $r > 0$ wird (2.3) zu $\sum_{k=1}^{r} \boldsymbol{a}^k x_k = \boldsymbol{b}$. Wir nehmen nun an, $\boldsymbol{a}^1, \ldots, \boldsymbol{a}^r$ seien linear abhängig. Dann gibt es Zahlen $d_1, \ldots, d_r$, die nicht alle verschwinden, mit $\sum_{k=1}^{r} \boldsymbol{a}^k d_k = \boldsymbol{0}$. Wegen $x_k > 0$ wird für hinreichend kleines $\delta > 0$ auch $x_k \pm \delta d_k > 0$ $(k = 1, \ldots, r)$.

Ferner ist $\sum_{k=1}^{r} \boldsymbol{a}^k (x_k \pm \delta d_k) = \boldsymbol{b}$. Die Vektoren $\boldsymbol{x}^1$, $\boldsymbol{x}^2$ mit den Komponenten

$$\begin{aligned} x_k^1 &= x_k + \delta d_k \\ x_k^2 &= x_k - \delta d_k \end{aligned} \quad (k = 1, \ldots, r)\,, \qquad x_k^1 = x_k^2 = 0 \qquad (k = r+1, \ldots, n)$$

gehören also beide zu M und sind verschieden. $\boldsymbol{x} = \frac{1}{2}(\boldsymbol{x}^1 + \boldsymbol{x}^2)$ ist eine echte Konvex-Kombination von $\boldsymbol{x}^1$ und $\boldsymbol{x}^2$ und daher keine Ecke von M. Die obige Annahme führt auf einen Widerspruch. $\boldsymbol{a}^1, \ldots, \boldsymbol{a}^r$ sind also linear unabhängig.

II. Es seien wieder genau die ersten r Komponenten x_k positiv. $\boldsymbol{a}^1, \ldots, \boldsymbol{a}^r$ seien linear unabhängig. Wir nehmen an, $\boldsymbol{x}$ sei als echte

Konvex-Kombination zweier verschiedener Punkte von M darstellbar: $\boldsymbol{x} = \alpha \boldsymbol{x}^1 + (1 - \alpha)\boldsymbol{x}^2$ $(0 < \alpha < 1)$. Wegen $x_k = 0$ $(k = r + 1, \ldots, n)$, $\boldsymbol{x} \geqq 0$, $\boldsymbol{x}^j \geqq 0$ $(j = 1, 2)$ ist $x_k^j = 0$ $(j = 1, 2;\, k = r + 1, \ldots, n)$. $\boldsymbol{x}^1$ und $\boldsymbol{x}^2$ liegen in M, also wird $\boldsymbol{A}\boldsymbol{x}^1 = \boldsymbol{A}\boldsymbol{x}^2 = \boldsymbol{b}$. Das bedeutet $\sum_{k=1}^{r} \boldsymbol{a}^k (x_k^1 - x_k^2) = 0$. Da $\boldsymbol{a}^1, \ldots, \boldsymbol{a}^r$ linear unabhängig sind, folgt hieraus $x_k^1 = x_k^2$ $(k = 1, \ldots, r)$ und somit $\boldsymbol{x}^1 = \boldsymbol{x}^2$. Da die obige Annahme auf einen Widerspruch führt, ist $\boldsymbol{x}$ eine Ecke von M.

Korollar: Ist $\boldsymbol{x}$ Ecke von M, so hat $\boldsymbol{x}$ höchstens m positive Komponenten. Die übrigen Komponenten sind Null.

Im Normalfall sind genau m Komponenten einer Ecke $\boldsymbol{x}$ positiv. Eine Ecke, bei der weniger als m Komponenten positiv sind, nennt man *entartet.*

Es folgen nun einige Sätze über Eigenschaften der Menge M der zulässigen Punkte, die im zwei- oder dreidimensionalen Raum anschaulich evident sind. Es zeigt sich, daß der Beweis dieser Sätze für Räume beliebiger (endlicher) Dimension mühsam sein kann.

Satz 2: M hat höchstens endlich viele Ecken.

Beweis: Es gibt nur endlich viele Teilmengen von höchstens m linear unabhängigen Spaltenvektoren von $\boldsymbol{A}$. Andererseits ist eine Ecke durch die zugehörige Teilmenge von Spaltenvektoren eindeutig bestimmt.

Satz 3: Ist M nicht leer, so ist auch die Menge der Ecken von M nicht leer.

Beweis: Für $\boldsymbol{x} \in M$ definieren wir die Funktion $\varrho(\boldsymbol{x})$ als die Anzahl der von Null verschiedenen Komponenten von $\boldsymbol{x}$. Es ist $0 \leqq \varrho(\boldsymbol{x}) \leqq n$. Wenn M nicht leer ist, nimmt die Funktion $\varrho(\boldsymbol{x})$ auf M ihr Minimum ϱ_0 an. Es sei etwa $\varrho(\bar{\boldsymbol{x}}) = \varrho_0$. Wir zeigen, daß $\bar{\boldsymbol{x}}$ eine Ecke von M ist. Ist $\varrho_0 = 0$, also $\bar{\boldsymbol{x}} = 0$, so ist $\bar{\boldsymbol{x}}$ eine Ecke, denn die Menge der zu positiven Komponenten gehörenden Spaltenvektoren ist leer, und eine leere Menge von Vektoren ist per definitionem linear unabhängig. Ist $\varrho_0 > 0$, so können wir annehmen, daß $\bar{\boldsymbol{x}} = (\bar{x}_1, \ldots, \bar{x}_{\varrho_0}, 0, \ldots, 0)'$ ist. Wäre $\bar{\boldsymbol{x}}$ keine Ecke, so wären die Spaltenvektoren $\boldsymbol{a}^1, \ldots, \boldsymbol{a}^{\varrho_0}$ linear abhängig. Es gäbe dann Zahlen $d_1, \ldots, d_{\varrho_0}$, die nicht alle verschwinden, mit $\sum_{k=1}^{\varrho_0} \boldsymbol{a}^k d_k = 0$. Für die Indizes k, für die $d_k \neq 0$ ist, bilde man $\bar{x}_k / |d_k|$ und suche unter diesen Zahlen die kleinste. Wir können annehmen, daß $\lambda = \bar{x}_1/|d_1| \leqq \bar{x}_k/|d_k|$ $(k = 1, \ldots, \varrho_0)$ und $d_1 > 0$ ist. Der Punkt

$$\bar{\bar{\boldsymbol{x}}} = (\bar{x}_1 - \lambda d_1, \ldots, \bar{x}_{\varrho_0} - \lambda d_{\varrho_0}, 0, \ldots, 0)'$$

gehört dann wegen $\boldsymbol{A}\bar{\bar{\boldsymbol{x}}} = \boldsymbol{A}\bar{\boldsymbol{x}} - \lambda \sum_{k=1}^{\varrho_0} \boldsymbol{a}^k d_k = \boldsymbol{b}$ und $\bar{\bar{\boldsymbol{x}}} \geqq 0$ zu M

und hat wegen $\bar{x}_1 - \lambda d_1 = 0$ weniger als ϱ_0 positive Komponenten. Das widerspricht der Definition von ϱ_0. $\bar{\boldsymbol{x}}$ ist daher eine Ecke.

Es können drei Fälle eintreten:

(1) M ist die leere Menge. Die Restriktionen (2.2) sind unverträglich.

(2) M ist eine nichtleere beschränkte Teilmenge des R^n.

(3) M ist eine unbeschränkte Teilmenge des R^n.

Im Fall (2) heißt M ein (konvexes) Polyeder. In diesem Fall nimmt die stetige Funktion $Q(\boldsymbol{x})$ auf der beschränkten und abgeschlossenen Menge M ihr Minimum an, sogar in einer Ecke von M, wie in Satz 6 gezeigt wird. Im Fall (1) besitzt die lineare Optimierungsaufgabe keine Lösung. Im Fall (3) bestehen zwei Möglichkeiten:

(a) $Q(\boldsymbol{x})$ ist auf M nach unten beschränkt und nimmt sein Minimum an. (Daß das Minimum angenommen wird, ergibt sich erst in § 5.6.)

(b) $Q(\boldsymbol{x})$ ist auf M nicht nach unten beschränkt. Die Optimierungsaufgabe besitzt keine Lösung.

Definition 4: Ein Punkt $\boldsymbol{x}^0 \in M$ heißt *Minimalpunkt*, wenn $Q(\boldsymbol{x}^0) \leqq Q(\boldsymbol{x})$ für alle $\boldsymbol{x} \in M$ gilt.

Wie man leicht sieht, ist jede Konvex-Kombination von Minimalpunkten wieder ein Minimalpunkt. Es gilt also

Satz 4: Die Menge der Minimalpunkte einer linearen Optimierungsaufgabe ist konvex.

2.2 Weitere Ergebnisse über Ecken und Minimalpunkte

Satz 5: Ist M ein konvexes Polyeder, so läßt sich jeder Punkt von M als Konvex-Kombination der endlich vielen Ecken von M darstellen.

Beweis: Ist $\boldsymbol{x} \in M$, so gilt (2.3), nämlich $\sum_{k=1}^{n} \boldsymbol{a}^k x_k = \boldsymbol{b}$, sowie $x_k \geqq 0$ $(k = 1, \ldots, n)$. Sei r die Anzahl der positiven x_k. Der Satz wird durch vollständige Induktion nach r bewiesen. Ist $r = 0$, so ist $\boldsymbol{x}$ nach Satz 1 eine Ecke. Sei nun $r > 0$, und für $0, 1, \ldots, r-1$ gelte die Behauptung des Satzes. Mit Z bezeichnen wir die Teilmenge der Indizes k, für die $x_k > 0$ ist. Sind die $\boldsymbol{a}^k$ für $k \in Z$ linear unabhängig, so ist $\boldsymbol{x}$ nach Satz 1 eine Ecke. Sind die $\boldsymbol{a}^k$ für $k \in Z$ aber linear abhängig, so gibt es Zahlen $d_k (k \in Z)$, die nicht alle verschwinden, mit $\sum_{k \in Z} \boldsymbol{a}^k d_k = \boldsymbol{0}$. Sei $\boldsymbol{x}(\lambda)$ der Vektor mit den Komponenten $x_k + \lambda d_k$ für $k \in Z$ und 0 für $k \notin Z$. Wegen der Konvexität, Abgeschlossenheit und Beschränktheit von M gilt: Es gibt Zahlen $\lambda_1 < 0$, $\lambda_2 > 0$ derart, daß genau für $\lambda_1 \leqq \lambda \leqq \lambda_2$ der Punkt $\boldsymbol{x}(\lambda)$ in M liegt. Für $k \notin Z$ sind auch die Komponenten $x_k(\lambda_i) = 0$

$(i = 1, 2)$. Von den Komponenten $x_k(\lambda_1)$ $(k \in Z)$ ist mindestens eine gleich Null (andernfalls gäbe es ein $\lambda < \lambda_1$ mit $\boldsymbol{x}(\lambda) \in M$). Das gleiche gilt für die $x_k(\lambda_2)$ $(k \in Z)$. Die Punkte $\boldsymbol{x}(\lambda_1)$ und $\boldsymbol{x}(\lambda_2)$ sind nach Induktionsannahme Konvex-Kombinationen der Ecken von M, also auch $\boldsymbol{x}$.

Satz 6: Ist M ein konvexes Polyeder, so nimmt $Q(\boldsymbol{x})$ sein Minimum in mindestens einer Ecke von M an.

Beweis: Daß es im Falle eines Polyeders M mindestens einen Minimalpunkt $\boldsymbol{x}^0 \in M$ gibt, haben wir schon gesehen. Zu zeigen ist, daß es unter den Ecken $\boldsymbol{x}^1, \ldots, \boldsymbol{x}^p$ von M einen Minimalpunkt gibt. Nach Satz 5 gibt es Zahlen $\alpha_j \geqq 0$ mit $\sum_{j=1}^{p} \alpha_j = 1$ und $\boldsymbol{x}^0 = \sum_{j=1}^{p} \alpha_j \boldsymbol{x}^j$. Da $Q(\boldsymbol{x})$ linear in $\boldsymbol{x}$ ist, gilt $Q(\boldsymbol{x}^0) = \sum_{j=1}^{p} \alpha_j Q(\boldsymbol{x}^j)$, andererseits ist $Q(\boldsymbol{x}^0) \leqq Q(\boldsymbol{x}^j)$. Es gibt mindestens einen Index k mit $\alpha_k > 0$. Wäre für dieses k nun $Q(\boldsymbol{x}^k) > Q(\boldsymbol{x}^0)$, so wäre $Q(\boldsymbol{x}^0) < \sum_{j=1}^{p} \alpha_j Q(\boldsymbol{x}^j)$. Es ist also $Q(\boldsymbol{x}^k) = Q(\boldsymbol{x}^0)$ und daher die Ecke $\boldsymbol{x}^k$ ein Minimalpunkt.

Ist die Menge M der zulässigen Punkte nicht beschränkt, so kann es sein, daß $Q(\boldsymbol{x})$ auf M nicht nach unten beschränkt ist, also sein Minimum auf M nicht annimmt. Es gilt aber der folgende Satz.

Satz 7: Ist M nicht beschränkt und nimmt $Q(\boldsymbol{x})$ auf M sein Minimum an, so ist mindestens eine Ecke von M Minimalpunkt.

Beweis: Es sei $\boldsymbol{x}^0 \in M$ ein Minimalpunkt, aber keine Ecke. $\boldsymbol{x}^1, \ldots, \boldsymbol{x}^p$ seien die Ecken von M. Dann ist $\max\limits_{j=0,1,\ldots,p} \left(\sum_{k=1}^{n} x_k^j\right) = C \geqq 0$. Ist $C = 0$, so ist $\boldsymbol{x} = \boldsymbol{0}$ die einzige Ecke von M und zugleich Minimalpunkt. Sei also $C > 0$. Dann fügen wir zu den Restriktionen (2.2) die Gleichung $x_1 + \cdots + x_n + x_{n+1} = 2C$ und die Ungleichung $x_{n+1} \geqq 0$ hinzu, betrachten also die lineare Optimierungsaufgabe $\tilde{Q}(\tilde{\boldsymbol{x}}) = \tilde{\boldsymbol{p}}'\tilde{\boldsymbol{x}} = \text{Min!}$, $\tilde{\boldsymbol{A}}\tilde{\boldsymbol{x}} = \tilde{\boldsymbol{b}}$, $\tilde{\boldsymbol{x}} \geqq \boldsymbol{0}$ mit

$$\tilde{\boldsymbol{x}} = \begin{pmatrix} x_1 \\ \cdots \\ x_n \\ x_{n+1} \end{pmatrix}, \quad \tilde{\boldsymbol{p}} = \begin{pmatrix} p_1 \\ \cdots \\ p_n \\ 0 \end{pmatrix}, \quad \tilde{\boldsymbol{b}} = \begin{pmatrix} b_1 \\ \cdots \\ b_n \\ 2C \end{pmatrix},$$

$$\tilde{\boldsymbol{A}} = \left(\begin{array}{ccc|c} & & & 0 \\ & \boldsymbol{A} & & \vdots \\ & & & 0 \\ \hline 1 & 1 \cdots & 1 & 1 \end{array}\right).$$

Die Menge $\tilde{M}$ der zulässigen Punkte dieser Optimierungsaufgabe ist beschränkt; ist nämlich $\tilde{\boldsymbol{x}} \in \tilde{M}$, so gilt $0 \leqq x_j \leqq 2C (j = 1, \ldots, \ldots, n+1)$. Die Punkte $\tilde{\boldsymbol{x}} \in \tilde{M}$ können den Punkten $\boldsymbol{x} \in M$ mit $\sum_{j=1}^{n} x_j \leqq 2C$ eineindeutig zugeordnet werden (man setze $x_{n+1} = 2C - \sum_{j=1}^{n} x_j$). Auf diese Weise seien $\tilde{\boldsymbol{x}}^0, \tilde{\boldsymbol{x}}^1, \ldots, \tilde{\boldsymbol{x}}^p$ den Punkten $\boldsymbol{x}^0, \boldsymbol{x}^1, \ldots, \boldsymbol{x}^p$ zugeordnet. Sind $\tilde{\boldsymbol{x}} \in \tilde{M}$ und $\boldsymbol{x} \in M$ einander zugeordnet, so ist $\tilde{Q}(\tilde{\boldsymbol{x}}) = Q(\boldsymbol{x})$. Da $Q(\boldsymbol{x})$ bei $\boldsymbol{x}^0$ sein Minimum bezüglich M annimmt, nimmt auch $\tilde{Q}(\tilde{\boldsymbol{x}})$ sein Minimum bezüglich $\tilde{M}$ (und zwar den gleichen Minimalwert) im Punkt $\tilde{\boldsymbol{x}}^0$ an.

Die Ecken von $\tilde{M}$ werden in zwei Klassen eingeteilt:

(1) solche mit $x_{n+1} > 0$,

(2) solche mit $x_{n+1} = 0$.

Ist $\tilde{\boldsymbol{x}}$ eine Ecke der Klasse (1), so sind, wie man an der Gestalt von $\tilde{A}$ sieht, die Spaltenvektoren von $\boldsymbol{A}$, die zu positiven Komponenten $x_1, \ldots, x_n$ gehören, nach Satz 1 linear unabhängig. Der $\tilde{\boldsymbol{x}}$ zugeordnete Punkt ist daher eine Ecke von M, umgekehrt ist jeder Ecke von M eine Ecke von $\tilde{M}$ der Klasse (1) zugeordnet. $\tilde{\boldsymbol{x}}^1, \ldots, \tilde{\boldsymbol{x}}^p$ sind also genau die Ecken der Klasse (1). Die Ecken der Klasse (2) seien die Punkte $\tilde{\boldsymbol{x}}^{p+1}, \ldots, \tilde{\boldsymbol{x}}^r$. Da $\tilde{M}$ beschränkt ist, ist Satz 5 anwendbar; es wird $\tilde{\boldsymbol{x}}^0 = \sum_{j=1}^{r} \alpha_j \tilde{\boldsymbol{x}}^j$ mit $\alpha_j \geqq 0$, $\sum_{j=1}^{r} \alpha_j = 1$. Da $x_{n+1}^0 \geqq C$, $x_{n+1}^j = 0$ $(j = p+1, \ldots, r)$ ist, wird $\alpha_j > 0$ für mindestens ein $j \leqq p$. Wie beim Beweis von Satz 6 schließt man nun weiter, daß einer der Eckpunkte $\tilde{\boldsymbol{x}}^1, \ldots, \tilde{\boldsymbol{x}}^p$ Minimalpunkt von $\tilde{Q}(\tilde{\boldsymbol{x}})$ bezüglich $\tilde{M}$ und daher auch der zugehörige Eckpunkt von M Minimalpunkt von $Q(\boldsymbol{x})$ bezüglich M ist.

2.3. Basis einer Ecke

Die bisherigen Aussagen gelten für beliebige Matrizen $\boldsymbol{A}$ in (2.2), deren Zeilenzahl m kleiner ist als die Spaltenzahl n. Für die folgenden Überlegungen treffen wir die zusätzliche Voraussetzung:

$$\text{Rang von } \boldsymbol{A} = m = \text{Zeilenzahl von } \boldsymbol{A}\,. \tag{2.4}$$

Diese Voraussetzung ist sinnvoll und bedeutet keine wesentliche Beschränkung. Falls nämlich der Rang von $\boldsymbol{A}$ kleiner als m ist, sind entweder die Gleichungen $\boldsymbol{A}\boldsymbol{x} = \boldsymbol{b}$ in (2.2) nicht lösbar, oder einige von diesen Gleichungen folgen aus den übrigen und sind daher entbehrlich. Streicht man diese Gleichungen, so erhält man ein neues

System $\tilde{\boldsymbol{A}}\boldsymbol{x} = \tilde{\boldsymbol{b}}$, bei dem der Rang von $\tilde{\boldsymbol{A}}$ gleich der Zeilenzahl ist und für das dann die folgenden Überlegungen gelten.

Beispiel: In Beispiel 3 hat die Matrix $\boldsymbol{A}$ nach (1.12) höchstens den Rang 306, weil die Summe der 1. bis 7. Zeile mit der Summe der 8. bis 307. Zeile übereinstimmt. Aber auch die erweiterte Matrix $(\boldsymbol{A}\,|\,\boldsymbol{b})$ hat höchstens den Rang 306, weil nach Voraussetzung die Summe der 1. bis 7. Komponente von $\boldsymbol{b}$ gleich der Summe der 8. bis 307. Komponente ist. Folglich ist mindestens eine Zeile des Systems überflüssig. Wir streichen etwa die 1. Zeile. Man überzeugt sich leicht, daß die so erhaltene Matrix $\tilde{\boldsymbol{A}}$ genau den Rang 306 hat. Z.B. ist die Determinante der aus den Spalten Nr. 1 bis 300, 301, 601, ..., 1801 gebildeten Matrix gleich 1. Ist $\tilde{\boldsymbol{b}}$ der Vektor, der aus $\boldsymbol{b}$ durch Streichen der 1. Komponente hervorgeht, so ist für das System $\tilde{\boldsymbol{A}}\boldsymbol{x} = \tilde{\boldsymbol{b}}$ die Voraussetzung (2.4) erfüllt.

Es sei nun $\boldsymbol{x}$ eine Ecke von M, der Menge der zulässigen Vektoren der Optimierungsaufgabe (2.1), (2.2). Nach dem Korollar zu Satz 1 hat $\boldsymbol{x}$ höchstens m positive Komponenten x_k. Die Indizes dieser Komponenten werden zu einer Menge Z' zusammengefaßt. Es ist also $x_k > 0$ für $k \in Z'$, $x_k = 0$ für $k \notin Z'$, und die Spaltenvektoren $\boldsymbol{a}^k$ von $\boldsymbol{A}$ mit $k \in Z'$ sind nach Satz 1 linear unabhängig.

Satz 8: Der Ecke $\boldsymbol{x}$ können m linear unabhängige Spaltenvektoren $\boldsymbol{a}^k$ $(k \in Z)$ der Matrix $\boldsymbol{A}$ so zugeordnet werden, daß dabei die Vektoren $\boldsymbol{a}^k$ $(k \in Z')$ mit verwendet werden, daß also $Z' \subset Z$ gilt.

Beweis: Ist $\boldsymbol{x}$ eine nichtentartete Ecke, so folgt die Behauptung sofort aus Satz 1, und es wird $Z' = Z$. Ist $\boldsymbol{x}$ eine entartete Ecke, so hat man $r\,(< m)$ linear unabhängige Spaltenvektoren $\boldsymbol{a}^k$ $(k \in Z')$, die man nach einem bekannten Satz über Matrizen durch $m - r$ weitere Spaltenvektoren $\boldsymbol{a}^k$ zu einem System von m linear unabhängigen Vektoren ergänzen kann.

Definition: Ein System von m linear unabhängigen Spaltenvektoren der Matrix $\boldsymbol{A}$, das nach Satz 8 einer Ecke $\boldsymbol{x}$ zugeordnet ist, heißt *Basis zur Ecke* $\boldsymbol{x}$.

Während durch eine nichtentartete Ecke die zugehörige Basis eindeutig bestimmt ist, gibt es zu einer entarteten Ecke im allgemeinen mehrere Basen.

Mit Hilfe von Satz 8 kann man im Polyederfall die lineare Optimierungsaufgabe (2.1), (2.2) (theoretisch) folgendermaßen lösen: Man bildet alle möglichen Systeme von m Spaltenvektoren $\{\boldsymbol{a}^k; k \in Z\}$ aus den n Vektoren $\boldsymbol{a}^1, \ldots, \boldsymbol{a}^n$. Es gibt $\binom{n}{m}$ solche Systeme. Zunächst scheidet man alle Systeme aus, bei denen die $\boldsymbol{a}^k$ linear abhängig sind. Bei den verbleibenden Systemen berechnet man die Zahlen t_k aus $\sum\limits_{k \in Z} \boldsymbol{a}^k t_k = \boldsymbol{b}$. Jetzt scheidet man die Systeme aus, für die mindestens ein t_k negativ ist. Für die übrigen Systeme setzt man $x_k = t_k (k \in Z)$, $x_k = 0 (k \notin Z)$. Der Vektor $\boldsymbol{x}$ mit den Komponenten x_k ist nach Satz 1 Ecke von M, und nach Satz 8 erhält man auf diese Weise jede Ecke von M. Wenn M ein Polyeder ist, nimmt $Q(\boldsymbol{x})$ nach Satz 6 sein Minimum in einer Ecke an. Für alle so erhaltenen Vektoren $\boldsymbol{x}$ berechne man also $Q(\boldsymbol{x})$. Die kleinste dieser Zahlen ist der Minimalwert, und die zugehörige Ecke löst die Optimierungsaufgabe.

Praktisch ist dieses Verfahren kaum anwendbar, weil $\binom{n}{m}$ sehr schnell wächst. So ist für $n = 20$, $m = 10$ schon $\binom{20}{10} = 184756$. Man braucht vielmehr ein Verfahren, das mit größerer Zielsicherheit solche Ecken $\boldsymbol{x}$ ansteuert, für die $Q(\boldsymbol{x})$ minimal wird. Ein solches Verfahren, die Simplexmethode, wird in den nächsten Abschnitten beschrieben.

§ 3. Eckenaustausch und Simplexmethode

§ 3.1 beschreibt das Verfahren des Eckenaustauschs, das rechnerisch auf den Formeln (3.4), (3.5) beruht. § 3.3 gibt eine genaue Diskussion des Falles auftretender entarteter Ecken; da diese etwas mühsam ist, kann sie von einem Leser, der nur an der praktischen Durchführung interessiert ist, übergangen werden.

3.1. Eckenaustausch

Die betrachtete lineare Optimierungsaufgabe sei vom Typ (2.1), (2.2), nämlich

$$Q(\boldsymbol{x}) = \boldsymbol{p}'\boldsymbol{x} = \text{Min!}, \quad \boldsymbol{A}\boldsymbol{x} = \boldsymbol{b}, \ \boldsymbol{x} \geqq 0 .$$

Der Rang der Matrix $\boldsymbol{A}$ sei gleich ihrer Zeilenzahl m, und diese sei kleiner als die Spaltenzahl n.

$\boldsymbol{x}^0$ sei nun eine Ecke der Menge M der zulässigen Vektoren, und die Basis zu dieser Ecke werde gebildet von den linear unabhängigen Spaltenvektoren $\boldsymbol{a}^k (k \in Z)$ der Matrix $\boldsymbol{A}$. Dabei ist Z wie in § 2 eine Teilmenge der Indizes $k = 1, \ldots, n$, und zwar enthält Z genau m von diesen Indizes. Wegen $\boldsymbol{x}^0 \in M$ und $x_k^0 = 0$ für $k \notin Z$ ist

$$\sum_{k \in Z} x_k^0 \boldsymbol{a}^k = \boldsymbol{b} . \tag{3.1}$$

Da die Vektoren $\boldsymbol{a}^k (k \in Z)$ linear unabhängig sind, kann man jeden Vektor des R^m, insbesondere jeden Spaltenvektor der Matrix $\boldsymbol{A}$, als Linearkombination dieser Vektoren darstellen:

$$\boldsymbol{a}^i = \sum_{k \in Z} c_{ki} \boldsymbol{a}^k \qquad (i = 1, \ldots, n) . \tag{3.2}$$

Für $j \in Z$ wird hier $c_{kj} = \delta_{kj} (\delta_{kj} = 0$ für $k \neq j$, $\delta_{jj} = 1)$.

Zunächst nehmen wir an, $\boldsymbol{x}^0$ sei eine nichtentartete Ecke, es seien also alle $x_k^0 > 0\,(k \in Z)$, und zeigen: Gibt es unter den Zahlen c_{ki} mit $k \in Z$, $i \notin Z$ eine positive, etwa $c_{\hat{k}j} > 0$, so kann man, von $\boldsymbol{x}^0$ ausgehend, eine neue Ecke $\boldsymbol{x}^1$ finden; die zu $\boldsymbol{x}^1$ gehörende Basis wird den Vektor $\boldsymbol{a}^j$ enthalten, ferner die Vektoren $\boldsymbol{a}^k\,(k \in Z)$ bis auf einen.

Für $\delta \geqq 0$ sei $\boldsymbol{x}(\delta)$ der Vektor mit den Komponenten

$$\left.\begin{aligned} x_k(\delta) &= x_k^0 - \delta c_{kj} \qquad (k \in Z)\\ x_j(\delta) &= \delta\\ x_i(\delta) &= 0 \qquad (i \notin Z,\ i \neq j)\,. \end{aligned}\right\} \tag{3.3}$$

$\boldsymbol{x}(\delta)$ ist so gewählt, daß $\boldsymbol{A}\,\boldsymbol{x}(\delta) = \boldsymbol{b}$ gilt, es ist nämlich

$$\boldsymbol{A}\,\boldsymbol{x}(\delta) = \sum_{k \in Z} (x_k^0 - \delta c_{kj})\,\boldsymbol{a}^k + \delta\,\boldsymbol{a}^j = \sum_{k \in Z} x_k^0 \boldsymbol{a}^k = \boldsymbol{b}$$

nach (3.1) und (3.2). Ferner sind alle Komponenten von $\boldsymbol{x}(\delta)$ nichtnegativ für $0 \leqq \delta \leqq \delta_1$, wenn

$$\delta_1 = \operatorname*{Min}_k \left(\frac{x_k^0}{c_{kj}}\right) \tag{3.4}$$

ist; das Minimum ist über alle $k \in Z$ zu erstrecken, für die $c_{kj} > 0$ ist. Da es ein solches k, nämlich $\hat{k}$, gibt und da alle $x_k^0 > 0$ sind, wird $0 < \delta_1 < \infty$. Für $0 \leqq \delta \leqq \delta_1$ ist $\boldsymbol{x}(\delta) \in M$. Setzt man $\boldsymbol{x}(\delta_1) = \boldsymbol{x}^1$, so ist auch $\boldsymbol{x}^1 \in M$, und $\boldsymbol{x}^1$ ist sogar Ecke von M (möglicherweise eine entartete Ecke). $\boldsymbol{x}^1$ hat nämlich höchstens m von Null verschiedene Komponenten, denn es ist $x_i^1 = 0$ für $i \notin Z$, $i \neq j$ und $x_l^1 = 0$, wenn $k = l$ ein Index ist, für den in (3.4) das Minimum angenommen wird. $x_k^1 \neq 0$ kann nur für $k \in Z$, $k \neq l$ und für $k = j$ gelten. Es muß noch gezeigt werden, daß die Vektoren $\boldsymbol{a}^k\,(k \in Z,\ k \neq l)$ und $\boldsymbol{a}^j$ linear unabhängig sind. Die Annahme, diese Vektoren seien linear abhängig, bedeutet: Es gibt Zahlen $d_k\,(k \in Z,\ k \neq l)$ und d_j, die nicht alle verschwinden, mit $\sum_{k \in Z,\, k \neq l} d_k \boldsymbol{a}^k + d_j \boldsymbol{a}^j = 0$. Es ist $d_j \neq 0$, weil sonst die $\boldsymbol{a}^k\,(k \in Z)$ linear abhängig wären, also kann $d_j = 1$ gesetzt werden: $0 = \sum_{k \in Z,\, k \neq l} d_k \boldsymbol{a}^k + \boldsymbol{a}^j = c_{lj}\boldsymbol{a}^l + \sum_{k \in Z,\, k \neq l} (d_k + c_{kj})\,\boldsymbol{a}^k$ nach (3.2).

Da die Vektoren $\boldsymbol{a}^k\,(k \in Z)$ linear unabhängig sind, wird insbesondere $c_{lj} = 0$. Das ist ein Widerspruch; denn l ist ein Index, für den in (3.4) mit $c_{lj} > 0$ das Minimum angenommen wird. Die Vektoren $\boldsymbol{a}^k\,(k \in Z,\ k \neq l)$ und $\boldsymbol{a}^j$ sind also linear unabhängig, und $\boldsymbol{x}^1$ ist eine Ecke, zu der diese Vektoren als Basis gehören. Die zu $\boldsymbol{x}^1$ gehörende Indexmenge Z' entsteht aus Z durch Weglassen von l und Hinzunahme von j.

Durch die $\boldsymbol{a}^k\,(k \in Z')$ können die $\boldsymbol{a}^i\,(i = 1, \ldots, n)$ wie in (3.2) dargestellt werden: $\boldsymbol{a}^i = \sum_{k \in Z'} c'_{ki}\boldsymbol{a}^k$. Die c'_{ki} sollen durch die c_{ki} ausgedrückt werden. Aus (3.2) für $i = j$ folgt wegen $c_{lj} > 0$

$$\boldsymbol{a}^l = \frac{1}{c_{lj}} (\boldsymbol{a}^j - \sum_{k \in Z,\, k \neq l} c_{kj} \boldsymbol{a}^k)$$

und damit

$$\boldsymbol{a}^i = \frac{c_{li}}{c_{lj}} \boldsymbol{a}^j + \sum_{k \in Z,\, k \neq l} \left(c_{ki} - \frac{c_{li} c_{kj}}{c_{lj}} \right) \boldsymbol{a}^k .$$

Es wird also

$$\left.\begin{aligned} c'_{jl} &= \frac{1}{c_{lj}}, \qquad c'_{kl} = -\frac{c_{kj}}{c_{lj}} (k \in Z,\, k \neq l), \\ c'_{ji} &= \frac{c_{li}}{c_{lj}}, \\ c'_{ki} &= c_{ki} - \frac{c_{li} c_{kj}}{c_{lj}} (k \in Z,\, k \neq l) \end{aligned} \right\} (i \neq l) . \tag{3.5}$$

Diese Umrechnungsformeln für die c_{ki} erinnern an den Gauß-Jordan-Algorithmus zur Auflösung linearer Gleichungssysteme und zur Inversion von Matrizen. In der Tat kann der Gauß-Jordan-Algorithmus als eine Folge von Austauschschritten der hier beschriebenen Art gedeutet werden (E. Stiefel, 1960).

In der Darstellung von Stiefel wird ein Eckenaustausch als Variablenaustausch aufgefaßt. Sei nämlich $\boldsymbol{x}^0$ eine Ecke von M mit der Basis $\boldsymbol{a}^k (k \in Z)$. Nach (3.1) ist dann $\sum_{k \in Z} \boldsymbol{a}^k x_k^0 = \boldsymbol{b}$, und es sind die übrigen Komponenten $x_i^0 = 0 (i \notin Z)$. Sei ferner $\boldsymbol{x}$ ein beliebiger Punkt von M, für den also $\sum_{i=1}^{n} x_i \boldsymbol{a}^i = \boldsymbol{b}$ und $\boldsymbol{x} \geqq 0$ gilt.

Nach (3.2) wird dann

$$\sum_{k \in Z} \boldsymbol{a}^k x_k^0 = \boldsymbol{b} = \sum_{i=1}^{n} x_i \sum_{k \in Z} c_{ki} \boldsymbol{a}^k = \sum_{k \in Z} \boldsymbol{a}^k \sum_{i=1}^{n} c_{ki} x_i .$$

Da die Vektoren $\boldsymbol{a}^k$ linear unabhängig sind, wird $x_k^0 = \sum_{i=1}^{n} c_{ki} x_i$ $(k \in Z)$.

Wegen $c_{ki} = \delta_{ki}$ für $k, i \in Z$ folgt hieraus

$$x_k = x_k^0 - \sum_{i \notin Z} c_{ki} x_i \qquad (k \in Z) . \tag{3.6}$$

Das Gleichungssystem (3.6) kann auch so gedeutet werden, daß $\boldsymbol{A}\boldsymbol{x} = \boldsymbol{b}$ nach den Variablen $x_k (k \in Z)$ aufgelöst worden ist. Da die quadratische Teilmatrix von $\boldsymbol{A}$ zu den $x_k (k \in Z)$ nichtsingulär ist, ist diese Auflösung möglich. Geht man bei einem Eckenaustausch von der Ecke $\boldsymbol{x}^0$ zur Ecke $\boldsymbol{x}^1$ mit der Basis $\boldsymbol{a}^k (k \in Z')$ über, so wird wie in (3.6)

$$x_k = x_k^1 - \sum_{i \notin Z'} c'_{ki} x_i \qquad (k \in Z') \tag{3.6a}$$

mit den gemäß (3.5) gebildeten c'_{ki}. Umgekehrt erhält man die Umrechnungsformeln (3.5), wenn man eine der Gleichungen (3.6), nämlich $x_l = x_l^0 - \sum_{i \notin Z} c_{li} x_i$ nach einem $x_j (j \notin Z)$ mit $c_{lj} > 0$ auflöst, dies in die übrigen Gleichungen einsetzt und so zu (3.6a) gelangt.

Die eben für den Fall einer nichtentarteten Ecke durchgeführten Überlegungen gelten mit einigen Abweichungen auch für den Fall einer entarteten Ecke $\boldsymbol{x}^0$. Auch für $k \in Z$ können dann einige $x_k^0 = 0$ sein. Ist in (3.4) $c_{kj} > 0$ nur für solche $k \in Z$, für die $x_k^0 > 0$ ist, so wird $\delta_1 > 0$, und das eben beschriebene Verfahren führt zu einer von $\boldsymbol{x}^0$ verschiedenen Ecke $\boldsymbol{x}^1$.

Gibt es dagegen Indizes $k \in Z$, für die $c_{kj} > 0$ und $x_k^0 = 0$ ist, so wird $\delta_1 = 0$ und daher $\boldsymbol{x}(\delta_1) = \boldsymbol{x}^0$. Man verbleibt bei der Durchführung des beschriebenen Verfahrens an der Ecke $\boldsymbol{x}^0$, geht aber zu einer neuen, zu dieser Ecke gehörenden Basis über (in § 2 hatten wir bemerkt, daß es zu einer entarteten Ecke mehr als eine Basis geben kann).

Beispiel:

$$A = \begin{pmatrix} 2 & 4 & -1 & 1 & 0 & 0 \\ -3 & 2 & -2 & 0 & 1 & 0 \\ 0 & -1 & -3 & 0 & 0 & 1 \end{pmatrix} \qquad b = \begin{pmatrix} 9 \\ 4 \\ 5 \end{pmatrix}$$

$$\boldsymbol{x}^0 = (0, 0, 0, 9, 4, 5)' .$$

Es ist $Z = \{4, 5, 6\}$. Die zweite Spalte von A enthält positive Matrixelemente. Sei also $j = 2$. Dann wird

$$\delta_1 = \text{Min}\left(\frac{9}{4}, \frac{4}{2}\right) = 2 ,$$

also $l = 5$. Nach (3.3) ist $\boldsymbol{x}^1 = (0, 2, 0, 1, 0, 7)'$ die neue Ecke, und $Z' = \{2, 4, 6\}$.

3.2. Simplexverfahren

Das Simplexverfahren läuft in mehreren Schritten ab. Bei jedem dieser Schritte wird ein Eckenaustausch nach der eben beschriebenen Methode vorgenommen, und zwar so, daß dabei der Wert von $Q(\boldsymbol{x})$ verkleinert wird. Die Matrix A habe auch weiterhin den Rang m, $\boldsymbol{x}^0$ sei eine Ecke von M, $\boldsymbol{a}^k (k \in Z)$ eine Basis zu $\boldsymbol{x}^0$, und c_{ki} seien die durch (3.2) definierten Zahlen. Wir setzen

$$Q^0 = Q(\boldsymbol{x}^0) = \boldsymbol{p}'\boldsymbol{x}^0 = \sum_{k \in Z} p_k x_k^0 ,$$

$$t_i = \sum_{k \in Z} c_{ki} p_k \qquad (i = 1, \ldots, n). \tag{3.7}$$

Nach (3.6) wird für beliebiges $\boldsymbol{x} \in M$

$$Q(\boldsymbol{x}) = \sum_{k \in Z} p_k x_k + \sum_{i \notin Z} p_i x_i = \sum_{k \in Z} p_k x_k^0 + \sum_{i \notin Z} (p_i - \sum_{k \in Z} p_k c_{ki}) x_i ,$$

also

$$Q(\boldsymbol{x}) = Q^0 - \sum_{i \notin Z} (t_i - p_i) x_i \,. \tag{3.8}$$

Satz 1: Die Ecke $\boldsymbol{x}^0$ *sei nichtentartet. Es gebe ein Paar von Indizes* $\hat{k} \in Z$, $j \notin Z$ *mit* $t_j > p_j$ *und* $c_{\hat{k}j} > 0$. *Dann liefert das beschriebene Verfahren eine Ecke* $\boldsymbol{x}^1$ *mit* $Q(\boldsymbol{x}^1) < Q^0 = Q(\boldsymbol{x}^0)$.

Beweis: An der Ecke $\boldsymbol{x}^1$ ist $x_i^1 = 0$ für $i \notin Z$, $i \neq j$ und $x_j^1 = \delta_1 > 0$. Nach (3.8) ist $Q(\boldsymbol{x}^1) = Q^0 - \delta_1(t_j - p_j) < Q^0$.

Satz 2: Die Ecke $\boldsymbol{x}^0$ *sei entartet oder nichtentartet. Es gebe ein* $j \notin Z$ *mit* $t_j > p_j$ *und* $c_{kj} \leqq 0$ *für alle* $k \in Z$. *Dann hat die Optimierungsaufgabe keine Lösung.*

Beweis: Der nach (3.3) gebildete Vektor $\boldsymbol{x}(\delta)$ gehört für alle $\delta > 0$ zu M. Nach (3.8) wird $Q(\boldsymbol{x}(\delta)) = Q^0 - \delta(t_j - p_j)$. Daher ist $Q(\boldsymbol{x})$ auf M nicht nach unten beschränkt.

Die Sätze 1 und 2 besagen anschaulich: Wenn man in (3.3) δ von 0 an zu positiven Werten hin wachsen läßt, schreitet man mit $\boldsymbol{x}(\delta)$ auf einer von $\boldsymbol{x}^0$ ausgehenden Kante von M in Richtung solcher $\boldsymbol{x}$ fort, die Q einen kleineren Wert erteilen als $\boldsymbol{x}^0$. Im Fall von Satz 2 ist diese Kante unendlich lang. Im Fall von Satz 1 gelangt man für $\delta = \delta_1$ zu einer neuen Ecke $\boldsymbol{x}^1$. Wir wollen nun zunächst annehmen, die Menge M der zulässigen Vektoren enthalte nur nichtentartete Ecken, und es sei eine Ecke $\boldsymbol{x}^0$ bekannt. Bei wiederholter Anwendung des Satzes 1 erhält man dann Ecken $\boldsymbol{x}^0, \boldsymbol{x}^1, \boldsymbol{x}^2, \ldots$ mit $Q(\boldsymbol{x}^0) > Q(\boldsymbol{x}^1) > Q(\boldsymbol{x}^2) > \cdots$. Dabei kann keine Ecke zweimal auftreten. Da M nach § 2, Satz 2 endlich viele Ecken hat, bricht das Verfahren nach endlich vielen Schritten ab, indem einer der beiden Fälle eintritt:

(1) Es gibt einen Index $j \notin Z$ mit $t_j > p_j$ und $c_{kj} \leqq 0$ für alle $k \in Z$. Dann hat die Optimierungsaufgabe nach Satz 2 keine Lösung.

(2) Es ist $t_j \leqq p_j (j \notin Z)$. Dann ist die Optimierungsaufgabe gelöst, denn es gilt der

Satz 3: Gilt für eine (möglicherweise auch entartete) Ecke $\boldsymbol{x}^0$ $t_j \leqq p_j$ *für alle* $j \notin Z$, *so ist* $\boldsymbol{x}^0$ *Minimalpunkt.*

Beweis: Sei $\boldsymbol{x} = (x_1, \ldots, x_n)'$ ein beliebiger Punkt von M. Wegen $\boldsymbol{x} \geqq 0$ und $t_j - p_j \leqq 0 (j \notin Z)$ wird nach (3.8)

$$Q(\boldsymbol{x}) = Q^0 - \sum_{j \notin Z} (t_j - p_j) x_j \geqq Q^0 \,.$$

3.3. Entartete Ecken

Eine entartete Ecke ist dadurch gekennzeichnet, daß weniger als m Komponenten positiv sind. Ist $\boldsymbol{x}^0$ eine solche entartete Ecke und bilden die Vektoren $\boldsymbol{a}^k (k \in Z)$ eine Basis zu $\boldsymbol{x}^0$, so kann man nach (3.2) die c_{ki} bestimmen, ferner nach (3.7) die t_i.

Folgende Fälle können eintreten:

1. Es ist $t_j \leqq p_j (j \notin Z)$. Dann ist $\boldsymbol{x}^0$ nach Satz 3 Minimalpunkt.

2. Es gibt einen Index $j \notin Z$ mit $t_j > p_j$ und $c_{kj} \leqq 0$ für alle $k \in Z$. Nach Satz 2 hat die Optimierungsaufgabe keine Lösung.

3. Es gibt Indizes $j \notin Z$ mit $t_j > p_j$ und zu jedem solchen j gibt es einen Index $\hat{k} \in Z$ mit $c_{\hat{k}j} > 0$. Für alle diese Indizes j kann man δ_1 nach (3.4) bilden. Da $\boldsymbol{x}^0$ eine entartete Ecke ist, kann es vorkommen, daß $\delta_1 = 0$ wird.

3.1. Es gibt einen solchen Index j, für den $\delta_1 > 0$ wird. Der beschriebene Eckenaustausch führt zu einer von $\boldsymbol{x}^0$ verschiedenen, möglicherweise auch entarteten Ecke $\boldsymbol{x}^1$ mit $Q(\boldsymbol{x}^1) < Q(\boldsymbol{x}^0)$.

3.2. Für alle genannten Indizes j wird $\delta_1 = 0$. Mit einem dieser j führe man das Verfahren des Eckenaustauschs durch. Es führt auf eine neue Basis zur Ecke $\boldsymbol{x}^0$. Q wird bei diesem Übergang nicht verkleinert.

Tritt mehrere Male hintereinander der Fall 3.2. ein, so verbleibt man bei der Ecke $\boldsymbol{x}^0$ und tauscht nur jedesmal eine Basis zu dieser Ecke gegen eine andere aus. Dabei kann es geschehen, daß man nach einigen Schritten eine Basis wieder erhält, die schon einmal aufgetreten ist. Bei Fortführung der Rechnung kommt es dann zu einer zyklischen Wiederholung dieser Schritte. In der Praxis darf man sich darauf verlassen, daß solche Zyklen sehr selten sind. In der Literatur sind bisher nur wenige Beispiele für das Auftreten von Zyklen angegeben worden, und zwar handelt es sich dabei nicht um Aufgaben aus der Anwendung der linearen Optimierung, sondern um eigens konstruierte Beispiele[1]. Bei der praktischen Anwendung des Simplexverfahrens sollte man auch beim Auftreten von entarteten Ecken nach den angegebenen Vorschriften weiterrechnen.

Andererseits ist es wünschenswert, für das Simplexverfahren eine abgeschlossene Theorie aufzustellen. Es soll daher hier gezeigt werden, wie durch eine Zusatzvorschrift das Simplexverfahren so ergänzt werden kann, daß keine Zyklen auftreten und nach endlich vielen Schritten entweder ein Minimalpunkt erreicht wird oder sich die Aussage ergibt, daß keine Lösung existiert.

Treten keine entarteten Ecken auf, so ist in (3.4) der Index $k \in Z$, für den der Quotient x_k^0/c_{kj} minimal wird, stets eindeutig bestimmt. Wird nämlich $\delta_1 = x_l^0/c_{lj} = x_{l'}^0/c_{l'j}$ für verschiedene Indizes $l, l' \in Z$, so wird $x_l(\delta_1) = x_{l'}(\delta_1) = 0$. Das bedeutet, daß $\boldsymbol{x}^1 = \boldsymbol{x}(\delta_1)$ weniger als m positive Komponenten hat, also entartet ist. Wenn andererseits in (3.4) der Index l, für den das Minimum angenommen wird, immer eindeutig bestimmt ist, und wenn die Ecke, mit der man das Simplexverfahren beginnt, nichtentartet ist, sind auch alle weiteren Ecken

[1] Für ein solches Beispiel s. Gass, 1964, S. 119ff.

nicht entartet. Der Fall entarteter Ecken ist also dadurch gekennzeichnet, daß in (3.4) der Index l, der das Minimum liefert und der einem den Spaltenvektor $\boldsymbol{a}^l$ angibt, der beim Austausch aus der Basis herausgenommen wird, nicht immer eindeutig bestimmt ist.

Die Zusatzvorschrift zur Vermeidung von Zyklen besteht in einer eindeutigen Vorschrift, welcher der eventuell verschiedenen zur Auswahl stehenden Indizes l zum Austausch heranzuziehen ist.

Bei der Formulierung der Zusatzvorschrift und weiterhin bedient man sich des Begriffs der lexikographischen Ordnung von Vektoren:

Definition: Ein Vektor $\boldsymbol{v}$ mit N Komponenten $v_1, \ldots, v_N$ heißt *lexikographisch positiv* ($\boldsymbol{v} \succ 0$), wenn $\boldsymbol{v} \neq 0$ ist und die erste nichtverschwindende Komponente positiv ist, wenn es also einen Index $p (1 \leqq p \leqq N)$ gibt mit $v_j = 0 (j < p)$ und $v_p > 0$.

Ein Vektor $\boldsymbol{v}$ heißt *lexikographisch größer* als ein Vektor $\boldsymbol{u}$ ($\boldsymbol{v} \succ \boldsymbol{u}$), wenn $\boldsymbol{v} - \boldsymbol{u} \succ 0$ ist.

Die Relation $\succ$ hat, wie man leicht sieht, die üblicherweise von einer Ordnungsrelation geforderten Eigenschaften:

1. Aus $\boldsymbol{v} \succ \boldsymbol{u}$, $\boldsymbol{u} \succ \boldsymbol{w}$ folgt $\boldsymbol{v} \succ \boldsymbol{w}$.
2. Aus $\boldsymbol{v} \succ \boldsymbol{u}$ folgt $\boldsymbol{v} + \boldsymbol{w} \succ \boldsymbol{u} + \boldsymbol{w}$ für alle $\boldsymbol{w} \in R^N$.
3. Aus $\boldsymbol{v} \succ \boldsymbol{u}$ und $c > 0$ folgt $c\boldsymbol{v} \succ c\boldsymbol{u}$.

Für zwei Vektoren $\boldsymbol{u}$ und $\boldsymbol{v}$ gilt entweder $\boldsymbol{u} \succ \boldsymbol{v}$ oder $\boldsymbol{u} = \boldsymbol{v}$ oder $\boldsymbol{v} \succ \boldsymbol{u}$.

Es sei nun eine lineare Optimierungsaufgabe (2.1), (2.2) gegeben, wobei die Matrix $\boldsymbol{A}$ den Rang m hat. Ferner sei eine Ecke $\boldsymbol{x}^s = \boldsymbol{x}^{start}$ der Menge M der zulässigen Vektoren bekannt; diese Ecke wird als Ausgangsvektor für das Simplexverfahren verwendet. Die Indizierung werde so gewählt, daß die Basis zu $\boldsymbol{x}^s$, mit der man das Simplexverfahren beginnt, von den Spaltenvektoren $\boldsymbol{a}^1, \boldsymbol{a}^2, \ldots, \boldsymbol{a}^m$ gebildet wird. Für den Startvektor ist also die Indexmenge $Z = \{1, 2, \ldots, m\}$. Man geht nun nach den in 3.1 und 3.2 angegebenen Vorschriften vor, und beachtet noch die folgende

Zusatzvorschrift: Ist man im Lauf des Simplexverfahrens zu einer Ecke $\boldsymbol{x}^0$ gelangt, sind die $\boldsymbol{a}^k (k \in Z)$ die Vektoren einer zugehörigen Basis, c_{ki} und t_i die durch (3.2) und (3.7) bestimmten Zahlen, ist ferner $j \notin Z$ ein Index mit $t_j > p_j$, zu welchem es $k \in Z$ mit $c_{kj} > 0$ gibt, so bilde man für alle diese k die Vektoren (mit $m + 1$ Komponenten)

$$\boldsymbol{w} = \left(\frac{x_k^0}{c_{kj}}, \frac{c_{k1}}{c_{kj}}, \frac{c_{k2}}{c_{kj}}, \ldots, \frac{c_{km}}{c_{kj}}\right)'. \tag{3.9}$$

Ist der lexikographisch kleinste unter diesen Vektoren derjenige mit $k = l$, so führe man mit diesem Index l den in 3.1 beschriebenen Eckenaustausch durch.

Die Zusatzvorschrift besagt: Gibt es mehrere Indizes $k \in Z$, für die in (3.4) x_k^0/c_{kj} minimal wird, so suche man hierunter diejenigen, für die c_{k1}/c_{kj} minimal wird, gibt es hiervon mehrere, so suche man darunter diejenigen, für die c_{k2}/c_{kj} minimal wird, usw. Der Index l ist durch die Zusatzvorschrift eindeutig bestimmt. Aus der Annahme, zwei der Vektoren $\boldsymbol{w}$ nach (3.9) seien gleich, etwa diejenigen für $k = l$ und $k = l'$ (mit $l \neq l'$) folgt nämlich, daß die quadratische Matrix der c_{ki} ($k \in Z$, $i = 1, \ldots, m$) zwei proportionale Zeilen hat, also singulär ist. Andererseits ist dies gerade die Matrix, mittels der die linear unabhängigen Vektoren $\boldsymbol{a}^1, \ldots, \boldsymbol{a}^m$ (Basis zu $\boldsymbol{x}^s$) durch die Vektoren $\boldsymbol{a}^k$ ($k \in Z$) dargestellt werden: $\boldsymbol{a}^i = \sum_{k \in Z} c_{ki} \boldsymbol{a}^k$ $(i = 1, \ldots, m)$; daher ist die Matrix dieser c_{ki} nichtsingulär.

Ist $\boldsymbol{x}^0$ eine im Laufe des Simplexverfahrens auftretende Ecke, so sei $\boldsymbol{v}^0$ der Vektor mit $m + 1$ Komponenten

$$\boldsymbol{v}^0 = (Q(\boldsymbol{x}^0), t_1, \ldots, t_m)', \tag{3.10}$$

wobei die t_i nach (3.7) gebildet sind.

Satz 4: Beim Eckenaustausch unter Beachtung der Zusatzvorschrift wird $\boldsymbol{v}^0$ durch einen lexikographisch kleineren Vektor ersetzt.

Beweis: $Q(\boldsymbol{x}^0)$ wird, wie man (3.8) entnimmt, durch

$$Q(\boldsymbol{x}^1) = Q(\boldsymbol{x}^0) - \frac{x_l^0}{c_{lj}}(t_j - p_j)$$

ersetzt, $t_i = \sum_{k \in Z} c_{ki} p_k$ durch $t_i' = \sum_{k \in Z'} c_{ki}' p_k$ $(i = 1, \ldots, m)$, wobei die c_{ki}' aus (3.5) zu entnehmen sind. Ist $i \neq l$, so wird

$$t_i' = \sum_{k \in Z,\, k \neq l} \left(c_{ki} - \frac{c_{li} c_{kj}}{c_{lj}}\right) p_k + \frac{c_{li}}{c_{lj}} p_j =$$

$$= \sum_{k \in Z} c_{ki} p_k - \frac{c_{li}}{c_{lj}} \sum_{k \in Z} c_{kj} p_k + \frac{c_{li}}{c_{lj}} p_j = t_i - \frac{c_{li}}{c_{lj}}(t_j - p_j),$$

und ist $i = l$, so wird

$$t_l' = -\sum_{k \in Z,\, k \neq l} \frac{c_{kj}}{c_{lj}} p_k + \frac{1}{c_{lj}} p_j = t_l - \frac{c_{ll}}{c_{lj}}(t_j - p_j),$$

da $t_l = p_l$ wegen $l \in Z$ gilt, ferner $c_{ll} = 1$. Beim Eckenaustausch geht also $\boldsymbol{v}^0$ über in den Vektor $\boldsymbol{v}^1 = \boldsymbol{v}^0 - \boldsymbol{w}(t_j - p_j)$, wobei $\boldsymbol{w}$ der Vektor (3.9) für $k = l$ ist, also

$$\boldsymbol{w} = \frac{1}{c_{lj}}(x_l^0, c_{l1}, \ldots, c_{lm})'.$$

Nach der Verfahrensvorschrift ist $t_j - p_j > 0$ und $c_{lj} > 0$. Es bleibt zu zeigen, daß der Vektor $(x_l^0, c_{l1}, \ldots, c_{lm})'$ lexikographisch positiv ist. Durch vollständige Induktion nach der Zahl der durchgeführten Verfahrensschritte zeigen wir: Alle Vektoren $\boldsymbol{u}^k = (x_k^0, c_{k1}, \ldots, c_{km})'$ für $k \in Z$ sind lexikographisch positiv.

1. Die zum Ausgangsvektor $\boldsymbol{x}^s$ gehörenden Vektoren $\boldsymbol{u}^k$ sind lexikographisch positiv, denn es ist $x_k^s \geqq 0$ und $c_{ki} = \delta_{ki}$ für $k, i = 1, \ldots, m$.

2. $\boldsymbol{x}^0$ sei eine im Laufe des Simplexverfahrens auftretende Ecke; alle mit $\boldsymbol{x}^0$ gebildeten Vektoren $\boldsymbol{u}^k (k \in Z)$ seien lexikographisch positiv (Induktionsvoraussetzung). Nach Ausführung eines Eckenaustauschs erhält man die Vektoren $\boldsymbol{u}'^k (k \in Z')$, nämlich unter Beachtung von (3.5)

für $k \in Z', k \neq j$

$$\boldsymbol{u}'^k = \left(x_k^0 - \frac{x_l^0}{c_{lj}} c_{kj}\; c_{k1} - \frac{c_{l1} c_{kj}}{c_{lj}}, \ldots, c_{km} - \frac{c_{lm} c_{kj}}{c_{lj}}\right)' = \boldsymbol{u}^k - \frac{c_{kj}}{c_{lj}} \boldsymbol{u}^l$$

und für $k = j$

$$\boldsymbol{u}'^j = \left(\frac{x_l^0}{c_{lj}}, \frac{c_{l1}}{c_{lj}}, \ldots, \frac{c_{lm}}{c_{lj}}\right)' = \frac{1}{c_{lj}} \boldsymbol{u}^l .$$

Wegen $c_{lj} > 0$ und auf Grund der Induktionsvoraussetzung ist $\boldsymbol{u}'^j$ ersichtlich lexikographisch positiv, ebenso $\boldsymbol{u}'^k$ für $k \neq j$, falls $c_{kj} \leqq 0$ ist. Ist aber $c_{kj} > 0$, so ist k einer der Indizes, die in der Zusatzvorschrift zu berücksichtigen sind. Diese besagt aber: l ist so zu wählen, daß

$$\frac{\boldsymbol{u}^k}{c_{kj}} - \frac{\boldsymbol{u}^l}{c_{lj}} \succ 0$$

ist für alle diese Indizes k (man beachte, daß der Index l nicht zu Z' gehört). Daher wird auch in diesem Fall $\boldsymbol{u}'^k \succ \boldsymbol{0}$.

Aus Satz 4 schließt man nun leicht, daß durch die Beachtung der Zusatzvorschrift Zyklen vermieden werden. Durch einen Punkt $\boldsymbol{x}^0$ und eine zugehörige Basis ist der Vektor $\boldsymbol{v}^0$ eindeutig bestimmt. Bei jedem Schritt des Simplexverfahrens wird $\boldsymbol{v}^0$ durch einen lexikographisch kleineren Vektor ersetzt. Also kann keine Basis zweimal auftreten.

Bei der Besprechung der Dualität bei linearen Optimierungsaufgaben in § 5 wird das folgende Ergebnis benötigt (Umkehrung von Satz 3).

Satz 5: Ist die Ecke $\boldsymbol{x}^0$ Minimalpunkt, so gibt es zu $\boldsymbol{x}^0$ eine Basis, für die $t_i \leqq p_i (i = 1, \ldots, n)$ wird.

Beweis: Sei $\boldsymbol{x}^0$ nicht entartet. Dann ist die Basis zu $\boldsymbol{x}^0$ eindeutig bestimmt. Aus den Sätzen 1 und 2 folgt, daß $t_i \leqq p_i$ für $i = 1, \ldots, n$ ist (für $i \in Z$ ist $t_i = p_i$). Ist $\boldsymbol{x}^0$ entartet, so findet man nach der Zusatzvorschrift und nach Satz 4 eine Basis $\boldsymbol{a}^k (k \in Z)$ zu $\boldsymbol{x}^0$ mit lexikographisch kleinstem Vektor $\boldsymbol{v}^0$. Für die mit dieser Basis gebildeten Zahlen t_i gilt $t_i \leqq p_i (i = 1, \ldots, n)$; andernfalls wäre $\boldsymbol{x}^0$ nach Satz 2 nicht Minimalpunkt oder die Zusatzvorschrift führte zu einer Basis mit lexikographisch kleinerem Vektor $\boldsymbol{v}^0$.

Bei der Anwendung des Simplexverfahrens auf praktische Beispiele treten wohl häufig entartete Ecken auf, aber man ist bisher bei der sehr großen Zahl durchgerechneter Anwendungsaufgaben, wie schon bemerkt, nicht auf Zyklen gestoßen. Wenn in (3.4) der Index l, mit dem der Austausch vorzunehmen ist, nicht eindeutig bestimmt ist, muß man sich für einen der zur Auswahl stehenden Indizes entscheiden. Man kann hierzu die Zusatzvorschrift verwenden, ebensogut aber auch eine einfachere Vorschrift, etwa die, unter diesen Zahlen l die kleinste zu wählen. Führt man die Rechnung von Hand aus, so überblickt man ständig den ganzen Rechnungsgang und kann, falls es doch einmal zu Zyklen kommen sollte, von der gewählten Auswahlvorschrift für den Index l abweichen und so aus dem Zyklus herauskommen. Wird dagegen das Simplexverfahren programmiert und auf einer Rechenanlage durchgerechnet, so kann man nicht nach Gutdünken von einer gewählten Auswahlvorschrift abweichen. Hier treten aber noch ganz andere Probleme auf. Entartete Ecken sind daran zu erkennen, daß einige der Komponenten x_k $(k \in Z)$ zu Null werden. Durch Abrundungsfehler erhält man in der Regel nicht exakt eine Null, sondern eine Zahl von kleinem Betrag. Bei umfangreichen Problemen kann es schwierig sein, in das Programm eine Entscheidung einzubauen, wann eine solche Zahl von kleinem Betrag als Null anzusehen ist und wann nicht. Eine weitergehende Diskussion dieser Probleme ginge über den Rahmen dieser Darstellung hinaus.

3.4. Bestimmung einer Ausgangsecke

Bei der Beschreibung des Simplexverfahrens in 3.2 wurde angenommen, daß eine Ecke $\boldsymbol{x}^0$ bekannt ist, von der aus man schrittweise weitere Ecken $\boldsymbol{x}^1, \boldsymbol{x}^2, \ldots$ konstruiert, bis das Verfahren abbricht und entweder einen Minimalpunkt liefert oder aber die Aussage, daß die Aufgabe keine Lösung besitzt. Bei manchen Problemen wird von der Aufgabenstellung her eine solche Ecke $\boldsymbol{x}^0$ bekannt sein, in anderen Fällen wird man aber nicht von vornherein eine Ecke $\boldsymbol{x}^0$ kennen, ja der vorgelegten Optimierungsaufgabe nicht einmal ansehen können, ob es überhaupt zulässige Punkte gibt. Man braucht also ein Verfahren, durch das eine Ausgangsecke $\boldsymbol{x}^0$ konstruiert wird, falls eine solche existiert.

Ist eine Optimierungsaufgabe ursprünglich vom Typ (1.1a) bis (1.3a) mit den Restriktionen $\boldsymbol{A}\boldsymbol{x} \leqq \boldsymbol{b}$ und $\boldsymbol{x} \geqq \boldsymbol{0}$, wobei $\boldsymbol{b} \geqq \boldsymbol{0}$, also ein Vektor mit nichtnegativen Komponenten ist, und hat man die Nebenbedingungen durch die Einführung eines Schlupfvariablenvektors $\boldsymbol{y}$ umgeformt in $\boldsymbol{A}\boldsymbol{x} + \boldsymbol{y} = \boldsymbol{b}$, $\boldsymbol{x} \geqq \boldsymbol{0}$, $\boldsymbol{y} \geqq \boldsymbol{0}$, so ist durch $\boldsymbol{x} = \boldsymbol{0}, \boldsymbol{y} = \boldsymbol{b}$ eine Ecke gegeben; denn die zu $\boldsymbol{y}$ gehörenden Spaltenvektoren in der erweiterten Matrix sind gerade die m Einheitsvektoren des R^m und bilden daher eine Basis.

Sei nun eine lineare Optimierungsaufgabe des Typs (2.1), (2.2), also mit den Restriktionen $\boldsymbol{A}\boldsymbol{x} = \boldsymbol{b}$, $\boldsymbol{x} \geqq \boldsymbol{0}$ gegeben. Der Rang von $\boldsymbol{A}$ sei m. Ohne Beschränkung der Allgemeinheit kann man annehmen, daß $\boldsymbol{b} \geqq \boldsymbol{0}$ ist (erforderlichenfalls kann man das durch Multiplikation einiger Gleichungen des Systems $\boldsymbol{A}\boldsymbol{x} = \boldsymbol{b}$ mit -1 erreichen). Bevor nun die Aufgabe mit den genannten Nebenbedingungen und der Zielfunktion $Q(\boldsymbol{x}) = \boldsymbol{p}'\boldsymbol{x}$ behandelt wird, versuche man die Aufgabe

$$y_1 + y_2 + \cdots + y_m = \text{Min!}, \quad \boldsymbol{A}\boldsymbol{x} + \boldsymbol{y} = \boldsymbol{b}, \quad \boldsymbol{x} \geqq \boldsymbol{0}, \quad \boldsymbol{y} \geqq \boldsymbol{0} \quad (3.11)$$

zu lösen. Zu dieser Aufgabe ist eine Ausgangsecke bekannt, nämlich (wie oben) $\boldsymbol{x} = \boldsymbol{0}$, $\boldsymbol{y} = \boldsymbol{b} \geqq \boldsymbol{0}$. Da die Zielfunktion dieser Aufgabe (durch 0) nach unten beschränkt ist, existiert eine Lösung $\boldsymbol{x}^* \geqq \boldsymbol{0}$, $\boldsymbol{y}^* \geqq \boldsymbol{0}$ (vgl. Satz 16 in § 5.6). Ist $\boldsymbol{y}^* = \boldsymbol{0}$, so ist durch $\boldsymbol{x}^*$ eine Ecke des ursprünglichen Problems (2.1), (2.2) gegeben. Es ist zwar möglich, daß der durch $\boldsymbol{x}^*, \boldsymbol{y}^*$ gegebene Minimalpunkt der Aufgabe (3.11) entartet ist und daß die zugehörige Basis solche Spaltenvektoren enthält, die zu Komponenten von $\boldsymbol{y}^*$ gehören. Jedenfalls sind aber dann die zu positiven Komponenten von $\boldsymbol{x}^*$ gehörenden Spaltenvektoren von $\boldsymbol{A}$ linear unabhängig, und man kann sie durch weitere Spaltenvektoren von $\boldsymbol{A}$ zu einer Basis ergänzen.

Ist dagegen bei der Lösung von (3.11) nicht $\boldsymbol{y}^* = \boldsymbol{0}$, so hat das Ausgangsproblem (2.1), (2.2) keine zulässigen Punkte, denn jeder solche zulässige Punkt $\boldsymbol{x}$ ergäbe (nach Ergänzung durch $\boldsymbol{y} = \boldsymbol{0}$) eine Lösung der Aufgabe (3.11) zum Wert 0 der Zielfunktion $y_1 + \cdots + y_m$.

§ 4. Algorithmische Durchführung des Simplexverfahrens

An Hand der in § 3 angegebenen Verfahrensvorschriften kann man das Simplexverfahren numerisch durchführen. Es ist aber zweckmäßig, sich dabei eines Rechenschemas zu bedienen. Ein solches Schema wird in § 4.1 und 4.2 ausführlich beschrieben; es ist im übrigen so einfach und fast von selbst einleuchtend, daß der Leser sich an Hand des Zahlenbeispiels in § 4.3 und der in § 4.2 gegebenen Vorschrift für das Austauschverfahren die Handhabung der Simplexmethode leicht aneignen kann.

4.1. Beschreibung des Schemas

Man legt für jeden Schritt des Simplexverfahrens ein Schema an, das Felder für alle benötigten Daten enthält, nämlich

① Die Indizes k, die zur Indexmenge Z gehören.

② Die Indizes i, die nicht zur Indexmenge Z gehören.

③ Die Zahlen c_{ki} (vgl. (3.2)) für $k \in Z$, $i \notin Z$. (Für $k \in Z$, $i \in Z$ sind die $c_{ki} = \delta_{ki}$, also 0 oder 1; diese sind im Schema entbehrlich.)

④ Die Komponenten x_k für $k \in Z$. (Für $i \notin Z$ ist $x_i = 0$.)

⑤ Die Zahlen $t_i - p_i$ (vgl. (3.7)) für $i \notin Z$. Zur Abkürzung wird hier gesetzt

$$d_i = t_i - p_i\,.$$

Für $i \in Z$ wird $d_i = 0$. Diese d_i werden nicht mit aufgeführt.

⑥ Der jeweilige Wert der Zielfunktion Q.

⑦ Zum Zwecke einer Summenprobe wird hier

$$\sigma_i = 1 - \sum_{k \in Z} c_{ki} - d_i \qquad (i \notin Z) \tag{4.1}$$

gebildet, so daß also die Spaltensummen, erstreckt über die Felder ③, ⑤ und ⑦, sämtlich 1 ergeben.

⑧ Entsprechend ist hier

$$\sigma = 1 - \sum_{k \in Z} x_k - Q \tag{4.2}$$

einzutragen.

⑨ Dieses Feld bleibt für die x_k/c_{kj} vorbehalten, deren Minimum nach (3.4) zu suchen ist.

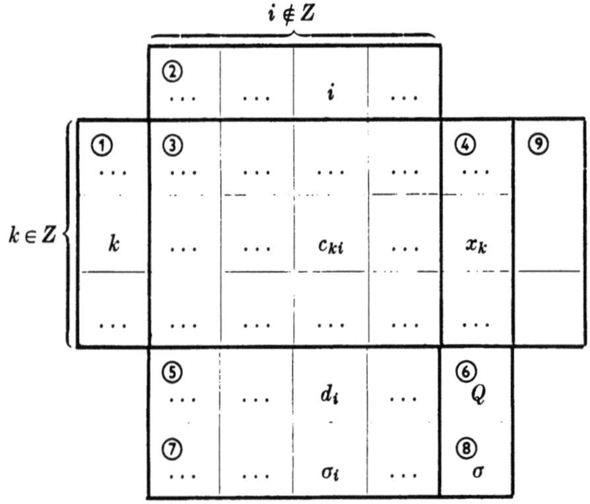

(Dieses Schema mit 3 Zeilen und 4 Spalten für die c_{ki} wäre für den Fall $m = 3$, $n = 3 + 4 = 7$ geeignet.)

Häufig ist es zweckmäßig, in die Felder ① und ② nicht die Indizes $k \in Z$ und $i \notin Z$ einzutragen, sondern die Bezeichnungen der entsprechenden Variablen, vor allem dann, wenn bei Beispielen die Variablen nicht einheitlich mit $x_1, \ldots, x_n$ bezeichnet sind.

Zunächst muß man nun wissen, wie das Schema beim ersten Schritt des Simplexverfahrens auszufüllen ist. Wir behandeln zuerst den Fall, daß die Optimierungsaufgabe ursprünglich vom Typ (1.1a) – (1.3a) ist mit den Restriktionen $\boldsymbol{A}\boldsymbol{x} \leqq \boldsymbol{b}$ und $\boldsymbol{x} \geqq \boldsymbol{0}$ und daß $\boldsymbol{b} \geqq \boldsymbol{0}$ gilt, also den Fall, für den sich nach § 3.4 sehr einfach eine Ausgangsecke für das Simplexverfahren finden ließ. Die Zielfunktion sei $Q(\boldsymbol{x}) = \boldsymbol{p}'\boldsymbol{x}$, und wie in § 3 sei das Minimum von $Q(\boldsymbol{x})$ gesucht (nicht wie in (1.1a) das Maximum). Durch die Einführung von Schlupfvariablen ergaben sich die Restriktionen $\boldsymbol{A}\boldsymbol{x} + \boldsymbol{y} = \boldsymbol{b}$, $\boldsymbol{x} \geqq \boldsymbol{0}, \boldsymbol{y} \geqq \boldsymbol{0}$. Die Bezeichnung und Numerierung der Komponenten von $\boldsymbol{x}$ und $\boldsymbol{y}$ wird so gewählt, daß $\boldsymbol{x} = (x_1, \ldots, x_q)'$, $\boldsymbol{y} = (x_{q+1}, \ldots, x_n)'$ mit $q = n - m$ ist. Der Vektor $\boldsymbol{p}$ in der Zielfunktion ist wie in (1.7) durch m Komponenten $p_{q+1} = 0, \ldots, p_n = 0$ zu ergänzen.

Durch $\boldsymbol{x} = \boldsymbol{0}$, $\boldsymbol{y} = \boldsymbol{b}$ ist nach § 3.4 eine Ausgangsecke für das Simplexverfahren gegeben. Die zugehörige Basis besteht aus den m Einheitsvektoren

$$\boldsymbol{a}^{q+1} = \begin{pmatrix} 1 \\ 0 \\ \cdots \\ 0 \end{pmatrix}, \quad \boldsymbol{a}^{q+2} = \begin{pmatrix} 0 \\ 1 \\ \cdots \\ 0 \end{pmatrix}, \ldots, \boldsymbol{a}^{n} = \begin{pmatrix} 0 \\ 0 \\ \cdots \\ 1 \end{pmatrix}.$$

Als Indexmenge Z ergibt sich $Z = \{q+1, q+2, \ldots, n\}$.

Für die Spaltenvektoren $\boldsymbol{a}^1, \ldots, \boldsymbol{a}^q$ der Matrix $\boldsymbol{A}$ gilt die Darstellung (3.2)

$$\boldsymbol{a}^i = \sum_{k=1}^{m} a_{ki}\, \boldsymbol{a}^{q+k} \qquad (i = 1, \ldots, q).$$

In Feld ③ sind also für die c_{ki} einfach die Elemente a_{ki} $(k = 1, \ldots, m;\ i = 1, \ldots, q)$ der Matrix $\boldsymbol{A}$ einzusetzen.

In Feld ④ gehören wegen $\boldsymbol{y} = \boldsymbol{b}$ die Komponenten $b_1, \ldots, b_m$ des Vektors $\boldsymbol{b}$.

	② 1	2	…	q		
① $q+1$	③ a_{11}	a_{12}	…	a_{1q}	④ b_1	⑨
…	…	…	…	…	…	
n	a_{m1}	a_{m2}	…	a_{mq}	b_m	
	⑤ $-p_1$	$-p_2$	…	$-p_q$	⑥ 0	
	⑦ σ_1	σ_2	…	σ_q	⑧ σ	

In Feld ⑤ stehen die $d_i = \sum_{k=q+1}^{n} c_{ki} p_k - p_i = -p_i$ $(i = 1, \ldots, q)$ (wegen $p_{q+1} = \cdots = p_n = 0$), in Feld ⑥ der Wert der Zielfunktion, nämlich $Q(\boldsymbol{x}) = \sum_{k=q+1}^{n} p_k x_k = 0$. Die Ausfüllung der übrigen Felder bedarf keiner Erläuterung. Das Schema hat also für den Anfangsschritt die auf S. 27 angegebene Gestalt.

Wie das Schema zu Anfang auszufüllen ist, wenn nicht der Typ (1.1a) — (1.3a) mit den Restriktionen $\boldsymbol{A x} \leqq \boldsymbol{b}$, $\boldsymbol{x} \geqq \boldsymbol{0}$ und mit $\boldsymbol{b} \geqq \boldsymbol{0}$ vorliegt, sondern ein Problem des Typs (2.1), (2.2) mit den Restriktionen $\boldsymbol{A x} = \boldsymbol{b}$, $\boldsymbol{x} \geqq \boldsymbol{0}$, wird später besprochen. Ist beim Typ (1.1a) — (1.3a) nicht $\boldsymbol{b} \geqq \boldsymbol{0}$, so ist durch Einführung von Schlupfvariablen eine Zurückführung auf diesen Fall vorzunehmen.

4.2. Durchführung eines Austauschschrittes

Für jeden Schritt des Simplexverfahrens ist ein Schema der beschriebenen Art anzulegen. Es wird nun gezeigt, wie man aus einem solchen Schema das nächstfolgende erhält.

Man sucht zunächst in Feld ⑤ nach einem positiven $d_i = t_i - p_i$ $(i \notin Z)$. Findet man keines, sind also alle $d_i \leqq 0$, so ist nach § 3, Satz 3 die Optimierungsaufgabe gelöst. Wird aber etwa $d_j > 0$, so markiert man die Spalte zum Index $j \notin Z$ und sucht in dieser Spalte nach positiven c_{kj}. Sind alle $c_{kj} \leqq 0$ $(k \in Z)$, so hat die Optimierungsaufgabe nach § 3, Satz 2 keine Lösung. Gibt es aber positive c_{kj}, so bilde man x_k/c_{kj} für diese Indizes k und trage dies in die entsprechende Zeile in Feld ⑨ ein (einige Zeilen in Feld ⑨ werden im allgemeinen frei bleiben). Unter den so erhaltenen Quotienten x_k/c_{kj} suche man den kleinsten (Bestimmung von δ_1 in (3.4)), etwa x_l/c_{lj}. Auch die Zeile zum Index $l \in Z$ ist zu markieren. Die (positive) Zahl c_{lj} am Schnittpunkt der markierten Zeile und markierten Spalte spielt bei der Umformung des Schemas eine besondere Rolle und heißt Pivot (frz. Angelpunkt, Drehpunkt) oder Pivotelement. Die markierte Zeile und Spalte werden auch als Pivotzeile und Pivotspalte bezeichnet. Nach § 3 ist der Vektor $\boldsymbol{a}^l$ aus der Basis herauszunehmen und gegen den Vektor $\boldsymbol{a}^j$ auszutauschen. Im neuen Schema setze man also an die Stelle des Index l im Feld ① den Index j, an die Stelle des Index j im Feld ② den Index l, alle anderen Indizes behalte man bei. An die Stelle der c_{ki} in Feld ③ im alten Schema treten im neuen Schema die durch (3.5) gegebenen Zahlen c'_{ki}.

Wie die x_k in Feld ④ zu ersetzen sind, entnimmt man aus (3.3) für $\delta = \delta_1 = x_l/c_{lj}$. Die Zahlen d'_i, durch die die d_i in Feld ⑤ zu

				*			
	…	i	…	j	…		
…	…	…	…	…	…	…	…
k	…	c_{ki}	…	c_{kj}	…	x_k	$\frac{x_k}{c_{kj}}$
…	…	…	…	…	…	…	…
* l	…	c_{li}	…	c_{lj}	…	x_l	$\frac{x_l}{c_{lj}}$
…	…	…	…	…	…	…	…
	…	d_i	…	d_j	…	Q	
	…	σ_i	…	σ_j	…	σ	

Altes Schema

	…	i	…	l	…		
…	…	…	…	…	…	…	
k	…	$c_{ki} - \frac{c_{li}\, c_{kj}}{c_{lj}}$	…	$-\frac{c_{kj}}{c_{lj}}$	…	$x_k - \frac{x_l\, c_{kj}}{c_{lj}}$	
…	…	…	…	…	…	…	
j	…	$\frac{c_{li}}{c_{lj}}$	…	$\frac{1}{c_{lj}}$	…	$\frac{x_l}{c_{lj}}$	
…	…	…	…	…	…	…	
	…	$d_i - \frac{c_{li}\, d_j}{c_{lj}}$	…	$-\frac{d_j}{c_{lj}}$	…	$Q - \frac{x_l\, d_j}{c_{lj}}$	
	…	$\sigma_i - \frac{c_{li}\, \sigma_j}{c_{lj}}$	…	$-\frac{\sigma_j}{c_{lj}}$	…	$\sigma - \frac{x_l\, \sigma_j}{c_{lj}}$	

Neues Schema

ersetzen sind, findet man folgendermaßen

$$d'_i = \sum_{k\in Z'} c'_{ki} p_k - p_i = \sum_{\substack{k\in Z\\ k\neq l}} \left(c_{ki} - \frac{c_{li} c_{kj}}{c_{lj}}\right) p_k + \frac{c_{li}}{c_{lj}} p_j - p_i$$

$$= \sum_{k\in Z} c_{ki} p_k - c_{li} p_l - \frac{c_{li}}{c_{lj}} \sum_{k\in Z} c_{kj} p_k + c_{lj} p_l + \frac{c_{li}}{c_{lj}} p_j - p_i$$

$$= d_i - \frac{c_{li}}{c_{lj}} d_j \qquad \text{für } i \neq l,$$

$$d'_l = \sum_{k\in Z'} c'_{kl} p_k - p_l = - \sum_{\substack{k\in Z\\ k\neq l}} \frac{c_{kj}}{c_{lj}} p_k + \frac{1}{c_{lj}} p_j - p_l$$

$$= - \sum_{k\in Z} \frac{c_{kj}}{c_{lj}} p_k + \frac{1}{c_{lj}} p_j = - \frac{d_j}{c_{lj}} .$$

Weiterhin ist Q in Feld ⑥ wegen (3.8) zu ersetzen durch $Q - \frac{x_l d_j}{c_{lj}}$.
Die letzte Zeile, nämlich die Felder ⑦ und ⑧, formt man genauso um wie die darüberstehenden Zeilen.

Zusammenfassung:

I. Auswahl des Pivotelements:

1. Man suche in Feld ⑤ ein $d_j > 0$. j bestimmt die Pivotspalte.
2. Man bilde in Feld ⑨ x_k/c_{kj} für alle Indizes $k \in Z$ mit $c_{kj} > 0$.
3. Unter den Zahlen in Feld ⑨ suche man die kleinste. Dadurch erhält man die Pivotzeile.

II. Umformung der Felder ③ bis ⑧:

1. An die Stelle des Pivot c_{lj} tritt $\frac{1}{c_{lj}}$.
2. Im übrigen sind alle Zahlen der Pivotzeile durch ihr $1/c_{lj}$-faches zu ersetzen, alle Zahlen der Pivotspalte durch ihr $\left(-\frac{1}{c_{lj}}\right)$-faches.
3. Alle übrigen Zahlen sind nach der Rechteckregel zu ersetzen:

$$\begin{array}{rccc} & \text{Pivotspalte} & & \\ & \downarrow & & \\ \text{Pivotzeile} \rightarrow & a & \dots & b \\ & \cdot & & \cdot \\ & \cdot & & \cdot \\ & c & \dots & d \end{array}$$

d ist zu ersetzen durch $d - \frac{bc}{a}$.

Bei der praktischen Rechnung wird man diese letzte Ersetzung so vornehmen, daß man ein Vielfaches der bereits umgeformten Pivotzeile von der umzuformenden Zeile subtrahiert (ausgenommen die Zahl in der Pivotspalte), der Faktor hierbei ist gerade die Zahl am Schnittpunkt der umzuformenden Zeile mit der Pivotspalte im alten Schema. Ebenso kann man ein Vielfaches der umgeformten Pivotspalte zu einer umzuformenden Spalte addieren.

Hat man die Felder ① bis ⑧ des neuen Schemas in dieser Weise ausgefüllt, so stehen alle Daten für den nächsten Schritt des Simplexverfahrens zur Verfügung. Man sollte sich jedoch zunächst durch eine Summenprobe überzeugen, ob keine Rechenfehler unterlaufen sind.

Summenprobe:

Bei der Ausfüllung des Schemas für den Anfangsschritt des Simplexverfahrens berechnet man die σ_i und σ nach (4.1) und (4.2). Die Spaltensummen, erstreckt über die Felder ③, ⑤ und ⑦ bzw. ④, ⑥ und ⑧ ergeben dann also sämtlich 1. Beim Übergang zu einem neuen Schema formt man die letzte Zeile, also die Felder ⑦ und ⑧, genauso um wie die darüberstehenden Zeilen (abgesehen von der Pivotzeile) und überzeugt sich, ob auch nach der Umformung alle Spaltensummen 1 ergeben. Ist nämlich

$$\sum_{k\in Z} c_{ki} + d_i + \sigma_i = 1 \quad (i \notin Z), \qquad \sum_{k\in Z} x_k + Q + \sigma = 1,$$

so wird auch

$$-\sum_{\substack{k\in Z\\ k\neq l}} \frac{c_{kj}}{c_{lj}} + \frac{1}{c_{lj}} - \frac{d_j}{c_{lj}} - \frac{\sigma_j}{c_{lj}} = -\frac{1}{c_{lj}}\Big(\sum_{k\in Z} c_{kj} - c_{lj} - 1 + d_j + \sigma_j\Big) = 1,$$

$$\sum_{\substack{k\in Z\\ k\neq l}} \left(c_{ki} - \frac{c_{li}c_{kj}}{c_{lj}}\right) + \frac{c_{li}}{c_{lj}} + d_i - \frac{c_{li}d_j}{c_{lj}} + \sigma_i - \frac{c_{li}\sigma_j}{c_{lj}}$$

$$= \sum_{k\in Z} c_{ki} - c_{li} + d_i + \sigma_i - \frac{c_{li}}{c_{lj}}\Big(\sum_{k\in Z} c_{kj} - c_{lj} - 1 + d_j + \sigma_j\Big) = 1$$

$$(i \notin Z,\ i \neq j),$$

Entsprechendes gilt für die letzte Spalte mit den Feldern ④, ⑥ und ⑧.

4.3. Beispiel

Wie einfach und naheliegend die schematische Durchführung der Simplexmethode ist, soll an dem Beispiel 2 von § 1 (Schaf- und Rinderhaltung) vorgeführt werden. Die Nebenbedingungen lauten dort

$$\begin{array}{rcl} x_1 \phantom{+0{,}2x_2} & \leqq & 50 \\ x_2 & \leqq & 200 \qquad x_1 \geqq 0 \\ x_1 + 0{,}2x_2 & \leqq & 72 \qquad x_2 \geqq 0 \\ 150x_1 + 25\ x_2 & \leqq & 10000 \end{array}$$

Gesucht ist das Minimum der Zielfunktion $Q(x_1, x_2) = -250x_1 - 45x_2$ unter diesen Nebenbedingungen. (In den folgenden Schemata ist das Pivotelement durch Einrahmung hervorgehoben.)

		*			
		1	2		
*	3	[1]	0	50	50
	4	0	1	200	—
	5	1	0,2	72	72
	6	150	25	10000	66,67
		250	45	0	
		−401	−70,2	−10321	

			*		
		3	2		
	1	1	0	50	—
	4	0	1	200	200
	5	−1	0,2	22	110
*	6	−150	[25]	2500	100
		−250	45	−12500	
		401	−70,2	9729	

		*			
		3	6		
	1	1	0	50	50
	4	6	−0,04	100	16,67
*	5	[0,2]	−0,008	2	10
	2	−6	0,04	100	—
		20	−1,8	−17000	
		−20,2	2,808	16749	

	5	6		
1	−5	0,04	40	
4	−30	0,2	40	
3	5	−0,04	10	
2	30	−0,2	160	
	−100	−1	−17200	
	101	2	16951	

Lösung: $x_1 = 40$, $x_2 = 160$, $Q = -17200$.

An einem weiteren Beispiel, bei dem auch eine entartete Ecke auftritt, soll die Anwendung des Simplexverfahrens noch einmal gezeigt und zugleich in Abb. 4.1 anschaulich dargestellt werden. Die lineare Optimierungsaufgabe lautet

$$\begin{aligned} x_1 \qquad\qquad\quad &\leqq 2\,, \quad & x_1 \geqq 0\\ x_1 + \quad x_2 + 2\,x_3 &\leqq 4\,, \quad & x_2 \geqq 0\\ 3\,x_2 + 4\,x_3 &\leqq 6\,, \quad & x_3 \geqq 0\\ Q = x_1 + 2\,x_2 + 4\,x_3 &= \text{Max!} \end{aligned}$$

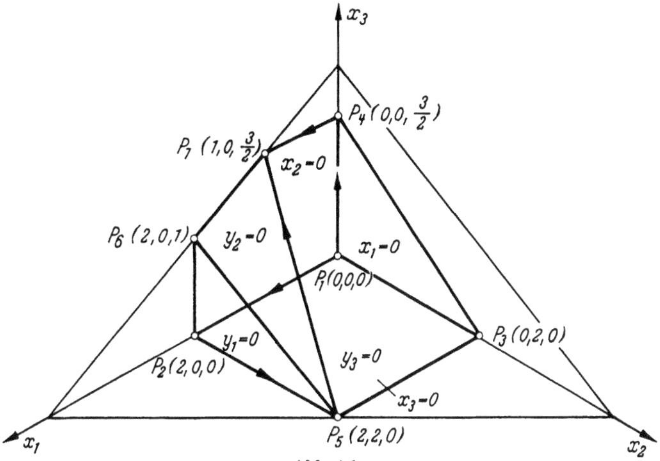

Abb. 4.1.

Mit Schlupfvariablen y_1, y_2, y_3 werden die Nebenbedingungen als Gleichungen geschrieben

$$\begin{aligned} x_1 \qquad\qquad\quad + y_1 &= 2\,, \quad & y_1 \geqq 0\\ x_1 + \quad x_2 + 2\,x_3 + y_2 &= 4\,, \quad & y_2 \geqq 0\\ 3\,x_2 + 4\,x_3 + y_3 &= 6\,, \quad & y_3 \geqq 0\,. \end{aligned}$$

Die Menge der zulässigen Punkte ist das in Abb. 4.1 dargestellte Polyeder, welches von den 6 Ebenen $x_1 = 0$, $x_2 = 0$, $x_3 = 0$, $y_1 = 0$, $y_2 = 0$, $y_3 = 0$ begrenzt wird. Es hat 7 Ecken P_j ($j = 1, \ldots, 7$). Das Ausgangsschema zur Ecke P_1 ist

				*			
		x_1	x_2	x_3			
	y_1	1	0	0	2	—	2
	y_2	1	1	2	4	2	4
*	y_3	0	3	**[4]**	6	3/2	—
		1	2	4	0	(P_1)	
		−2	−5	−9	−11		

Hierbei ist von der in § 4.1 vorgesehenen Möglichkeit Gebrauch gemacht, statt der Indizes $k \in Z$ und $i \notin Z$ die Variablenbezeichnungen in die Felder ① und ② einzutragen. Man beachte ferner, daß die Minimalaufgabe $-Q = \text{Min!}$ gelöst wird. Da in der Zeile der d_i nur positive Zahlen stehen, kann man jede der drei Spalten zu einem Austauschschritt heranziehen. Entscheidet man sich für die x_3-Spalte als Pivotspalte, so erhält man die y_3-Zeile als Pivotzeile und berechnet das neue Schema

		*				
		x_1	x_2	y_3		
	y_1	1	0	0	2	2
*	y_2	1	− 1/2	− 1/2	1	1
	x_3	0	3/4	1/4	3/2	—
		1	− 1	− 1	− 6	(P_4)
		− 2	7/4	9/4	5/2	

Es ist $x_1 = x_2 = 0$, $x_3 = 3/2$ (Ecke P_4). Der nächste Austauschschritt ist eindeutig festgelegt und führt zum Schema

	y_2	x_2	y_3		
y_1	− 1	1/2	1/2	1	—
x_1	1	− 1/2	− 1/2	1	—
x_3	0	3/4	1/4	3/2	—
	− 1	− 1/2	− 1/2	− 7	(P_7)
	2	3/4	5/4	9/2	

Nun sind alle $d_i < 0$, man befindet sich an der Ecke P_7, wo $-Q$ seinen Minimalwert, also Q seinen Maximalwert 7 annimmt. Der Kantenzug $P_1 P_4 P_7$ ist in Abb. 4.1 durch Pfeile hervorgehoben.

Nun soll beim Ausgangsschema eine andere Spalte zum Austausch herangezogen werden, und zwar die x_1-Spalte. Man gelangt so zu dem Schema

			*			
		y_1	x_2	x_3		
	x_1	1	0	0	2	—
*	y_2	− 1	1	2	2	2
	y_3	0	3	4	6	2
		− 1	2	4	− 2	(P_2)
		2	− 5	− 9	− 7	

und zu der durch $y_1 = x_2 = x_3 = 0$ bestimmten Ecke P_2. Der nächste Austausch werde mit der x_2-Spalte vorgenommen. Sowohl die y_2-Zeile als auch die y_3-Zeile sind als Pivotzeile wählbar. Wählt man die y_2-Zeile, so gelangt man zu dem Schema

		*				
		y_1	y_2	x_3		
	x_1	1	0	0	2	2
	x_2	−1	1	2	2	—
*	y_3	3	−3	−2	0	0
		1	−2	0	−6	(P_5)
		−3	5	1	3	

und damit zur entarteten Ecke P_5.

Jetzt ist eindeutig ein Austausch von y_1 gegen y_3 vorgeschrieben. Man erhält das neue Schema

				*		
		y_3	y_2	x_3		
	x_1	−1/3	1	2/3	2	3
*	x_2	1/3	0	4/3	2	3/2
	y_1	1/3	−1	−2/3	0	—
		−1/3	−1	2/3	−6	(P_5)
		1	2	−1	3	

und verbleibt an der Ecke P_5. Der nächste Austausch ist eindeutig festgelegt. Man erhält das Schema

	y_3	y_2	x_2		
x_1	−1/2	1	−1/2	1	—
x_3	1/4	0	3/4	3/2	—
y_1	1/2	−1	1/2	1	—
	−1/2	−1	−1/2	−7	(P_7)
	5/4	2	3/4	9/2	

Auch der bei diesem zweiten Lösungsweg sich ergebende Kantenzug $P_1 P_2 P_5 P_7$ ist in Abb. 4.1 durch Pfeile angedeutet.

4.4. Simplexmethode bei Gleichungen als Nebenbedingungen

Es bleibt noch zu besprechen, wie man vorzugehen hat, wenn die Optimierungsaufgabe ursprünglich nicht vom Typ (1.1a) — (1.3a) mit $\boldsymbol{b} \geqq \mathbf{0}$ war, sondern wenn der Typ (2.1), (2.2) zu behandeln ist. Nach § 3.4 kann man $\boldsymbol{b} \geqq \mathbf{0}$ erreichen. Zunächst ist die Optimierungsaufgabe (3.11) zu lösen. Das Schema für den ersten Schritt ist also genauso wie in dem bereits behandelten Fall auszufüllen, nur daß jetzt n Spalten für die c_{ki}, d_i und σ_i vorzusehen sind. In das Feld ② ($i \notin Z$) kommen die Indizes $1, 2, \ldots, n$, in das Feld ① ($k \in Z$) die Indizes $n+1, \ldots, n+m$. Da die Zielfunktion jetzt $y_1 + \cdots + y_m$ ($= x_{n+1} + \cdots + x_{n+m}$, wenn man $x_{n+k} = y_k$ setzt) lautet, kommen in das Feld ⑤ die Zahlen

$$d_i = \sum_{k=n+1}^{n+m} c_{ki} = \sum_{k=1}^{m} a_{ki}, \quad \text{in das Feld ⑥} \quad Q = \sum_{k=n+1}^{n+m} x_k = \sum_{k=1}^{m} b_k (\geqq 0).$$

Von diesem Anfangsschema ausgehend, behandelt man die Aufgabe (3.11), die, wie bemerkt, eine Lösung besitzt. Wird für diese Lösung $Q > 0$, so sieht man, daß die eigentlich zu lösende Aufgabe (2.1), (2.2) keine zulässigen Punkte besitzt. Findet man dagegen eine Lösung von (3.11) mit $Q = 0$, also $x_{n+1} = \ldots = x_{n+m} = 0$, so hat man eine Ausgangsecke für die Behandlung des Problems (2.1), (2.2).

In der Regel werden im Endschema für die Aufgabe (3.11) die Indizes $i = n+1, \ldots, n+m$ unter den $i \notin Z$ sein (wegen $x_i = 0$). In diesem Fall kann man unmittelbar das Endschema der Aufgabe (3.11) als Anfangsschema für die Aufgabe (2.1), (2.2) verwenden; man streicht die entbehrlichen Spalten zu den Indizes $i = n+1, \ldots, n+m$ und muß die $d_i = \sum_{k \in Z} c_{ki} p_k - p_i$ $(i \notin Z)$ neu berechnen, ebenso $Q = \sum_{k \in Z} p_k x_k$, ferner die σ_i $(i \notin Z)$ und σ.

Sollten im Endschema der Aufgabe (3.11) einige der Indizes $n+1, \ldots, n+m$ unter den $k \in Z$ sein, so wird, da ja $x_k = 0$ ist für diese Indizes, das Minimum in Aufgabe (3.11) in einer entarteten Ecke angenommen. Man muß dann durch einige weitere Austauschschritte jene Indizes aus Z entfernen, also eine Basis zu dieser entarteten Ecke suchen, die nur noch Spaltenvektoren $\boldsymbol{a}^k$ der Matrix $\boldsymbol{A}$ enthält $(k = 1, \ldots, n)$.

Bei diesen Austauschschritten ist das Pivotelement auf andere Weise als bei den übrigen Schritten des Simplexverfahrens (Suche nach einem positiven d_j und positiven Pivot c_{lj}) zu bestimmen: Man betrachtet die Zeilen zu den Indizes $k \in Z$, die $\geqq n+1$ sind. Gibt es in einer solchen Zeile, etwa der Zeile zum Index l, ein $c_{lj} \neq 0$ (positiv oder negativ) mit $j \leqq n$, so führe man einen Austauschschritt mit dem Pivot c_{lj} durch. Wegen $x_l = 0$, also auch $x_l / c_{lj} = 0$, ändern sich bei diesem Austauschschritt die x_k nicht, man verbleibt also an der (entarteten) Ecke, die man als Lösung der Aufgabe (3.11) gefunden hatte. Dieses Verfahren wiederholt man so lange, wie es derartige Zeilen zu einem Index $l \in Z$, $l \geqq n+1$ gibt, die ein $c_{lj} \neq 0$ mit $j \leqq n$ enthalten. Bei jedem dieser Schritte wird aus der Indexmenge Z ein Index $k \geqq n+1$ entfernt.

Es bestehen zwei Möglichkeiten:

1. Es gelingt, alle Indizes $k \geqq n+1$ aus Z zu entfernen. Dann hat man ein Anfangsschema zur Behandlung der Aufgabe (2.1), (2.2).

2. Es tritt der Fall ein, daß es noch einen oder mehrere Indizes $k \geqq n+1$ in Z gibt und die entsprechenden Zeilen des Schemas nur Zahlen $c_{kj} = 0$ für Indizes $j \leqq n$ enthalten. Das bedeutet nach Definition der c_{ki} in (3.2), daß alle Spaltenvektoren $\boldsymbol{a}^i$ der Matrix $\boldsymbol{A}$ sich als Linearkombination von weniger als m dieser Spaltenvektoren darstellen lassen. Der Rang der Matrix $\boldsymbol{A}$ ist dann kleiner als m. Es bestehen wiederum zwei Möglichkeiten.

2.1. Die Gleichungen $\boldsymbol{A}\boldsymbol{x} = \boldsymbol{b}$ sind unverträglich. Dieser Fall kann hier nicht vorliegen, denn durch die Lösung der Aufgabe (3.11) mit $x_{n+1} = \ldots = x_{n+m} = 0$ ist eine Lösung des linearen Gleichungssystems $\boldsymbol{A}\boldsymbol{x} = \boldsymbol{b}$ gegeben.

2.2. Einige der Gleichungen in $\boldsymbol{A}\boldsymbol{x} = \boldsymbol{b}$ sind eine Folge der übrigen und daher entbehrlich. Es bedarf keiner Erläuterung, daß man dann aus dem nach Eintritt des Falles 2 erhaltenen Endschema zur Aufgabe (3.11) das Anfangsschema zur Aufgabe (2.1), (2.2) durch Weglassen jener Zeilen zu den Indizes $k \geqq n+1$ bekommt, die nur Nullen in den Spalten $j\,(j \leqq n)$ enthalten; außerdem sind wie oben die Spalten zu den Indizes $i \geqq n+1$ wegzulassen.

Damit ist die algorithmische Durchführung des Simplexverfahrens vollständig beschrieben, und zwar ist das Verfahren auch dann gangbar, wenn von vornherein nicht bekannt ist, ob die Matrix $\boldsymbol{A}$ in $\boldsymbol{A}\boldsymbol{x} = \boldsymbol{b}$ (2.2) den vollen Rang m hat.

Wenn eine Kombination der beiden genannten Typen von Optimierungsaufgaben vorliegt, wenn also ein Teil der Nebenbedingungen sich als $\boldsymbol{A}_1\boldsymbol{x} \leqq \boldsymbol{b}^1$ mit $\boldsymbol{b}^1 \geqq 0$, der andere Teil als $\boldsymbol{A}_2\boldsymbol{x} = \boldsymbol{b}^2$ mit $\boldsymbol{b}^2 \geqq \boldsymbol{0}$ schreiben läßt, kann man den Rechenaufwand bei der praktischen Rechnung verringern, wenn man auch die beiden Verfahren zur Bestimmung einer Ausgangsecke kombiniert. Man führt dann einen Schlupfvariablenvektor $\boldsymbol{y}^1$ und einen weiteren Vektor $\boldsymbol{y}^2$ ein, schreibt die Nebenbedingungen in der Form

$$\boldsymbol{A}_1\boldsymbol{x} + \boldsymbol{y}^1 = \boldsymbol{b}^1, \quad \boldsymbol{A}_2\boldsymbol{x} + \boldsymbol{y}^2 = \boldsymbol{b}^2, \quad \boldsymbol{x} \geqq \boldsymbol{0}, \quad \boldsymbol{y}^1 \geqq \boldsymbol{0}, \quad \boldsymbol{y}^2 \geqq \boldsymbol{0},$$

verwendet als Zielfunktion zunächst die Summe der Komponenten von $\boldsymbol{y}^2$ und als Ausgangsecke $\boldsymbol{x} = 0$, $\boldsymbol{y}^1 = \boldsymbol{b}^1$, $\boldsymbol{y}^2 = \boldsymbol{b}^2$. Findet man eine Ecke mit $y^2 = 0$, so hat man eine Ausgangsecke für die Aufgabe mit der ursprünglich gegebenen Zielfunktion $Q(\boldsymbol{x})$.

Das Beispiel 2 zur Schaf- und Rinderhaltung aus § 1 soll durch eine weitere Nebenbedingung ergänzt werden. Wenn in dem landwirtschaftlichen Betrieb Dünger für die Feldbestellung benötigt wird, kommt zu den obigen Nebenbedingungen noch eine Ungleichung, etwa

$$10x_1 + x_2 \geqq 550$$

hinzu. Wir rechnen jetzt mit einer anderen Zielfunktion, nämlich $Q(\boldsymbol{x}) = -250x_1 - 55x_2$. (Bei der früheren Zielfunktion wäre die neue Nebenbedingung ohne Einfluß auf das Ergebnis.) Man führt zunächst Schlupfvariable ein. Dabei wird die neue Nebenbedingung etwa zu $10x_1 + x_2 - x_3 = 550$, $x_3 \geqq 0$. Die Schlupfvariablen bei den übrigen Nebenbedingungen seien x_4, x_5, x_6, x_7. Um eine Ausgangsecke zu finden, muß man nun nicht bei allen Nebenbedingungen zusätzliche Variable einführen, sondern nur bei der neuen Nebenbedingung eine Variable $x_8 \geqq 0$, d.h. $10x_1 + x_2 - x_3 + x_8 = 550$, und zunächst die Zielfunktion $\tilde{Q} = x_8$ zum Minimum machen.

		*				
		1	2	3		
*	4	1	0	0	50	50
	5	0	1	0	200	—
	6	1	0,2	0	72	72
	7	150	25	0	10000	66,67
	8	10	1	−1	550	55
		10	1	−1	550	
		−171	−27,2	3	−11421	

		*				
		4	2	3		
	1	1	0	0	50	—
	5	0	1	0	200	200
	6	−1	0,2	0	22	110
	7	−150	25	0	2500	100
*	8	−10	1	−1	50	50
		−10	1	−1	50	
		171	−27,2	3	−2871	

	4	8	3		
1	1	0	0	50	
5	10	−1	1	150	
6	1	−0,2	0,2	12	
7	100	−25	25	1250	
2	−10	1	−1	50	
	0	−1	0	0	
	−101	27,2	−24,2	−1511	

Damit ist der erste Teil der Aufgabe gelöst, eine Ausgangsecke ist gefunden. Die Spalte zum Index 8 kann gestrichen werden. Die beiden letzten Zeilen sind neu zu berechnen.

		*			
		4	3		
	1	1	0	50	50
	5	10	1	150	15
*	6	1	0,2	12	12
	7	100	25	1250	12,5
	2	−10	−1	50	—
		300	55	−15250	
		−401	−79,2	13739	

	6	3		
1	−1	−0,2	38	
5	−10	−1	30	
4	1	0,2	12	
7	−100	5	50	
2	10	1	170	
	−300	−5	−18850	
	401	1	18551	

Lösung: $x_1 = 38, \quad x_2 = 170, \quad Q = -18850.$

4.5. Nachträgliche Hinzufügung einer Variablen

Gelegentlich tritt das folgende Problem auf: Man hat die lineare Optimierungsaufgabe

$$\left.\begin{array}{l} \boldsymbol{p}'\boldsymbol{x} = \sum\limits_{i=1}^{n} p_i x_i = \text{Min!}\,, \\ \sum\limits_{i=1}^{n} \boldsymbol{a}^i x_i = \boldsymbol{b}\,, \quad x_i \geqq 0 \qquad (i = 1, \ldots, n) \end{array}\right\} \tag{4.3}$$

mit dem Simplexverfahren gelöst; und zwar soll angenommen werden, daß diese Aufgabe eine Lösung besitzt und daß das Endschema des Simplexverfahrens vorliegt, wobei alle Zahlen $d_i \leqq 0$ sind ($i \notin Z$). Anschließend ist eine erweiterte Aufgabe zu lösen. Zu den Daten der Aufgabe (4.3), nämlich $\boldsymbol{p} \in R^n$, $\boldsymbol{b} \in R^m$, $\boldsymbol{a}^i \in R^m$ ($i = 1, \ldots, n$) treten ein Vektor $\boldsymbol{a}^{n+1} \in R^m$ und eine reelle Zahl p_{n+1} hinzu, und die Aufgabe

$$\left.\begin{array}{l} \sum\limits_{i=1}^{n+1} p_i x_i = \text{Min!}\,, \\ \sum\limits_{i=1}^{n+1} \boldsymbol{a}^i x_i = \boldsymbol{b}\,, x_i \geqq 0 \qquad (i = 1, \ldots, n+1) \end{array}\right\} \tag{4.4}$$

ist zu lösen. Diese Situation wird sich in § 10.2 bei der Besprechung eines Verfahrens zur konvexen Optimierung ergeben.

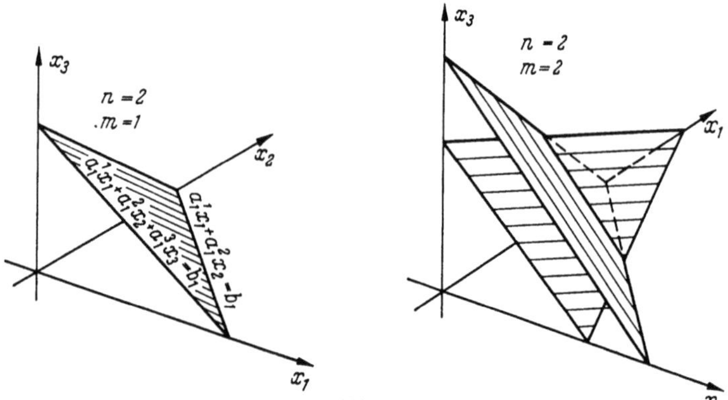

Abb. 4.2.

Abb. 4.2 veranschaulicht die Fragestellung im Falle $n = 2$ für $m = 1$ und $m = 2$. Es wird jetzt gezeigt, wie man viel Rechenarbeit einsparen kann, wenn man bei der Behandlung der Aufgabe (4.4) nach dem Simplexverfahren vom Endschema der Aufgabe (4.3) ausgeht. Ist $\bar{\boldsymbol{x}} = (\bar{x}_1, \ldots, \bar{x}_n)'$ die nach dem Simplexverfahren bestimmte

Lösung der Aufgabe (4.3), also eine Ecke der Menge M der zulässigen Vektoren, so ist $(\bar{x}_1, \ldots, \bar{x}_n, 0)'$ ersichtlich eine Ecke zur Aufgabe (4.4), mit der man das Simplexverfahren zur Lösung von (4.4) beginnen kann. Man behält die Basis aus dem Endschema zu (4.3), also die Vektoren $\boldsymbol{a}^k (k \in Z)$ bei und fügt $\boldsymbol{a}^{n+1}$ zu den Vektoren $\boldsymbol{a}^i (i \notin Z)$ hinzu. Zum Endschema der Aufgabe (4.3) ist eine neue Spalte hinzuzufügen, und diese ist wie folgt mit Zahlen $c_{k, n+1}$ und d_{n+1} auszufüllen:

Es wird

$$\boldsymbol{a}^{n+1} = \sum_{k \in Z} c_{k, n+1} \boldsymbol{a}^k , \tag{4.5}$$

die $c_{k, n+1}$ sind also Lösung eines linearen Gleichungssystems mit nichtsingulärer quadratischer m-reihiger Matrix. Sodann erhält man d_{n+1} aus

$$d_{n+1} = \sum_{k \in Z} c_{k, n+1} p_k - p_{n+1} .$$

Wird $d_{n+1} \leqq 0$, so ist $(\bar{x}_1, \ldots, \bar{x}_n, 0)'$ Lösung der Aufgabe (4.4). Ist dagegen $d_{n+1} > 0$, so müssen noch einige Austauschschritte durchgeführt werden.

Besonders einfach gestaltet sich die Lösung des linearen Gleichungssystems (4.5), wenn unter den Vektoren $\boldsymbol{a}^i (i = 1, \ldots, n)$ die m Einheitsvektoren des R^m sind, etwa die Vektoren $\boldsymbol{a}^1, \ldots, \boldsymbol{a}^m$ mit $a_{li} = \delta_{li} (l,i = 1, \ldots, m)$; dieser Fall tritt ein, wenn man mit Schlupfvariablen arbeitet, ferner bei einer Anwendung in § 10.2. Es wird dann

$$\boldsymbol{a}^{n+1} = \sum_{i=1}^{m} a_{i,n+1} \boldsymbol{a}^i .$$

Mit $\boldsymbol{a}^i = \sum_{k \in Z} c_{ki} \boldsymbol{a}^k$ folgt hieraus

$$c_{k, n+1} = \sum_{i=1}^{m} c_{ki} a_{i,n+1} \qquad (k \in Z) . \tag{4.6}$$

Die zur Matrix des Gleichungssystems (4.5) Inverse ist dann explizit gegeben. Man beachte bei der Anwendung von (4.6): Sind unter den Indizes $i = 1, \ldots, m$ auch solche mit $i \in Z$, so wird $c_{ki} = \delta_{ki}$. Die übrigen c_{ki} für $i \notin Z$ entnimmt man dem Endschema zur Aufgabe (4.3).

4.6. Simplexverfahren mit Variablen ohne Vorzeichenbeschränkung

Gelegentlich treten lineare Optimierungsaufgaben auf, bei denen für einige Variable keine Vorzeichenbeschränkungen vorgeschrieben sind. Bei der Besprechung der Dualität in § 5.1 unterliegen die Komponenten des Vektors $\boldsymbol{w}$ in der Aufgabe D^1 keinen Vorzeichenbeschränkungen. Auch bei der in § 16.1 beschriebenen Zurückführung von Aufgaben der linearen diskreten Tschebyscheff-Approximation auf lineare Optimierungsaufgaben können die Variablen beliebiges Vorzeichen haben. In beiden Fällen sind die Nebenbedingungen als Ungleichungen gegeben. Schreibt man sie nach Einführung von Schlupfvariablen als Gleichungen, so erhält man Aufgaben, bei denen ein Teil der Variablen beliebiges Vorzeichen haben kann, die übrigen (nämlich die Schlupfvariablen) vorzeichenbeschränkt sind.

Es soll nun angegeben werden, wie auch solche Aufgaben mit dem Simplexverfahren behandelt werden können. Es wird der folgende Aufgabentyp betrachtet:

$$Q(\boldsymbol{x}) = \boldsymbol{p}'\boldsymbol{x} = \text{Min!},\ \boldsymbol{A}\boldsymbol{x} = \sum_{i=1}^{n} \boldsymbol{a}^i x_i = \boldsymbol{b},\ x_i \geqq 0 \quad (i = 1, \ldots, q). \tag{4.7}$$

Dabei sei $q < n$, die Variablen $x_{q+1}, \ldots, x_n$ sollen nicht vorzeichenbeschränkt sein. $\boldsymbol{A}$ sei eine $m \times n$-Matrix mit $m < n$ und dem Rang m.

Ein Weg zur Behandlung solcher Aufgaben ist der, daß man die Variablen $x_{q+1}, \ldots, x_n$ als Differenz zweier vorzeichenbeschränkter Variablen auffaßt:

$$x_i = x_i^+ - x_i^-,\ x_i^+ \geqq 0,\ x_i^- \geqq 0 \qquad (i = q+1, \ldots, n). \tag{4.8}$$

Die Nebenbedingungen $\boldsymbol{A}\boldsymbol{x} = \boldsymbol{b}$ lauten dann

$$\sum_{i=1}^{q} \boldsymbol{a}^i x_i + \sum_{i=q+1}^{n} \boldsymbol{a}^i x_i^+ + \sum_{i=q+1}^{n} (-\boldsymbol{a}^i) x_i^- = \boldsymbol{b}. \tag{4.9}$$

Die umgeformte Aufgabe enthält nur vorzeichenbeschränkte Variablen und kann mit dem Simplexverfahren, so wie es bisher beschrieben ist, behandelt werden. Es kann dabei niemals der Fall eintreten, daß die Spaltenvektoren zu x_i^+ und x_i^- gleichzeitig zur Basis gehören. Es sind dies die linear abhängigen Vektoren $\boldsymbol{a}^i$ und $-\boldsymbol{a}^i$. Von den beiden Variablen x_i^+ und x_i^- kann also jeweils höchstens eine einen positiven Wert haben.

Ein zweiter Weg zur Behandlung der Aufgabe (4.7) besteht in einer geeigneten Modifikation des Simplexverfahrens. Man verzichtet auf die Aufspaltung (4.8), legt das Simplexschema an, wie es in § 4.1 beschrieben ist, und beachtet bei der Durchführung der Austauschschritte folgendes:

1. Ist unter den Variablen x_i mit $i \notin Z$ eine der nicht vorzeichenbeschränkten Variablen $x_{q+1}, \ldots, x_n$, etwa x_j, und ist $d_j \neq 0$, so kann man die zugehörige Spalte als Pivotspalte wählen. Da $j \notin Z$ ist, hat die Variable x_j den Wert 0. Aus (3.8) entnimmt man: Ist im Feld ⑤ des Simplexschemas $d_j = t_j - p_j > 0$, so kann $Q(\boldsymbol{x})$ verkleinert

werden, wenn x_j vergrößert wird. Ist $d_j < 0$, so kann $Q(\boldsymbol{x})$ verkleinert werden, wenn x_j verkleinert wird. Weiterhin kann natürlich als Pivotspalte jede Spalte zu einer vorzeichenbeschränkten Variablen $x_j (j \notin Z)$ mit $d_j > 0$ gewählt werden.

2. In § 3.1 kann man jetzt in der Formel (3.3) im Fall einer nicht vorzeichenbeschränkten Variablen x_j auch negative Werte von δ zulassen. Aus (3.3) und (3.4) (nach entsprechender Abänderung) entnimmt man, wie die Pivotzeile zu bestimmen ist:

(a) $d_j > 0$: Man bilde die Zahlen x_k/c_{kj} für alle $k \in Z$ mit $k \leqq q$ und $c_{kj} > 0$. Unter diesen Zahlen suche man die kleinste. Die entsprechende Zeile wählt man als Pivotzeile.

(b) $d_j < 0$: Man bilde x_k/c_{kj} für alle $k \in Z$ mit $k \leqq q$ und $c_{kj} < 0$. Die betragskleinste unter diesen Zahlen bestimmt die Pivotzeile.

Die Vorschriften (a) und (b) besagen, daß in (3.4) als δ_1 die Zahl δ von größtmöglichem Betrag gewählt wird, für die alle vorzeichenbeschränkten Komponenten des Vektors $\boldsymbol{x}(\delta)$ in (3.3) nichtnegativ sind.

Auf diese Weise sind also die in der Zusammenfassung des Simplexverfahrens (Nr. 4.2) unter I. aufgeführten Vorschriften abzuändern. Die unter II. angegebenen Vorschriften zur Umformung des Simplexschemas bleiben unverändert.

Nach entsprechender Abänderung der Sätze 2 und 3 aus § 3.2 sieht man, daß das Simplexverfahren zu beenden ist, wenn einer der beiden folgenden Fälle eintritt:

A. Es ist $d_j \leqq 0$ für alle vorzeichenbeschränkten x_j mit $j \notin Z$ und $d_j = 0$ für alle nicht vorzeichenbeschränkten x_j mit $j \notin Z$. Dann liegt eine Minimallösung der Optimierungsaufgabe vor.

B. Für jedes x_j mit $j \notin Z$ und $d_j > 0$ sind alle $c_{kj} \leqq 0$ für $k \in Z$ und $k \leqq q$. Für jedes nicht vorzeichenbeschränkte x_j mit $j \notin Z$ und $d_j < 0$ sind alle $c_{kj} \geqq 0$ für $k \in Z$ und $k \leqq q$. Dann ist die Zielfunktion im Rahmen der Restriktionen nicht beschränkt.

Zur begrifflichen Klarstellung sei bemerkt, daß die bei dieser Modifikation des Simplexverfahrens auftretenden Punkte $\boldsymbol{x}$ nicht notwendig Ecken der Menge M der zulässigen Punkte sind, nämlich dann nicht, wenn unter den Variablen x_j mit $j \notin Z$ solche ohne Vorzeichenbeschränkung sind. Man kann dann i. a. diese Komponenten von $\boldsymbol{x}$ nach positiven Werten hin wachsen und nach negativen Werten hin abnehmen lassen, ohne M zu verlassen. So kann man $\boldsymbol{x}$ als echte Konvex-Kombination zweier verschiedener Punkte von M darstellen. Alle zur Begründung des Simplexverfahrens benötigten Sätze bleiben natürlich nach entsprechender Abänderung gültig. Das in § 3.4 und § 4.4 beschriebene Verfahren zur Bestimmung eines Ausgangspunktes für die Simplexmethode kann man unverändert übernehmen.

Bei dieser Modifikation des Simplexverfahrens ist der Rechenaufwand geringer als bei der zuerst beschriebenen Version mit der Aufspaltung von x_i in $x_i^+ - x_i^-$, einmal dadurch, daß keine zusätzlichen Spalten im Simplexschema mitgeführt werden, vor allem aber auch aus folgendem Grund: Wenn bei einem Austauschschritt des modifizierten Verfahrens eine nicht vorzeichenbeschränkte Variable das Vorzeichen wechselt, sind bei der ersten Version zwei Austauschschritte vorzunehmen.

4.7. Sonderformen des Simplexverfahrens

Durch die Aufstellung des in diesem und dem vorhergehenden Paragraphen beschriebenen und begründeten Simplexverfahrens ist prinzipiell das Problem der numerischen Behandlung von linearen Optimierungsaufgaben gelöst. Es gibt aber noch einige Sonderformen und Weiterentwicklungen des Simplexverfahrens, die im folgenden zusammengestellt und kurz beschrieben werden.

A. *Das revidierte Simplexverfahren.* Es handelt sich hierbei um eine besonders für die Behandlung umfangreicher Probleme auf Rechenanlagen geeignete Abwandlung der Simplexmethode. Es wird der gleiche Aufgabentyp wie bisher zugrunde gelegt:

$$Q(\boldsymbol{x}) = \boldsymbol{p}'\boldsymbol{x} = \text{Min!}\,, \quad \boldsymbol{A}\boldsymbol{x} = \boldsymbol{b}\,, \quad \boldsymbol{x} \geqq \boldsymbol{0}\,.$$

Die bei einem Schritt des Simplexverfahrens in der Basis befindlichen linear unabhängigen Spaltenvektoren $\boldsymbol{a}^k$ $(k \in Z)$ werden zu einer m-reihigen quadratischen Matrix $\tilde{\boldsymbol{A}}$ zusammengefaßt. Diese Matrix ist nichtsingulär. Kennt man die Inverse

$$\tilde{\boldsymbol{A}}^{-1} = (\alpha_{kj})_{k \in Z;\, j = 1, \ldots, m}\,,$$

so kann man alle zur Durchführung eines Austauschschrittes benötigten Zahlen leicht berechnen.

Nach (3.2) erhält man für die $m \times n$-Matrix der Zahlen c_{ki} $(k \in Z, i = 1, \ldots, n)$

$$\boldsymbol{C} = \tilde{\boldsymbol{A}}^{-1}\boldsymbol{A}\,. \tag{4.10}$$

Nach (3.1) findet man den Vektor $\tilde{\boldsymbol{x}}^0 \in R^m$ mit den Komponenten x_k^0 $(k \in Z)$ als

$$\tilde{\boldsymbol{x}}^0 = \tilde{\boldsymbol{A}}^{-1}\boldsymbol{b}\,. \tag{4.11}$$

Ist schließlich $\tilde{\boldsymbol{p}} \in R^m$ der Vektor mit den Komponenten p_k $(k \in Z)$, so wird nach (3.7)

$$\boldsymbol{t}' = (t_i) = \tilde{\boldsymbol{p}}'\boldsymbol{C} = \tilde{\boldsymbol{p}}'\tilde{\boldsymbol{A}}^{-1}\boldsymbol{A}\,. \tag{4.12}$$

Richtet man das Simplexverfahren so ein, daß bei jedem Schritt die Matrix $\tilde{\boldsymbol{A}}^{-1}$ und die Vektoren $\tilde{\boldsymbol{x}}^0$ und $\tilde{\boldsymbol{p}}'\tilde{\boldsymbol{A}}^{-1}$ bekannt sind, so kann man folgendermaßen vorgehen:

Man berechnet nach (4.12) die Komponenten t_i des Vektors $\boldsymbol{t}$ mit $i \notin Z$. Findet man dabei eine Komponente $t_j > p_j$, so kann man nach Satz 1 in § 3.2 einen Austauschschritt durchführen. Man braucht dann nicht die volle Matrix $\boldsymbol{C}$ nach (4.10) zu berechnen, sondern nur die Spalte zum Index j. Aus dieser Spalte und dem Vektor $\tilde{\boldsymbol{x}}^0$ bestimmt man nach (3.4) den Index $l \in Z$ und damit den Vektor $\boldsymbol{a}^l$, der gegen $\boldsymbol{a}^j$ auszutauschen ist. Zur Berechnung der inversen Matrix $\tilde{\boldsymbol{A}}^{-1}$ für den nächsten Schritt können die Umrechnungsformeln (3.5) benutzt werden.

Ist bei einer linearen Optimierungsaufgabe die Anzahl n der Variablen sehr viel größer als die Anzahl m der Gleichungen, so erfordert das revidierte Simplexverfahren einen geringeren Rechenaufwand als die Standardform, denn es ist nicht erforderlich, bei jedem Schritt die volle Matrix $\boldsymbol{C}$ umzuformen (was etwa $(n - m)m$ Multiplikationen erfordern würde), sondern nur die Matrix $\tilde{\boldsymbol{A}}^{-1}$ (etwa m^2 Multiplikationen), außerdem ist eine Spalte von $\boldsymbol{C}$ zu berechnen (ebenfalls etwa m^2 Multiplikationen).

Weitere rechentechnische Vorteile bringt eine Weiterentwicklung des revidierten Simplexverfahrens, bei der die Matrix $\tilde{\boldsymbol{A}}^{-1}$ nicht explizit bereitgestellt wird, sondern jeweils als Produkt einfacherer Matrizen berechnet wird. Hierzu und zu weiteren Einzelheiten über das revidierte Simplexverfahren s. GASS, 1964, Kap. 6.1.

B. *Das duale Simplexverfahren.* Bei dieser Variante des Simplexverfahrens bestimmt man nicht wie in § 3 eine Folge von Punkten $\boldsymbol{x}^t$, die sämtlich zulässig sind und deren letzter, falls die Aufgabe eine Lösung besitzt, optimal ist (die Zahlen d_j im Simplexschema sind dann sämtlich $\leqq 0$), sondern man bestimmt Punkte $\bar{\boldsymbol{x}}^t$, die i. a. nicht zulässig, aber sämtlich „optimal" sind in dem Sinne, daß im Simplexschema alle $d_j \leqq 0$ sind, und deren letzter im Fall der Lösbarkeit der Aufgabe zulässig ist.

Das Verfahren soll hier nicht im einzelnen beschrieben werden (s. etwa GASS, 1964, Kap. 9.2). Man kann nämlich ebenso gut von vornherein die zu einer Optimierungsaufgabe duale Aufgabe (wie sie im folgenden § 5 beschrieben wird) mit dem gewöhnlichen Simplexverfahren lösen und dann nach der am Ende von § 5.1 angegebenen Vorschrift die Lösung der ursprünglichen Aufgabe bestimmen. Dieser Weg empfiehlt sich unter anderem, wenn die Bestimmung einer Ausgangsecke bei der dualen Aufgabe einfacher ist als bei der ursprünglichen.

C. *Ganzzahlige lineare Optimierung.* Bei praktischen Problemen, die auf lineare Optimierungsaufgaben führen, kommt es häufig vor, daß die Variablen nur ganzzahlige Werte annehmen können, so im Beispiel 2 des § 1.1, wo es sich um Anzahlen von Kühen und Schafen handelte. Verwendet man zur Lösung solcher Aufgaben das Simplexverfahren in der bisher beschriebenen Form, so erhält man im allgemeinen einen Lösungsvektor mit nicht-ganzzahligen Komponenten. Ein wenig befriedigender Weg zur Herstellung von ganzzahligen Lösungen ist der, an den nicht-ganzzahligen Komponenten des Lösungsvektors Rundungen vorzunehmen. Im allgemeinen ist der Vektor, den man so erhält, nicht zulässig oder in der Menge der zulässigen Vektoren mit ganzzahligen Komponenten nicht optimal.

Es gibt einige Modifizierungen des Simplexverfahrens zur Lösung solcher ganzzahliger linearer Optimierungsaufgaben. GOMORY, 1963, schlägt ein Verfahren vor, bei dem man zunächst mit dem Simplexverfahren nach einer im allgemeinen nicht-ganzzahligen Lösung sucht; wenn man eine solche gefunden hat, wird der Bereich der zulässigen Punkte durch Einführung von zusätzlichen Nebenbedingungen schrittweise verkleinert; nach endlich vielen Schritten erhält man einen Bereich, bei dem die Optimallösung ganzzahlig ist (oder die Aussage, daß es keinen zulässigen Vektor mit ganzzahligen Komponenten gibt).

Bei einer Weiterentwicklung dieses Verfahrens, die bei GASS, 1964, Kap. 9.3, beschrieben wird, nimmt man die Verkleinerung des Bereiches der zulässigen Punkte durch zusätzliche Nebenbedingungen schon im Verlauf der Austauschschritte des Simplexverfahrens vor und erreicht so, daß alle bei der Durchführung des Simplexverfahrens auftretenden Größen ganzzahlige Werte haben.

4.8. Transportaufgaben und ihre Lösung durch das Simplexverfahren

Ein Beispiel für eine Transportaufgabe wurde schon in § 1.2 angegeben. Im allgemeinen Fall lautet eine solche Aufgabe: Man hat $M (\geqq 1)$ Lagerplätze $S_1, \ldots, S_M$ und $N (\geqq 1)$ Verbrauchsplätze $R_1, \ldots, R_N$. Von einer Ware (Zucker im angegebenen Beispiel) ist am Lagerplatz S_j ein Vorrat von s_j Mengeneinheiten vorhanden ($j = 1, \ldots, M$), am Verbrauchsplatz R_k besteht ein Bedarf von r_k Mengeneinheiten ($k = 1, \ldots, N$). Der Gesamtvorrat sei gleich dem Gesamtbedarf:

$$\sum_{j=1}^{M} s_j = \sum_{k=1}^{N} r_k = C\,. \tag{4.13}$$

Der Transport einer Mengeneinheit der Ware von S_j nach R_k verursache die Kosten p_{jk}. Werden x_{jk} Mengeneinheiten von S_j nach R_k transportiert ($j = 1, \ldots, M; k = 1, \ldots, N$), so sind die Gesamtkosten

$$Q = \sum_{j=1}^{M} \sum_{k=1}^{N} p_{jk} x_{jk}. \tag{4.14}$$

Die Zahlen x_{jk} sind so zu bestimmen, daß Q minimal wird unter den Restriktionen

$$\left.\begin{array}{ll} \sum_{k=1}^{N} x_{jk} = s_j & (j = 1, \ldots, M), \\ \sum_{j=1}^{M} x_{jk} = r_k & (k = 1, \ldots, N), \\ x_{jk} \geqq 0 & (\text{alle } j, k). \end{array}\right\} \tag{4.15}$$

Den Fall, daß (4.13) nicht gilt, kann man übrigens leicht auf den hier angegebenen Fall zurückführen. Ist etwa der Gesamtbedarf kleiner als der Gesamtvorrat, so fügt man einen fiktiven Verbrauchsort mit Transportkosten $p_{jk} = 0$ hinzu, der den überschüssigen Vorrat aufnimmt. Es sei vorausgesetzt, daß alle Zahlen r_k und s_j positiv sind. Wäre eine von ihnen gleich Null, so könnte man zu einer Aufgabe mit kleinerem M oder N übergehen.

Die Transportaufgabe soll in Matrix-Vektor-Schreibweise formuliert werden. Mit

$$\begin{aligned} \boldsymbol{x} &= (x_{11}, \ldots, x_{1N}, x_{21}, \ldots, x_{MN})', \\ \boldsymbol{p} &= (p_{11}, \ldots, p_{1N}, p_{21}, \ldots, p_{MN})', \\ \bar{\boldsymbol{b}} &= (s_1, \ldots, s_M, r_1, \ldots, r_N)' \end{aligned}$$

und einer $(N + M) \times (NM)$-Matrix $\bar{\boldsymbol{A}}$ der in (1.12) angegebenen Gestalt lautet die Aufgabe

$$Q(\boldsymbol{x}) = \boldsymbol{p}'\boldsymbol{x} = \text{Min!}, \quad \bar{\boldsymbol{A}}\boldsymbol{x} = \bar{\boldsymbol{b}}, \quad \boldsymbol{x} \geqq \boldsymbol{0}. \tag{4.16}$$

Die Spaltenvektoren $\bar{\boldsymbol{a}}^{jk}$ der Matrix $\bar{\boldsymbol{A}}$ enthalten eine 1 in der j-ten und in der $(M + k)$-ten Zeile, im übrigen Nullen. Die Matrix $\bar{\boldsymbol{A}}$ hat nach der Bemerkung in § 2.3 den Rang $N + M - 1$. Ihr Rang ist also um 1 kleiner als die Zeilenzahl. Die in § 2.3 durchgeführte Überlegung zeigt, daß jede Matrix, die aus $\bar{\boldsymbol{A}}$ durch Weglassen einer Zeile entsteht, den vollen Rang $N + M - 1$ hat. Bei der Anwendung des Simplexverfahrens soll im folgenden die letzte Zeile von $\bar{\boldsymbol{A}}$ weggelassen werden, ebenso die letzte Komponente von $\bar{\boldsymbol{b}}$. Dadurch entsteht eine $(N + M - 1) \times (NM)$-Matrix $\boldsymbol{A}$ vom Rang $N + M - 1$ und ein Vektor $\boldsymbol{b} \in R^{N+M-1}$.

Man kann leicht zeigen, daß die Transportaufgabe (4.16) stets eine Lösung besitzt, wenn alle s_j und r_k und daher auch C positiv sind. Der durch $x_{jk} = s_j r_k / C$ $(j = 1, \ldots, M, k = 1, \ldots, N)$ gegebene Vektor ist zulässig. Außerdem ist die Menge der zulässigen Punkte beschränkt $(0 \leqq x_{jk} \leqq \text{Min}(s_j, r_k))$, also ein Polyeder. Nach § 2.2, Satz 6 nimmt die Zielfunktion Q ihr Minimum auf diesem Polyeder an (sogar in einer Ecke).

Es ist prinzipiell möglich, eine solche Transportaufgabe mit dem Simplexverfahren in der bisher beschriebenen Form zu behandeln. Die dabei auftretenden Schemata von der Größenordnung der Matrix A wären jedoch sehr umfangreich. Das im folgenden beschriebene Verfahren, das inhaltlich mit dem Simplexverfahren identisch ist, verwendet Schemata der Größenordnung $M \times N$, in denen alle für einen Austauschschritt benötigten Daten untergebracht werden.

Beim Simplexverfahren in der Standardform würde man mit den Nebenbedingungen $\boldsymbol{A x} = \boldsymbol{b}$ (statt $\bar{\boldsymbol{A}} \boldsymbol{x} = \bar{\boldsymbol{b}}$) arbeiten und würde eine Reihe von Austauschschritten durchführen. Als Basis hat man jeweils ein System von $N + M - 1$ linear unabhängigen Spaltenvektoren $\boldsymbol{a}^{jk}$ der Matrix $\boldsymbol{A}$. Ein Austauschschritt besteht darin, daß einer dieser Vektoren aus der Basis entfernt und ein anderer dafür hereingenommen wird.

Zur Beschreibung und Begründung der auf die Transportaufgabe zugeschnittenen Form des Simplexverfahrens sollen einige Begriffe und Ergebnisse der Graphentheorie verwendet werden. Ein *Graph* (KÖNIG, 1936) besteht aus einer Menge von *Knotenpunkten*, von denen einige miteinander durch Verbindungslinien *(Kanten)* verbunden sind. Von einem Knotenpunkt können also keine, eine oder mehrere Kanten ausgehen, eine Kante verbindet jeweils zwei Knotenpunkte (man sagt dann auch: Diese Knotenpunkte *inzidieren* mit der Kante). Im allgemeinen können die beiden Endpunkte einer Kante auch zusammenfallen; die Kante entartet dann zu einer *Schlinge*. Dieser Fall wird hier jedoch nicht auftreten.

Die bei einer Transportaufgabe gegebenen Lagerplätze S_j und Verbrauchsplätze R_k werden nun durch Punkte symbolisiert und wie in Abb. 4.3 als Knotenpunkte angeordnet.

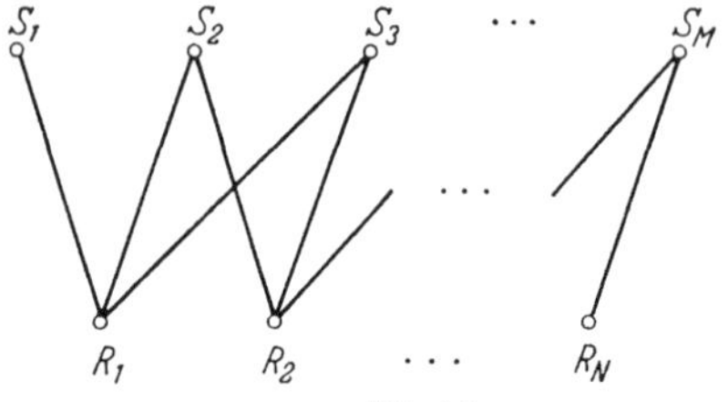

Abb. 4.3.

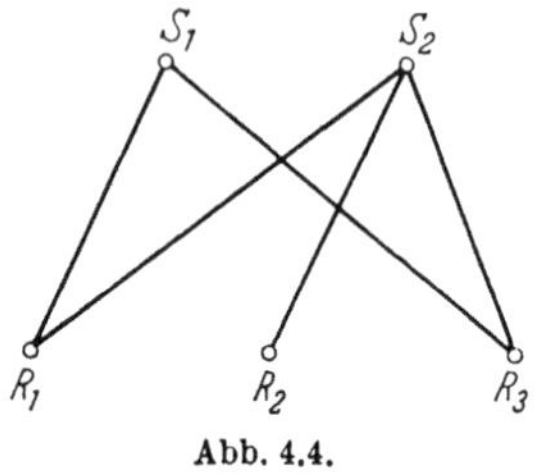

Abb. 4.4.

Einer Teilmenge V der Spaltenvektoren $\boldsymbol{a}^{jk}$ von $\boldsymbol{A}$ kann man einen Graphen G zuordnen, indem man S_j mit R_k durch eine Kante verbindet, wenn $\boldsymbol{a}^{jk} \in V$ ist. Man erhält so einen *paaren Graphen* (die Menge der Knotenpunkte besteht aus zwei Klassen, Kanten gibt es nur zwischen Knotenpunkten verschiedener Klassen). Eine Kante, die S_j und R_k verbindet, wird im folgenden mit α_{jk} bezeichnet.

Als *Kantenzug* definiert man eine abwechselnde Folge von Knotenpunkten und Kanten (z. B. S_1, α_{11}, R_1, α_{31}, S_3, α_{32}, R_2 in Abb. 4.3), wobei jede Kante mit den Knotenpunkten, zwischen denen sie in dieser Folge steht, inzidiert und wobei keine Kante mehr als einmal auftritt. Stimmt der Ausgangspunkt eines Kantenzuges mit dem Endpunkt überein, so spricht man von einem *geschlossenen Kantenzug*. Weiterhin nennt man einen Graphen G *zusammenhängend*, wenn je zwei verschiedene seiner Knotenpunkte durch einen Kantenzug miteinander verbunden sind.

In Abb. 4.4 ist S_1, α_{11}, R_1, α_{21}, S_2, α_{23}; R_3, α_{13}, S_1 ein geschlossener Kantenzug. Der dargestellte Graph ist zusammenhängend.

Satz 1: Eine Teilmenge V der Spaltenvektoren von $\boldsymbol{A}$ ist genau dann linear abhängig, wenn der zugeordnete Graph G einen geschlossenen Kantenzug enthält.

Beweis: I. Der Graph G enthalte einen geschlossenen Kantenzug, etwa

$$R_{k_1}, \alpha_{j_1k_1}, S_{j_1}, \alpha_{j_1k_2}, R_{k_2}, \alpha_{j_2k_2}, S_{j_2}, \ldots, \alpha_{j_tk_1}, R_{k_1}.$$

Dann ist

$$\boldsymbol{a}^{j_1k_1} - \boldsymbol{a}^{j_1k_2} + \boldsymbol{a}^{j_2k_2} - + \cdots - \boldsymbol{a}^{j_tk_1} = \boldsymbol{0}.$$

Das folgt unmittelbar aus der Bemerkung über die Komponenten von $\bar{\boldsymbol{a}}^{jk}$ im Anschluß an (4.16).

II. Die Vektoren $\boldsymbol{a}^{jk} \in V$ seien linear abhängig. Es gibt dann eine nichtleere Teilmenge $V' \subset V$ mit

$$\sum_{\boldsymbol{a}^{jk} \in V'} \gamma_{jk} \boldsymbol{a}^{jk} = \boldsymbol{0}, \tag{4.17}$$

wobei alle $\gamma_{jk} \neq 0$ sind. Diese Gleichung gilt auch für die Vektoren $\bar{\boldsymbol{a}}^{jk}$, denn die letzte (bei der Bildung von $\boldsymbol{A}$ weggelassene) Zeile der Matrix $\bar{\boldsymbol{A}}$ ist eine Linearkombination der Zeilen von $\boldsymbol{A}$. Nach der obigen Bemerkung über die Komponenten von $\bar{\boldsymbol{a}}^{jk}$ tritt jeder Index, der in (4.17) überhaupt vorkommt, mindestens zweimal auf. Die Kanten α_{jk} mit $\boldsymbol{a}^{jk} \in V'$ und die Knotenpunkte S_j und R_k zu den Indizes j und k, die in (4.17) auftreten, bilden also einen Teilgraphen G' von G, in dem jeder Knotenpunkt mit mindestens zwei Kanten inzidiert. In G' und damit auch in G gibt es einen geschlossenen Kantenzug. Wenn man nämlich von einem Knotenpunkt von G' ausgeht, längs Kanten von G' zu weiteren Knotenpunkten von G' fortschreitet und dabei beachtet, daß man immer eine Kante wählt, die noch nicht aufgetreten ist, kommt man nach endlich vielen Schritten zu einem Knotenpunkt, der schon einmal aufgetreten ist und hat damit einen geschlossenen Kantenzug.

Satz 2: Der Graph G zu einer Teilmenge V von $N + M - 1$ linear unabhängigen Spaltenvektoren der Matrix $\boldsymbol{A}$ ist zusammenhängend.

Anmerkung: Eine beim Simplexverfahren auftretende Basis ist eine solche Menge V.

Beweis: Nach Satz 1 enthält G keine geschlossenen Kantenzüge. G hat $N + M - 1$ Kanten und genau $N + M$ Knotenpunkte. Durch vollständige Induktion nach n soll nun gezeigt werden: Ein Graph G mit n Kanten und höchstens $n + 1$ Knotenpunkten, der keine geschlossenen Kantenzüge enthält, ist zusammenhängend. $n = 1$: Der Graph G besteht aus einer Kante und ihren beiden Endpunkten, ist also zusammenhängend. (Man könnte auch den trivialen Fall $n = 0$ als Induktionsverankerung wählen.)

$n > 1$: Da es keine geschlossenen Kantenzüge gibt, existiert ein Knotenpunkt, der nur mit einer Kante inzidiert, die ihn mit einem anderen Punkt des Graphen verbindet. Entfernt man diesen Punkt und diese Kante, so verbleibt ein Graph G' mit $n - 1$ Kanten und höchstens n Knotenpunkten ohne geschlossene Kantenzüge. Nach Induktionsvoraussetzung ist G' zusammenhängend und daher auch G.

Nach diesen Vorbereitungen soll nun das Simplexverfahren für die Transportaufgabe beschrieben werden. Die Zahlen p_{jk} werden in einem Schema P mit M Zeilen und N Spalten angeordnet, ebenso bei jedem Schritt des Verfahrens die Zahlen x_{jk} in einem Schema X, in das zusätzlich die Zahlen s_j und r_k eingetragen werden:

P:

p_{11}	p_{12}	$\ldots$	p_{1N}
$\ldots$	$\ldots$	$\ldots$	$\ldots$
p_{M1}	p_{M2}	$\ldots$	p_{MN}

X:

$s \backslash r$	r_1	r_2	$\ldots$	r_N
s_1	x_{11}	x_{12}	$\ldots$	x_{1N}
$\ldots$	$\ldots$	$\ldots$	$\ldots$	$\ldots$
s_M	x_{M1}	x_{M2}	$\ldots$	x_{MN}

Zunächst ist eine Ausgangsecke für das Simplexverfahren zu bestimmen. Dazu kann man nach der „Nordwestecken-Regel" vorgehen. Mit der Bestimmung von Zahlen x_{jk}, die allen Restriktionen genügen, beginnt man in der „Nordwestecke" des X-Schemas, also links oben, und setzt $x_{11} = \mathrm{Min}(r_1, s_1)$. Ist also $s_1 \geqq r_1$, so wird der Gesamtbedarf am Ort R_1 von S_1 nach dort transportiert; ist $s_1 \leqq r_1$, so wird der Gesamtvorrat bei S_1 nach R_1 transportiert. Im Fall $s_1 > r_1$ setzt man alle $x_{j1} = 0 (j \geqq 2)$ und $x_{12} = \mathrm{Min}(s_1 - r_1, r_2)$; es wird also der gesamte verbleibende Vorrat bei S_1 nach R_2 transportiert oder der gesamte Bedarf bei R_2 von S_1 aus gedeckt. Entsprechend setzt man im Fall $s_1 < r_1$ alle $x_{1k} = 0 (k \geqq 2)$ und

$x_{21} = \text{Min}(r_1 - s_1, s_2)$. So fährt man fort: Ist durch die Wahl von x_{jk} der Bedarf am Verbrauchsplatz R_k gedeckt, und ist am Lagerplatz S_j noch ein Bestand $s_j' > 0$ vorhanden, so wähle man $x_{j,k+1} = \text{Min}(r_{k+1}, s_j')$, ist durch die Wahl von x_{jk} der Bestand am Lagerplatz S_j verbraucht und besteht bei R_k noch ein Bedarf $r_k' > 0$, so wähle man $x_{j+1,k} = \text{Min}(r_k', s_{j+1})$. Man setzt alle bei Befolgung dieser Vorschrift nicht vorkommenden $x_{jk} = 0$ (trägt aber diese Nullen zweckmäßig nicht in das X-Schema ein).

Beispiel

X:

$s \backslash r$	1	6	3	4
5	1	4		
3		2	1	
6			2	4

Tritt zwischendurch niemals der Fall ein, daß zugleich der Bedarf an einem Verbrauchsplatz gedeckt und der Vorrat an einem Lagerplatz aufgebraucht wird, so werden wie im Beispiel $N + M - 1$ Plätze im X-Schema mit positiven Zahlen besetzt, die erste von diesen ist x_{11}, die letzte x_{MN} (Gesamtbedarf und Gesamtvorrat sind gleich). Abgesehen von x_{MN} hat dabei jede positive Zahl im Schema einen positiven unteren oder rechten Nachbarn. Daß die Anzahl der positiven Zahlen x_{jk} gerade $N + M - 1$ ist, sieht man so: Ein Spezialfall ist der, daß nur die erste Spalte und die letzte Zeile mit positiven x_{jk} besetzt sind. Dann ist die Anzahl $N + M - 1$. In jedem anderen Fall erhält man die gleiche Anzahl.

Hat man auf diese Weise $N + M - 1$ positive x_{jk} erhalten, so wähle man die zugehörigen Vektoren $\mathbf{a}^{jk}$ als Basisvektoren. In dem Graphen G zur Menge V dieser Vektoren entsprechen die Knotenpunkte S_j und R_k den Zeilen und Spalten des X-Schemas, die Kanten α_{jk} entsprechen den positiven x_{jk}. Einem Kantenzug im Graphen G entspricht ein Zickzackweg im X-Schema, der abwechselnd horizontal und vertikal von einem positiven x_{jk} zu anderen positiven x_{jk} verläuft (ohne Wiederholungen).

Das nach der Nordwesteckenregel ausgefüllte Schema ist so beschaffen, daß es keinen solchen Zickzackweg gibt, der eine bereits aufgetretene Zeile oder Spalte ein zweites Mal trifft. Daher enthält der Graph G keinen geschlossenen Kantenzug, und nach Satz 1 sind die Vektoren von V linear unabhängig.

Tritt bei der angegebenen Konstruktion einmal der Fall ein, daß zugleich der Bedarf an einem Verbrauchsplatz R_k gedeckt und der Vorrat an einem Lagerplatz S_j aufgebraucht wird, so fährt man mit der Konstruktion bei R_{k+1} und S_{j+1} fort, nimmt aber entweder

$a^{j+1,k}$ oder $a^{j,k+1}$ mit in die Basis auf (mit $x_{j+1,k} = 0$ bzw. $x_{j,k+1} = 0$). Die so erhaltene Ecke ist dann entartet.

Die Vorschriften der Nordwesteckenregel sollen noch einmal zusammengefaßt werden:

Für $t = 1, 2, \ldots, N + M - 1$ bestimme man Zahlen j_t, k_t (mit $j_t + k_t = t + 1$), ferner σ_t und ϱ_t nach der Vorschrift

$$j_1 = k_1 = 1, \quad \sigma_1 = s_1, \quad \varrho_1 = r_1,$$

$$\left.\begin{array}{ll} \left.\begin{array}{ll} j_{t+1} = j_t + 1, & \sigma_{t+1} = s_{j_{t+1}} \\ k_{t+1} = k_t, & \varrho_{t+1} = \varrho_t - \sigma_t \end{array}\right\} & \text{falls } \sigma_t \leqq \varrho_t \\ \left.\begin{array}{ll} j_{t+1} = j_t, & \sigma_{t+1} = \sigma_t - \varrho_t \\ k_{t+1} = k_t + 1, & \varrho_{t+1} = r_{k_{t+1}} \end{array}\right\} & \text{falls } \sigma_t > \varrho_t \end{array}\right\} (t = 1, 2, \ldots, N + M - 2). \tag{4.18}$$

Man setze $x_{j_t k_t} = \mathrm{Min}(\sigma_t, \varrho_t)$ $(t = 1, 2, \ldots, N + M - 1)$, alle übrigen $x_{jk} = 0$ und nehme die Vektoren $a^{j_t k_t} (t = 1, 2, \ldots, N + M - 1)$ in die Basis auf.

Nun soll gezeigt werden, wie ein Austauschschritt durchzuführen ist. Zunächst benötigt man die durch (3.7) definierten Zahlen, die hier sinngemäß mit t_{jk} bezeichnet werden. Ist der Vektor a^{jk} in der Basis, so ist $t_{jk} = p_{jk}$. Unter den Vektoren a^{jk}, die nicht in der Basis enthalten sind, kommen diejenigen für eine Aufnahme in die Basis in Frage, für die $t_{jk} > p_{jk}$ ist. Den Vektor t mit den Komponenten t_{jk} kann man nach (4.12) bestimmen. Es ist $t' = \tilde{p}' \tilde{A}^{-1} A$. Dabei ist $\tilde{A}$ die von den Basisvektoren gebildete quadratische Teilmatrix von A, und $\tilde{p}$ ist der Vektor derjenigen p_{jk}, die zu Basisvektoren a^{jk} gehören. Setzt man

$$\tilde{p}' \tilde{A}^{-1} = u' = (u_1, \ldots, u_M, v_1, \ldots, v_{N-1}),$$

so erhält man u' als Lösung des linearen Gleichungssystems $u' \tilde{A} = \tilde{p}'$, ausgeschrieben

$$\left.\begin{array}{lll} u_j + v_k = p_{jk} & & (k \leqq N - 1) \\ u_j & = p_{jk} & (k = N) \end{array}\right\} (j, k \quad \text{mit} \quad a^{jk} \in V). \tag{4.19}$$

Durch $v_N = 0$ kann man u zu einem Vektor $\bar{u} \in R^{N+M}$ ergänzen. Die u_j und v_k können folgendermaßen aus (4.19) rekursiv berechnet werden: Aus dem Schema der p_{jk}, etwa für das obige Beispiel mit $M = 3$, $N = 4$

P:

3	2	5	7
1	4	1	0
0	2	2	3

trägt man in ein neues Schema (T-Schema) diejenigen p_{jk} ein, die zu Basisvektoren $\boldsymbol{a}^{jk}$ gehören:

T: (4.20)

$u \backslash v$	$v_1 = 3$	$v_2 = 2$	$v_3 = -1$	$v_4 = 0$
$u_1 = 0$	3	2		
$u_2 = 2$		4	1	
$u_3 = 3$			2	3

Man kann hieraus die u_j und v_k gemäß (4.19) rekursiv berechnen. Der Grund dafür ist, daß der Graph zur Basis V keine geschlossenen Kantenzüge enthält. Hat man den Vektor $\boldsymbol{u}$ bestimmt, so wird $\boldsymbol{t}' = \boldsymbol{u}'\boldsymbol{A}$, also

$$t_{jk} = u_j + v_k \qquad (j = 1, \ldots, M;\ k = 1, \ldots, N). \tag{4.21}$$

Die t_{jk} mit $\boldsymbol{a}^{jk} \in V$, nämlich $t_{jk} = p_{jk}$, sind schon im Schema (4.20) enthalten; in die freien Plätze trägt man die nach (4.21) gebildeten t_{jk} ein:

T:

$u \backslash v$	3	2	-1	0
0	3	2	-1	0
2	5	4	1	2
3	6	5	2	3

Sind alle $t_{jk} \leqq p_{jk}$, so liegt nach § 3.2, Satz 3 eine Lösung der Aufgabe vor. Wenn aber t_{jk} auftreten, die $> p_{jk}$ sind, sind die zugehörigen $\boldsymbol{a}^{jk} \notin V$ Vektoren, die für einen Austausch gegen einen Basisvektor in Frage kommen (im Beispiel $\boldsymbol{a}^{21}$, $\boldsymbol{a}^{24}$, $\boldsymbol{a}^{31}$, $\boldsymbol{a}^{32}$). Für einen dieser Vektoren, etwa $\boldsymbol{a}^{\hat{j}\hat{k}}$, entscheidet man sich und bestimmt auf folgende Weise den aus der Basis zu entfernenden Vektor $\boldsymbol{a}^{jk}$: Man bildet den Vektor $\boldsymbol{x}(\delta)$ nach (3.3), setzt also $x_{\hat{j}\hat{k}}(\delta) = \delta$, im übrigen $x_{jk}(\delta) = 0$, wenn $\boldsymbol{a}^{jk} \notin V$ ist, und bestimmt die $x_{jk}(\delta)$ mit $\boldsymbol{a}^{jk} \in V$ so, daß alle Nebenbedingungen erfüllt sind. Dazu ist es nicht erforderlich, alle Zahlen c_{kl} zu berechnen. Fügt man nämlich $\boldsymbol{a}^{\hat{j}\hat{k}}$ zu den Vektoren $\boldsymbol{a}^{jk} \in V$ hinzu, so erhält man ein System von $N + M$ linear abhängigen Vektoren. Der Graph zu diesem System enthält nach Satz 1 einen geschlossenen Kantenzug, in dem unter anderem die Kante $\alpha_{\hat{j}\hat{k}}$ vorkommt (andernfalls enthielte auch der Graph zu V einen geschlossenen Kantenzug). Im X-Schema entspricht dem geschlossenen Kantenzug ein abwechselnd horizontal und vertikal verlaufender, geschlossener Zickzackweg. Setzt man nun für die

Kanten α_{jk} des Graphen, die in dem geschlossenen Kantenzug liegen, also für die x_{jk} an den Ecken des Zickzackweges, abwechselnd

$$x_{jk}(\delta) = x_{jk} - \delta \quad \text{und} \quad x_{jk}(\delta) = x_{jk} + \delta\,,$$

und beläßt im übrigen $x_{jk}(\delta) = x_{jk}$, so sind die Nebenbedingungen $\boldsymbol{A}\,\boldsymbol{x}(\delta) = \boldsymbol{b}$ für beliebiges δ erfüllt. Beispiel ($\boldsymbol{a}^{\hat{j}\hat{k}} = \boldsymbol{a}^{31}$):

X:

s \ r	1	6	3	4
5	$1-\delta$	$4+\delta$		
3		$2-\delta$	$1+\delta$	
6	δ		$2-\delta$	4

Gemäß (3.4) ist nun das größte $\delta \geqq 0$ zu suchen, für das noch alle Vorzeichenbedingungen $x_{jk}(\delta) \geqq 0$ erfüllt sind. Im Beispiel ist das $\delta = 1$. Für $\delta = 1$ wird $x_{11}(\delta) = 0$, der Vektor $\boldsymbol{a}^{31}$ ist also gegen $\boldsymbol{a}^{11}$ auszutauschen. Man erhält so das neue X-Schema

X:

s \ r	1	6	3	4
5		5		
3		1	2	
6	1		1	4

Das Verfahren entspricht genau dem in § 3 beschriebenen Simplexverfahren. Man erhält daher eine neue Basis von linear unabhängigen Vektoren und kann den Austausch so oft wiederholen, bis sich eine Minimallösung ergibt; das erkennt man daran, daß alle Zahlen im T-Schema kleiner oder gleich denen im P-Schema sind. Sollten entartete Ecken auftreten, so gelten alle Aussagen, die für die allgemeine Form des Simplexverfahrens angegeben worden sind. Insbesondere kann man, um Zyklen zu vermeiden, eine Zusatzregel aufstellen. Auf diese kann man jedoch in der Praxis verzichten. Für das obige Beispiel sollen noch die übrigen Austauschschritte angegeben werden:

P:

3	2	5	7
1	4	1	0
0	2	2	3

X: $(Q=36)$

$s \backslash r$	1	6	3	4
5	$1-\delta$	$4+\delta$		
3		$2-\delta$	$1+\delta$	
6	δ		$2-\delta$	4

T:

$u \backslash v$	3	2	-1	0
0	3	2	-1	0
2	5	4	1	2
3	⑥	5	2	3

$\delta=1$

X: $(Q=30)$

$s \backslash r$	1	6	3	4
5		5		
3		$1-\delta$	$2+\delta$	
6	1	δ	$1-\delta$	4

T:

$u \backslash v$	-3	2	-1	0
0	-3	2	-1	0
2	-1	4	1	2
3	0	⑤	2	3

$\delta=1$

X: $(Q=27)$

$s \backslash r$	1	6	3	4
5		5		
3		$0-\delta$	3	δ
6	1	$1+\delta$		$4-\delta$

T:

$u \backslash v$	-3	-1	-4	0
3	0	2	-1	3
5	2	4	1	⑤
3	0	2	-1	3

$\delta=0$ (entartete Ecke)

X: $(Q=27)$

$s \backslash r$	1	6	3	4
5		5		
3			$3-\delta$	$0+\delta$
6	1	1	δ	$4-\delta$

T:

$u \backslash v$	-3	-1	1	0
3	0	2	4	3
0	-3	-1	1	0
3	0	2	④	3

$\delta=3$

X: $(Q=21)$

$s \backslash r$	1	6	3	4
5		5		
3				3
6	1	1	3	1

Lösung

T:

$u \backslash v$	-3	-1	-1	0
3	0	2	2	3
0	-3	-1	-1	0
3	0	2	2	3

§ 5. Duale lineare Optimierungsaufgaben

Die folgenden Dualitätssätze sind theoretisch von großem Interesse; bei den Anwendungen treten duale Probleme in der Spieltheorie (§ 18) und bei bestimmten Fragestellungen, z.B. in der Baustatik (§ 5.4) auf; ferner haben duale Probleme eine Bedeutung für die numerische Behandlung von Optimierungsaufgaben wegen des Einschließungssatzes (5.7).

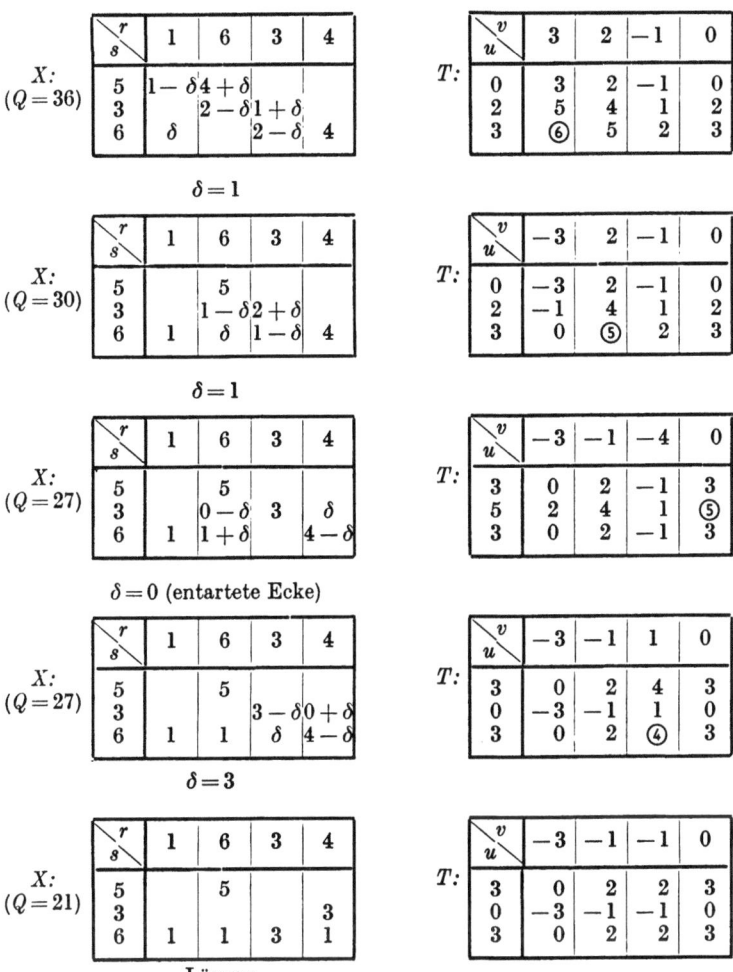

5.1. Dualität bei Nebenbedingungen in Form von Gleichungen

Einer Minimumaufgabe der linearen Optimierung kann man eine duale Maximumaufgabe zuordnen. Die wichtigsten Sätze über die Beziehungen zwischen beiden Aufgaben werden hier aus der Theorie des Simplexverfahrens hergeleitet. Später (in § 5.6) wird noch ein anderer Zugang zur Dualität aufgezeigt.

Gegeben seien wie bisher Vektoren $\boldsymbol{b} \in R^m$, $\boldsymbol{p} \in R^n$ und eine reelle $m \times n$-Matrix $\boldsymbol{A}$. Dabei sei $m < n$, und $\boldsymbol{A}$ habe den Rang m. Es sollen die beiden folgenden Probleme betrachtet werden:

D^0: Gesucht ist $\boldsymbol{x} \in R^n$ mit

$$\boldsymbol{A}\boldsymbol{x} = \boldsymbol{b}, \quad \boldsymbol{x} \geqq 0, \quad Q(\boldsymbol{x}) = \boldsymbol{p}'\boldsymbol{x} = \text{Min!} \tag{5.1}$$

D^1: Gesucht ist $\boldsymbol{w} \in R^m$ mit

$$\boldsymbol{A}'\boldsymbol{w} \leqq \boldsymbol{p}, \quad G(\boldsymbol{w}) = \boldsymbol{w}'\boldsymbol{b} = \text{Max!} \tag{5.2}$$

Man beachte, daß $\boldsymbol{w}$ in D^1 keinen Vorzeichenbeschränkungen unterliegt. D^1 heißt 1-*mal duales Problem* zu D^0. Man sagt auch kurz, D^0 und D^1 seien dual zueinander. Einen zulässigen Vektor, der in einem dieser Probleme das Maximum bzw. Minimum liefert, werden wir kurz Optimallösung nennen.

Satz 1: Ist $\boldsymbol{x}$ ein zulässiger Vektor von D^0 und $\boldsymbol{w}$ ein zulässiger Vektor von D^1, so gilt

$$Q(\boldsymbol{x}) \geqq G(\boldsymbol{w}).$$

Beweis: Wegen $\boldsymbol{x} \geqq 0$ und $\boldsymbol{p}' \geqq \boldsymbol{w}'\boldsymbol{A}$ ist

$$Q(\boldsymbol{x}) = \boldsymbol{p}'\boldsymbol{x} \geqq \boldsymbol{w}'\boldsymbol{A}\boldsymbol{x} = \boldsymbol{w}'\boldsymbol{b} = G(\boldsymbol{w}). \tag{5.3}$$

Im folgenden werden eine $n \times (2m+n)$-Matrix $\boldsymbol{S}$ und ein Vektor $\boldsymbol{r} \in R^{2m+n}$ verwendet, die in leicht verständlicher Schreibweise durch

$$\boldsymbol{S} = (-\boldsymbol{A}' \mid \boldsymbol{A}' \mid -\boldsymbol{E}_n)$$
$$\boldsymbol{r}' = (-\boldsymbol{b}' \mid \boldsymbol{b}' \mid \boldsymbol{0}_n')$$

definiert sind. Dabei ist $\boldsymbol{E}_n$ die n-reihige Einheitsmatrix und $\boldsymbol{0}_n$ der Nullvektor des R^n.

Satz 2: D^0 besitzt genau dann eine endliche Optimallösung, wenn D^1 eine solche besitzt. Die Extremwerte beider Probleme sind (wenn sie existieren) einander gleich.

Beweis: I. D^0 besitze eine endliche Maximallösung $\boldsymbol{x}^0$. Nach den Sätzen 6 und 7 von § 2 kann man annehmen, $\boldsymbol{x}^0$ sei eine Ecke, etwa $\boldsymbol{x}^0 = (x_1^0, \ldots, x_m^0, 0, \ldots, 0)'$. Die Spaltenvektoren $\boldsymbol{a}^1, \ldots, \boldsymbol{a}^m$ bilden eine Basis zu $\boldsymbol{x}^0$. Die in (3.2) und (3.7) definierten Zahlen c_{ki} und t_i werden zu einer Matrix $\boldsymbol{C}$ und einem Vektor $\boldsymbol{t}$ zusammengefaßt

$$\boldsymbol{C} = (c_{ki})_{\substack{k=1,\ldots,m,\\ i=1,\ldots,n,}} \quad \boldsymbol{t} = (t_1, \ldots, t_n)'.$$

Nach § 3, Satz 5, kann man annehmen, daß

$$t_i \leqq p_i \qquad (i = 1, \ldots, n) \tag{5.4}$$

ist. Setzt man $\tilde{\boldsymbol{A}} = (\boldsymbol{a}^1 | \cdots | \boldsymbol{a}^m)$, $\tilde{\boldsymbol{x}}^0 = (x_1^0, \ldots, x_m^0)'$, $\tilde{\boldsymbol{p}} = (p_1, \ldots, p_m)'$, so wird $\tilde{\boldsymbol{A}}\tilde{\boldsymbol{x}}^0 = \boldsymbol{b}$ und $\tilde{\boldsymbol{A}}\boldsymbol{C} = \boldsymbol{A}$, folglich

$$\tilde{\boldsymbol{x}}^0 = \tilde{\boldsymbol{A}}^{-1}\boldsymbol{b}, \quad \boldsymbol{C} = \tilde{\boldsymbol{A}}^{-1}\boldsymbol{A}. \tag{5.5}$$

Ferner ist nach (3.7) und (5.4)

$$\tilde{\boldsymbol{p}}'\boldsymbol{C} = \boldsymbol{t}' \leqq \boldsymbol{p}'. \tag{5.6}$$

Wir setzen $\boldsymbol{w}^0 = (\tilde{\boldsymbol{A}}^{-1})'\tilde{\boldsymbol{p}}$ und zeigen, daß $\boldsymbol{w}^0$ die Aufgabe D^1 löst. Wegen (5.5) und (5.6) ist $\boldsymbol{w}^{0\prime}\boldsymbol{A} = \tilde{\boldsymbol{p}}'\tilde{\boldsymbol{A}}^{-1}\boldsymbol{A} = \tilde{\boldsymbol{p}}'\boldsymbol{C} \leqq \boldsymbol{p}'$, also genügt $\boldsymbol{w}^0$ den Restriktionen von D^1. Ferner ist nach (5.5)

$$G(\boldsymbol{w}^0) = \boldsymbol{w}^{0\prime}\boldsymbol{b} = \tilde{\boldsymbol{p}}'\tilde{\boldsymbol{A}}^{-1}\boldsymbol{b} = \tilde{\boldsymbol{p}}'\tilde{\boldsymbol{x}}^0 = Q(\boldsymbol{x}^0).$$

Nach Satz 1 ist daher $G(\boldsymbol{w}^0)$ Maximalwert von $G(\boldsymbol{w})$ unter den Nebenbedingungen von D^1 und stimmt mit dem Minimalwert von D^0 überein.

II. D^1 besitze eine endliche Optimallösung. Setzt man

$$\boldsymbol{w} = \boldsymbol{w}^1 - \boldsymbol{w}^2 \quad \text{mit} \quad \boldsymbol{w}^1 \geqq \boldsymbol{0}, \quad \boldsymbol{w}^2 \geqq \boldsymbol{0} \quad \text{und} \quad \boldsymbol{w}^3 = \boldsymbol{p} - \boldsymbol{A}'\boldsymbol{w},$$

so ist D^1 äquivalent der Aufgabe

$$\boldsymbol{A}'(-\boldsymbol{w}^1 + \boldsymbol{w}^2) - \boldsymbol{w}^3 = -\boldsymbol{p}, \quad \boldsymbol{w}^1 \geqq \boldsymbol{0}, \quad \boldsymbol{w}^2 \geqq \boldsymbol{0}, \quad \boldsymbol{w}^3 \geqq \boldsymbol{0}$$
$$\boldsymbol{b}'(-\boldsymbol{w}^1 + \boldsymbol{w}^2) = \text{Min!}$$

Mit $\boldsymbol{v}' = (\boldsymbol{w}^{1\prime} | \boldsymbol{w}^{2\prime} | \boldsymbol{w}^{3\prime})$ und den oben definierten $\boldsymbol{S}$ und $\boldsymbol{r}$ erhält man die folgende Aufgabe

$\tilde{D}^1$: Gesucht ist $\boldsymbol{v} \in R^{2m+n}$ mit

$$\boldsymbol{S}\boldsymbol{v} = -\boldsymbol{p}, \quad \boldsymbol{v} \geqq \boldsymbol{0}, \quad \boldsymbol{r}'\boldsymbol{v} = \text{Min!}$$

$\tilde{D}^1$ ist äquivalent zu D^1; da D^1 nach Voraussetzung eine endliche Maximallösung besitzt, hat $\tilde{D}^1$ eine endliche Minimallösung. Andererseits hat $\tilde{D}^1$ gerade die Form von D^0. Nach Teil I dieses Beweises hat daher das zu $\tilde{D}^1$ 1-mal duale Problem $\tilde{D}^2$ ebenfalls eine endliche Maximallösung, und sein Maximalwert ist dem Minimalwert von $\tilde{D}^1$, also dem Negativen des Maximalwertes von D^1 gleich.

Das zu $\tilde{D}^1$ 1-mal duale Problem ist

$\tilde{D}^2$: Gesucht ist $\boldsymbol{x} \in R^n$ mit $\quad \boldsymbol{S}'\boldsymbol{x} \leqq \boldsymbol{r}, \quad \boldsymbol{x}'(-\boldsymbol{p}) = \text{Max!}$

Nach Definition von $\boldsymbol{S}$ und $\boldsymbol{r}$ besagen die Restriktionen von $\tilde{D}^2$ $-\boldsymbol{A}\boldsymbol{x} \leqq -\boldsymbol{b}$, $\boldsymbol{A}\boldsymbol{x} \leqq \boldsymbol{b}$, $-\boldsymbol{x} \leqq \boldsymbol{0}$. Daher ist $\tilde{D}^2$ äquivalent der Aufgabe D^0: Gesucht ist $\boldsymbol{x} \in R^n$ mit $\boldsymbol{A}\boldsymbol{x} = \boldsymbol{b}$, $\boldsymbol{x} \geqq \boldsymbol{0}$, $\boldsymbol{p}'\boldsymbol{x} = \text{Min!}$

Nach den obigen Bemerkungen ist der Minimalwert von D^0 gleich dem Maximalwert von D^1.

Satz 3: Ist die Funktion Q auf der Menge der zulässigen Vektoren von D^0 nicht nach unten beschränkt, so ist die Menge der zulässigen Vektoren von D^1 leer. Ist die Funktion G auf der Menge der zulässigen Vektoren von D^1 nicht nach oben beschränkt, so ist die Menge der zulässigen Vektoren von D^0 leer.

Beweis: Ist $\boldsymbol{w}$ ein zulässiger Vektor von D^1, so gilt nach Satz 1 $Q(\boldsymbol{x}) \geqq G(\boldsymbol{w})$ für alle zulässigen Vektoren $\boldsymbol{x}$ von D^0. $Q(\boldsymbol{x})$ ist dann nach unten beschränkt. Genauso beweist man die zweite Aussage.

Eine weitere unmittelbare Folgerung aus den Sätzen 1 und 2 ist der

Satz 4: Ein zulässiger Vektor $\boldsymbol{x}^0$ von D^0 ist genau dann Minimallösung von D^0, wenn es einen zulässigen Vektor $\boldsymbol{w}^0$ von D^1 gibt mit $\boldsymbol{p}'\boldsymbol{x}^0 = \boldsymbol{b}'\boldsymbol{w}^0$. Dann ist $\boldsymbol{w}^0$ Maximallösung von D^1. — Entsprechendes gilt, wenn man von D^1 statt von D^0 ausgeht.

Wie früher werden die Spaltenvektoren von A mit $\boldsymbol{a}^i$ $(i = 1,..,n)$ bezeichnet.

Satz 5: Ein zulässiger Vektor $\boldsymbol{x}^0 = (x_1^0, \ldots, x_n^0)'$ von D^0 ist genau dann Minimallösung von D^0, wenn es einen zulässigen Vektor $\boldsymbol{w}^0$ von D^1 mit folgenden Eigenschaften gibt: Für alle Indizes k mit $x_k^0 > 0$ gilt $\boldsymbol{a}^{k\prime}\boldsymbol{w}^0 = p_k$; für alle Indizes i mit $\boldsymbol{a}^{i\prime}\boldsymbol{w}^0 < p_i$ gilt $x_i^0 = 0$. Es ist dann $\boldsymbol{w}^0$ Maximallösung von D^1. — Entsprechendes gilt, wenn man von D^1 statt von D^0 ausgeht.

Beweis: Wir zeigen, daß die im Satz genannten Bedingungen zu der Bedingung $\boldsymbol{p}'\boldsymbol{x}^0 = \boldsymbol{b}'\boldsymbol{w}^0$ in Satz 4 äquivalent sind. Wegen $A\boldsymbol{x}^0 = \boldsymbol{b}$ kann diese Bedingung geschrieben werden als $\boldsymbol{p}'\boldsymbol{x}^0 = \boldsymbol{x}^{0\prime}A'\boldsymbol{w}^0 = \boldsymbol{w}^{0\prime}A\boldsymbol{x}^0$, also $(\boldsymbol{p}' - \boldsymbol{w}^{0\prime}A)\boldsymbol{x}^0 = \sum_{i=1}^{n}(p_i - \boldsymbol{a}^{i\prime}\boldsymbol{w}^0)x_i^0 = 0$. Wegen $p_i - \boldsymbol{a}^{i\prime}\boldsymbol{w}^0 \geqq 0$, $x_i^0 \geqq 0$ ist diese Summe genau dann gleich Null, wenn jeder Summand gleich Null ist.

Satz 6: Besitzen beide Probleme D^0 und D^1 zulässige Vektoren, so besitzen auch beide Probleme Optimallösungen.

Beweis: Ist M die Menge der zulässigen Vektoren $\boldsymbol{x}$ von D^0 und $\hat{\boldsymbol{w}}$ ein zulässiger Vektor von D^1, so ist nach Satz 1 $Q(\boldsymbol{x}) \geqq G(\hat{\boldsymbol{w}})$ für alle $\boldsymbol{x} \in M$. $Q(\boldsymbol{x})$ ist auf M nach unten beschränkt. Nach § 2, Satz 3, gibt es eine Ecke $\bar{\boldsymbol{x}}$ von M. Das Simplexverfahren liefert, von $\bar{\boldsymbol{x}}$ ausgehend, eine endliche Minimallösung $\boldsymbol{x}^0$ von D^0, denn der in § 3, Satz 2, diskutierte Fall, daß keine Lösung existiert, kann hier nicht eintreten, weil $Q(\boldsymbol{x})$ auf M nach unten beschränkt ist. Nach Satz 2 existiert dann auch eine endliche Maximallösung $\boldsymbol{w}^0$ von D^1.

Die Sätze 1 und 6 zeigen, daß man eine beidseitige Einschließung des Extremwertes Q^0 von D^0 erhält, wenn man ein Paar zulässiger

Vektoren $\hat{\boldsymbol{x}}$ von D^0 und $\hat{\boldsymbol{w}}$ von D^1 kennt. Es wird dann

$$G(\hat{\boldsymbol{w}}) \leqq Q^0 \leqq Q(\hat{\boldsymbol{x}}). \tag{5.7}$$

Beispiel: Schaf- und Rinderhaltung, vgl. § 1. Das Problem wird durch die Einführung von Schlupfvariablen auf die Form (5.1) mit $m = 4$, $n = 6$ gebracht (und als Minimalaufgabe geschrieben):

$$\boldsymbol{A} = \begin{pmatrix} 1 & 0 & 1 & 0 & 0 & 0 \\ 0 & 1 & 0 & 1 & 0 & 0 \\ 1 & 0{,}2 & 0 & 0 & 1 & 0 \\ 150 & 25 & 0 & 0 & 0 & 1 \end{pmatrix}, \quad \boldsymbol{b} = \begin{pmatrix} 50 \\ 200 \\ 72 \\ 10000 \end{pmatrix}, \quad \boldsymbol{p} = \begin{pmatrix} -250 \\ -45 \\ 0 \\ 0 \\ 0 \\ 0 \end{pmatrix}$$

Ein zulässiger Vektor von D^0 ist $\hat{\boldsymbol{x}} = (36, 180, 14, 20, 0, 100)'$; ein zulässiger Vektor von D^1 ist $\hat{\boldsymbol{w}} = (-50, -10, -50, -1)'$. Es wird

$$G(\hat{\boldsymbol{w}}) = -18100 \leqq Q^0 \leqq -17100 = Q(\hat{\boldsymbol{x}}).$$

Der wahre Wert ist $Q^0 = -17200$.

Es soll noch gezeigt werden, wie man numerisch eine Lösung der dualen Aufgabe D^1 erhält, wenn man die Aufgabe D^0 mit dem Simplexverfahren behandelt und dabei eine Lösung $\boldsymbol{x}^0$ erhalten hat, die eine Ecke der Menge M der zulässigen Vektoren von D^0 ist. Aus Satz 5 erkennt man, daß eine Lösung $\boldsymbol{w}^0$ von D^1 durch das lineare Gleichungssystem

$$\boldsymbol{a}^{k\prime}\, \boldsymbol{w}^0 = p_k \qquad (k \in Z)$$

bestimmt ist, wobei $\boldsymbol{a}^k$ $(k \in Z)$ die Vektoren der Basis zur Ecke $\boldsymbol{x}^0$ sind.

Die Lösung dieses Gleichungssystems gestaltet sich besonders einfach, wenn unter den Vektoren $\boldsymbol{a}^i$ $(i = 1, \ldots, n)$ die m Einheitsvektoren des R^m sind, etwa die Vektoren $\boldsymbol{a}^1, \ldots, \boldsymbol{a}^m$ mit $a_{il} = \delta_{il}$ $(i, l = 1, \ldots, m)$. Dann sind wegen $\sum\limits_{k \in Z} c_{ki}\, \boldsymbol{a}^k = \boldsymbol{a}^i$ $(i = 1, \ldots, m)$ die c_{ki} die Elemente der Inversen zur Matrix des obigen Gleichungssystems, und es wird $w_i^0 = \sum\limits_{k \in Z} c_{ki}\, p_k$ $(i = 1, \ldots, m)$. Nach (3.7) stimmen die w_i^0 mit den dort definierten t_i überein. Man entnimmt dem Endschema des Simplexverfahrens zur Aufgabe D^0 die Zahlen d_i; nach § 4.1 ist $d_i = t_i - p_i$. Es wird

$$w_i^0 = d_i + p_i,$$

man kann also aus dem Simplexschema die Lösung der dualen Aufgabe unmittelbar ablesen. Später (in § 10.2 und § 18.6) wird diese Bemerkung nützlich sein.

5.2. Symmetrische duale Probleme mit Ungleichungen als Nebenbedingungen

Es sei jetzt A eine $m \times q$-Matrix, $b \in R^m$, $p \in R^q$:

$$A = \begin{pmatrix} a_{11} & \dots & a_{1q} \\ \dots & \dots & \dots \\ a_{m1} & \dots & a_{mq} \end{pmatrix}, \quad b = \begin{pmatrix} b_1 \\ \dots \\ b_m \end{pmatrix}, \quad p = \begin{pmatrix} p_1 \\ \dots \\ p_q \end{pmatrix}.$$

Es werden wieder zwei Probleme formuliert:

$\hat{D}^0$: Gesucht ist $x \in R^q$. mit

$$A x \geqq b, \quad x \geqq 0, \quad Q(x) = p' x = \text{Min!}$$

$\hat{D}^1$: Gesucht ist $w \in R^m$ mit

$$A' w \leqq p, \quad w \geqq 0, \quad G(w) = w' b = \text{Max!}$$

Anmerkung: Hier wird keine Voraussetzung über m und q (wie $m < n$ in § 5.1) und über den Rang von A benötigt, da die Nebenbedingungen die Form von Ungleichungen haben.

Satz 7: $\hat{D}^0$ und $\hat{D}^1$ sind dual zueinander in dem Sinne, daß für sie die Sätze 1 bis 4 und 6 in § 5.1 *gelten (nach naheliegender Übertragung der Bezeichnungen).*

Beweis: $\hat{D}^0$ ist nach Einführung eines Schlupfvariablenvektors $y \in R^m$ äquivalent dem Problem $A x - y = b$, $x \geqq 0$, $y \geqq 0$, $p' x = \text{Min!}$ Das ist ein Problem vom Typ D^0 mit der Matrix $(A \mid -E_m)$ anstelle von A, also einer Matrix, deren Zeilenzahl m kleiner als die Spaltenzahl $m + q$ ist und deren Rang ersichtlich gleich der Zeilenzahl m ist. Das duale Problem hierzu ist nach § 5.1 $A' w \leqq p$, $-w \leqq 0$, $w' b = \text{Max!}$, also gerade $\hat{D}^1$.

Dem Beweis zu Satz 7 entnimmt man, daß an die Stelle von Satz 5 der folgende Satz tritt:

Satz 5a: Ein zulässiger Vektor $x^0 = (x_1^0, \dots, x_q^0)'$ von $\hat{D}^0$ ist genau dann Minimallösung von $\hat{D}^0$, wenn es einen zulässigen Vektor $w^0 = (w_1^0, \dots, w_m^0)'$ von $\hat{D}^1$ mit folgenden Eigenschaften gibt (dabei sind $\tilde{a}^{i'}$ $(i = 1, \dots, m)$ die Zeilenvektoren von A):

$$\left.\begin{array}{llll} \textit{Aus} & x_k^0 > 0 & \textit{folgt} & a^{k'} w^0 = p_k \\ \textit{aus} & a^{k'} w^0 < p_k & \textit{folgt} & x_k^0 = 0 \end{array}\right\} (k = 1, \dots, q),$$

$$\left.\begin{array}{llll} \textit{aus} & w_i^0 > 0 & \textit{folgt} & \tilde{a}^{i'} x^0 = b_i \\ \textit{aus} & \tilde{a}^{i'} x^0 > b_i & \textit{folgt} & w_i^0 = 0 \end{array}\right\} (i = 1, \dots, m).$$

Man kann sich fragen, wann ein Problem $\hat{D}^0$ zu sich selbst dual ist. Offensichtlich muß dann $A = -A'$ (die Matrix A also quadratisch und schiefsymmetrisch) sein, ferner $b = -p$ und $m = q$. Diese selbstdualen Probleme der linearen Optimierung haben jedoch praktisch und theoretisch keine überragende Bedeutung (wie etwa selbstadjungierte Probleme bei Differentialgleichungen); allerdings ist zu beachten, daß der wichtige Satz 12 in § 5.5 über schiefsymmetrische Matrizen im Grunde eine Aussage über selbstduale Probleme ist.

5.3. Dualität bei gemischten Problemen

Man kann die Ergebnisse von § 5.1 und § 5.2 zusammenfassen und einen Dualitätssatz für Probleme aussprechen, bei denen einige der Nebenbedingungen als Gleichungen, die übrigen als Ungleichungen gegeben sind, für einige Variable Vorzeichenbedingungen gelten, für die übrigen nicht. Es sei eine $m \times n$-Matrix $\boldsymbol{A}$ gegeben:

$$\boldsymbol{A} = \underbrace{\begin{pmatrix} \boldsymbol{A}_{11} & \boldsymbol{A}_{12} \\ \boldsymbol{A}_{21} & \boldsymbol{A}_{22} \end{pmatrix}}_{n_1 \text{ Spalten} \quad n_2 \text{ Spalten}} \begin{matrix} m_1 \text{ Zeilen} \\ m_2 \text{ Zeilen} \end{matrix}$$

mit $m_1 + m_2 = m$, $n_1 + n_2 = n$. Dabei sei $m_1 < n$, und die Matrix $(\boldsymbol{A}_{11} \,|\, \boldsymbol{A}_{12})$ habe den Rang m_1. Ferner seien Vektoren

$$\boldsymbol{b} = \begin{pmatrix} \boldsymbol{b}^1 \\ \boldsymbol{b}^2 \end{pmatrix}, \qquad \boldsymbol{p} = \begin{pmatrix} \boldsymbol{p}^1 \\ \boldsymbol{p}^2 \end{pmatrix}$$

mit $\boldsymbol{b}^1 \in R^{m_1}$, $\boldsymbol{b}^2 \in R^{m_2}$, $\boldsymbol{p}^1 \in R^{n_1}$, $\boldsymbol{p}^2 \in R^{n_2}$ gegeben. Die beiden Probleme, die sich als zueinander dual erweisen werden, lauten

$\tilde{D}^0$: Gesucht ist $\boldsymbol{x} = \begin{pmatrix} \boldsymbol{x}^1 \\ \boldsymbol{x}^2 \end{pmatrix}$ $(\boldsymbol{x}^1 \in R^{n_1},\ \boldsymbol{x}^2 \in R^{n_2})$ mit

$$\begin{aligned} &\boldsymbol{A}_{11}\boldsymbol{x}^1 + \boldsymbol{A}_{12}\boldsymbol{x}^2 = \boldsymbol{b}^1\,, && \boldsymbol{x}^1 \geqq \boldsymbol{0}\,, \\ &\boldsymbol{A}_{21}\boldsymbol{x}^1 + \boldsymbol{A}_{22}\boldsymbol{x}^2 \geqq \boldsymbol{b}^2\,, && \boldsymbol{x}^2 \text{ nicht vorzeichenbeschränkt}, \\ &\boldsymbol{p}'\boldsymbol{x} = \boldsymbol{p}^{1\prime}\boldsymbol{x}^1 + \boldsymbol{p}^{2\prime}\boldsymbol{x}^2 = \text{Min!} \end{aligned}$$

$\tilde{D}^1$: Gesucht ist $\boldsymbol{w} = \begin{pmatrix} \boldsymbol{w}^1 \\ \boldsymbol{w}^2 \end{pmatrix}$ $(\boldsymbol{w}^1 \in R^{m_1},\ \boldsymbol{w}^2 \in R^{m_2})$ mit

$$\begin{aligned} &\boldsymbol{A}_{11}'\boldsymbol{w}^1 + \boldsymbol{A}_{21}'\boldsymbol{w}^2 \leqq \boldsymbol{p}^1, && \boldsymbol{w}^1 \text{ nicht vorzeichenbeschränkt}, \\ &\boldsymbol{A}_{12}'\boldsymbol{w}^1 + \boldsymbol{A}_{22}'\boldsymbol{w}^2 = \boldsymbol{p}^2\,, && \boldsymbol{w}^2 \geqq \boldsymbol{0}\,, \\ &\boldsymbol{w}'\boldsymbol{b} = \boldsymbol{w}^{1\prime}\boldsymbol{b}^1 + \boldsymbol{w}^{2\prime}\boldsymbol{b}^2 = \text{Max!} \end{aligned}$$

Satz 8: $\tilde{D}^0$ und $\tilde{D}^1$ sind dual zueinander in dem Sinne, daß die Sätze 1 bis 4 und 6 in § 5.1 *gelten.*

Beweis: Stellt man den nicht vorzeichenbeschränkten Vektor $\boldsymbol{x}^2$ als Differenz $\overline{\boldsymbol{x}}^2 - \overline{\overline{\boldsymbol{x}}}^2$ mit $\overline{\boldsymbol{x}}^2 \geqq 0$, $\overline{\overline{\boldsymbol{x}}}^2 \geqq 0$ dar und führt ferner einen Schlupfvariablenvektor $\boldsymbol{y}^2 \in R^{m_2}$ ein, so geht $\tilde{D}^0$ in das äquivalente

Problem

$$\begin{aligned}
&A_{11}x^1 + A_{12}\bar{x}^2 - A_{12}\bar{\bar{x}}^2 = b^1\,,\\
&A_{21}x^1 + A_{22}\bar{x}^2 - A_{22}\bar{\bar{x}}^2 - y^2 = b^2\,,\\
&x^1 \geqq 0, \bar{x}^2 \geqq 0, \bar{\bar{x}}^2 \geqq 0, y^2 \geqq 0\,,\\
&p^{1\prime}x^1 + p^{2\prime}\bar{x}^2 - p^{2\prime}\bar{\bar{x}}^2 = \text{Min!}
\end{aligned}$$

vom Typ D^0 über. Die in § 5.1 geforderten Voraussetzungen über Rang, Zeilen- und Spaltenzahl der Matrix dieses Problems sind erfüllt. Das duale Problem lautet

$$\begin{aligned}
A'_{11}w^1 + A'_{21}w^2 &\leqq p^1\,,\\
A'_{12}w^1 + A'_{22}w^2 &\leqq p^2\,,\\
-A'_{12}w^1 - A'_{22}w^2 &\leqq -p^2\\
-w^2 &\leqq 0\,,\\
w^{1\prime}b^1 + w^{2\prime}b^2 &= \text{Max!}\,;
\end{aligned}$$

es ist äquivalent zu $\tilde{D}^1$.

Auf die Formulierung eines zu Satz 5 analogen Satzes verzichten wir hier. Wenn $n_1 = n$, $m_1 = m$, $n_2 = m_2 = 0$ ist, wenn also die Teilmatrizen A_{12}, A_{21}, A_{22} gar nicht auftreten, gehen die Probleme $\tilde{D}^0$ und $\tilde{D}^1$ in D^0 und D^1 über. Ist $n_1 = n$, $m_2 = m$, $n_2 = m_1 = 0$, treten also A_{11}, A_{12} und A_{22} nicht auf, so erhält man $\hat{D}^0$ und $\hat{D}^1$.

Man kann die Nebenbedingungen von $\tilde{D}^0$ den Variablen von $\tilde{D}^1$ eineindeutig zuordnen und umgekehrt die Variablen von $\tilde{D}^0$ den Nebenbedingungen von $\tilde{D}^1$, nämlich so, daß eine Komponente von w^1 bzw. w^2 der Nebenbedingung in $\tilde{D}^0$ zugeordnet wird, in der rechts die entsprechende Komponente von b^1 bzw. b^2 steht, und ebenso die Zuordnung für x^1, x^2 und p^1, p^2 vorgenommen wird. Man erkennt dann an der Gestalt von $\tilde{D}^0$ und $\tilde{D}^1$:

Den als Ungleichungen gegebenen Nebenbedingungen sind vorzeichenbeschränkte Variablen zugeordnet; den als Gleichungen gegebenen Nebenbedingungen sind nicht-vorzeichenbeschränkte Variablen zugeordnet.

5.4. Lineare Optimierung und Dualität in der Baustatik (Nach W. Prager, 1962)

Bei dem hier behandelten Beispiel erhält man ein Paar von dualen Optimierungsaufgaben, die beide eine physikalische Bedeutung haben. Eine starre, gewichtslose, viereckige Platte ist an ihren vier Ecken abgestützt.

Es werden folgende idealisierte Vorstellungen zugrunde gelegt: die Stützen sind starr und können einer beliebig hohen Belastung durch Zug ausgesetzt werden (die Platte ist mit den Stützen fest verbunden, ein Abheben soll nicht erfolgen), ferner einer Belastung durch Druck bis zu einer *Fließgrenze* $F_j (j = 1, \ldots, 4)$. Unter dem

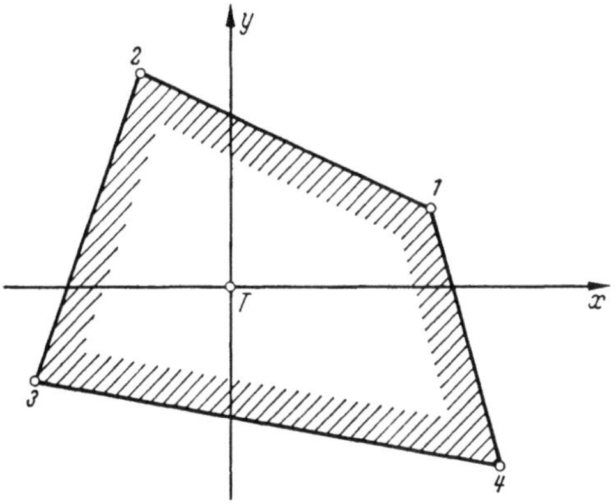

Abb. 5.1. An vier Stellen gestützte Platte

Einfluß einer auf die j-te Stütze wirkenden Kraft P mit $-\infty < P \leqq F_j$ bleibt die Stütze also starr und ändert ihre Länge nicht. Überschreitet P die Fließgrenze F_j, so bricht die Stütze zusammen.

Gefragt ist, welcher Last man einen Punkt T der Platte höchstens aussetzen darf, ohne daß die Stützen zusammenbrechen. Diese maximal zulässige Last heißt *Traglast* P^* im Punkte T und hängt natürlich von der Lage von T ab.

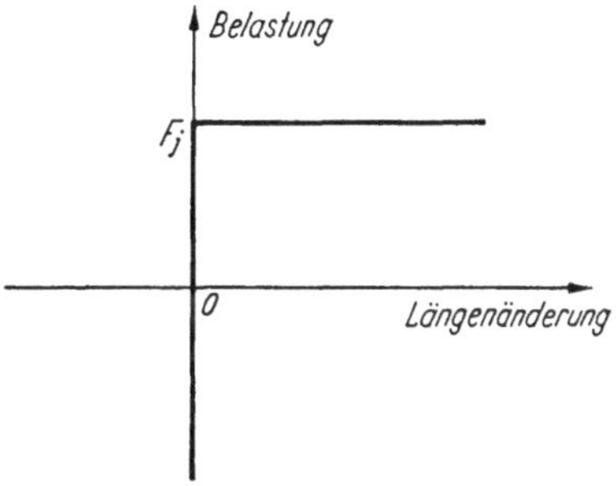

Abb. 5.2. Verhalten der Stützen bei Belastung

Mit $P_j (j = 1, \ldots, 4)$ soll die Kraft bezeichnet werden, die auf die j-te Stütze wirkt. Läßt man die Last P im Punkte T von Null an wachsen, so wird einmal an einer Ecke die Kraft $P_j = F_j$ erreicht.

Ist dann an den anderen Ecken noch $P_j < F_j$, so bricht die gestützte Platte noch nicht zusammen; man hat nämlich den (statisch bestimmten) Fall einer an drei Punkten gestützten belasteten Platte. Erst wenn an einer zweiten Ecke die wirkende Kraft die Fließgrenze überschreitet, erfolgt das Zusammenbrechen (Drehung um die Verbindungsgerade der beiden verbleibenden Ecken).

Wir wählen das Koordinatensystem so, daß T der Nullpunkt ist und die Ecken des Vierecks die Koordinaten $\xi_j, \eta_j (j = 1, \ldots, 4)$ haben. Ist P die Last im Punkte T, so gelten die Gleichgewichtsbedingungen

$$P = \sum_{j=1}^{4} P_j, \tag{5.8}$$

$$\sum_{j=1}^{4} P_j \xi_j = 0, \quad \sum_{j=1}^{4} P_j \eta_j = 0. \tag{5.9}$$

Gesucht ist der Maximalwert P^* von P, für den es noch P_j gibt, die (5.8) und (5.9) genügen und für die

$$P_j \leqq F_j \qquad (j = 1, \ldots, 4)$$

gilt, die also die Fließgrenzen nicht überschreiten. Es handelt sich hier um eine lineare Optimierungsaufgabe mit vier nicht vorzeichenbeschränkten Variablen P_j sowie zwei Gleichungen und vier Ungleichungen als Nebenbedingungen. Mit den Bezeichnungen von § 5.3 schreiben wir diese Aufgabe als Problem $\tilde{D}^1$ mit

$$\boldsymbol{w}^1 = \begin{pmatrix} P_1 \\ P_2 \\ P_3 \\ P_4 \end{pmatrix}, \quad \boldsymbol{A}'_{11} = \begin{pmatrix} 1 & 0 & 0 & 0 \\ 0 & 1 & 0 & 0 \\ 0 & 0 & 1 & 0 \\ 0 & 0 & 0 & 1 \end{pmatrix}, \quad \boldsymbol{A}'_{12} = \begin{pmatrix} \xi_1 & \xi_2 & \xi_3 & \xi_4 \\ \eta_1 & \eta_2 & \eta_3 & \eta_4 \end{pmatrix}$$

$$\boldsymbol{p}^1 = \begin{pmatrix} F_1 \\ F_2 \\ F_3 \\ F_4 \end{pmatrix}, \quad \boldsymbol{p}^2 = \begin{pmatrix} 0 \\ 0 \end{pmatrix}, \quad \boldsymbol{b}^1 = \begin{pmatrix} 1 \\ 1 \\ 1 \\ 1 \end{pmatrix}.$$

$\boldsymbol{w}^2$, $\boldsymbol{A}'_{21}$, $\boldsymbol{A}'_{22}$ und $\boldsymbol{b}^2$ treten nicht auf (es wird $m_2 = 0$, ferner $n_1 = 4$, $n_2 = 2$, $m_1 = 4$):

$$\boldsymbol{A}'_{11} \boldsymbol{w}^1 \leqq \boldsymbol{p}^1, \quad \boldsymbol{A}'_{12} \boldsymbol{w}^1 = \boldsymbol{p}^2, \; P = \boldsymbol{w}^{1\prime} \boldsymbol{b}^1 = \text{Max!}.$$

Die duale Aufgabe lautet: Gesucht ist $\boldsymbol{x} = \begin{pmatrix} \boldsymbol{x}^1 \\ \boldsymbol{x}^2 \end{pmatrix}$ ($\boldsymbol{x}^1 \in R^4$, $\boldsymbol{x}^2 \in R^2$) mit $\boldsymbol{A}_{11} \boldsymbol{x}^1 + \boldsymbol{A}_{12} \boldsymbol{x}^2 = \boldsymbol{b}^1$, $\boldsymbol{x}^1 \geqq 0$, $\boldsymbol{p}^{1\prime} \boldsymbol{x}^1 + \boldsymbol{p}^{2\prime} \boldsymbol{x}^2 = \text{Min!}$.

Wir setzen $\boldsymbol{x}^1 = (v_1, v_2, v_3, v_4)'$, $\boldsymbol{x}^2 = (\omega_x, \omega_y)'$ und erhalten damit die Aufgabe

$$\left.\begin{aligned} v_j + \xi_j \omega_x + \eta_j \omega_y &= 1 \\ v_j &\geqq 0 \end{aligned}\right\} (j = 1, \ldots, 4), \tag{5.10, 5.11}$$

$$\sum_{j=1}^{4} F_j v_j = \text{Min!} \tag{5.12}$$

v_j ist dabei als virtuelle Verschiebung der j-ten Ecke zu deuten, ω_x als virtuelle Drehung um die Achse $x = 0$, ω_y als virtuelle Drehung um die Achse $y = 0$. Wird im Punkt T (Nullpunkt des Koordinatensystems) eine virtuelle Verschiebung $v = 1$ vorgenommen (in

Richtung der wirkenden Last), in den Ecken die virtuellen Verschiebungen v_j, ferner die virtuellen Drehungen ω_x, ω_y, so hat die Voraussetzung, daß die Platte starr ist, gerade (5.10) zur Folge. Die Voraussetzung, daß die Stützen beliebig hohe Belastungen durch Zug ohne Längenänderung ertragen, hat $v_j \geqq 0$ zur Folge. Eine positive Verschiebung $v_j > 0$ kann nur dann eintreten, wenn an der j-ten Ecke gerade die Kraft F_j wirkt, da bei kleinerer Last die Stützen starr bleiben. Die virtuelle Arbeit (Kraft mal virtuelle Verschiebung) in den Ecken ist also insgesamt $\sum_{j=1}^{4} F_j v_j$, ferner ist im Punkte T die virtuelle Arbeit $Pv = P$ wegen $v = 1$. Nach dem Prinzip der virtuellen Arbeit wird

$$P = \sum_{j=1}^{4} F_j v_j \,.$$

(5.12) besagt: Gesucht ist die kleinste Last $P = P^{**}$, für die noch eine positive virtuelle Verschiebung $v = 1$ im Punkte T möglich ist. Für $P < P^{**}$ ist keine solche virtuelle Verschiebung möglich, das System bleibt starr.

Der Dualitätssatz 2 (für $\tilde{D}^0$ und $\tilde{D}^1$) ergibt die Aussage $P^* = P^{**}$, die eben auch physikalisch gedeutet wurde. Ferner besagt die Version des Satzes 5 für die Aufgaben $\tilde{D}^0$ und $\tilde{D}^1$: Liegt mit $P = P^* = P^{**}$ die Lösung der beiden dualen Aufgaben vor, so kann nur dann $v_j > 0$ sein, wenn $P_j = F_j$ ist (in der betreffenden Ecke).

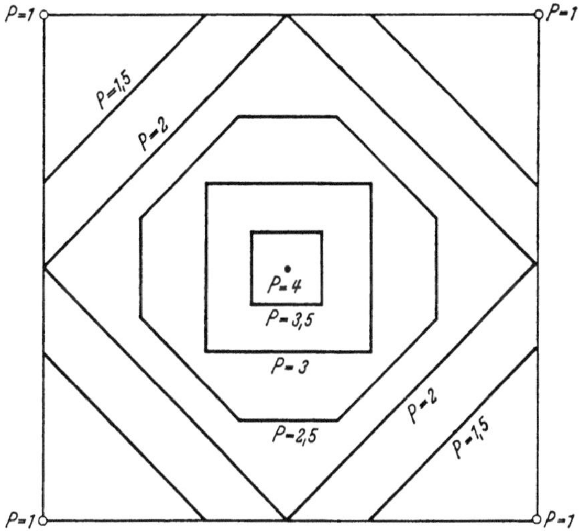

Abb. 5.3. Quadratische Platte mit Fließgrenzen $F_j = 1$

Der Fall einer quadratischen Platte mit gleichen Fließgrenzen $F_j = 1\,(j = 1, \ldots, 4)$ aller vier Stützen und mit Vorzeichenbeschränkungen $P_j \geqq 0\,(j = 1, \ldots, 4)$ ist bereits 1823 von Fourier behandelt worden (wohl das erste Beispiel einer linearen Optimierungsaufgabe).

In der genannten Arbeit von Prager werden noch weitere Beispiele (plastische Bemessung von Balken und Rahmen) behandelt.

5.5. Alternativsätze für Systeme von linearen Gleichungen und Ungleichungen

Hier werden einige Sätze bewiesen, aus denen man ebenfalls die Dualitätseigenschaften bei linearen Optimierungsaufgaben herleiten kann und die auch bei der Besprechung der konvexen Optimierung im folgenden Kapitel Anwendung finden.

Zugleich ist dieser Weg zu den Dualitätssätzen kurz und elementar, von den bisherigen Paragraphen unabhängig und vermeidet die Betrachtungen über Polyeder und über Entartungen.

Als Ausgangspunkt dient der Alternativsatz über die Lösbarkeit homogener und inhomogener linearer Gleichungssysteme in einer für das Folgende passend gewählten Formulierung. $\boldsymbol{A}$ ist dabei eine $m \times n$-Matrix von beliebigem Rang, $\boldsymbol{b}$ ein Vektor des R^m. Alle hier auftretenden Größen seien wieder reell.

Satz 9: Entweder besitzt das Gleichungssystem

$$\boldsymbol{A}\boldsymbol{x} = \boldsymbol{b} \tag{5.13}$$

eine Lösung $\boldsymbol{x} \in R^n$ oder das Gleichungssystem

$$\boldsymbol{A}'\boldsymbol{y} = 0\,, \quad \boldsymbol{b}'\boldsymbol{y} = 1 \tag{5.14}$$

besitzt eine Lösung $\boldsymbol{y} \in R^m$.

Beweis: I. (5.13) und (5.14) sind nicht gleichzeitig lösbar. Wären nämlich $\boldsymbol{x} \in R^n$, $\boldsymbol{y} \in R^m$ Lösungen, so wäre

$$0 = \boldsymbol{x}'\boldsymbol{A}'\boldsymbol{y} = (\boldsymbol{A}\boldsymbol{x})'\boldsymbol{y} = \boldsymbol{b}'\boldsymbol{y} = 1$$

II. Ist (5.13) nicht lösbar, so ist (5.14) lösbar. $\boldsymbol{b}$ ist dann nämlich nicht Linearkombination der Spaltenvektoren von $\boldsymbol{A}$. Daraus folgt: Ist r der Rang der Matrix $\boldsymbol{A}$ (und damit auch der Matrix $\boldsymbol{A}'$), so hat die $(n + 1) \times m$-Matrix $\left(\frac{\boldsymbol{A}'}{\boldsymbol{b}'}\right)$ den Rang $r + 1$. Weiterhin hat auch die $(n + 1) \times (m + 1)$-Matrix

$$\left(\begin{array}{c|c} & 0 \\ \boldsymbol{A}' & \ldots \\ & 0 \\ \hline \boldsymbol{b}' & 1 \end{array}\right)$$

den Rang $r + 1$. Da beide Matrizen den gleichen Rang haben, folgt aus der Theorie der linearen Gleichungssysteme, daß (5.14) lösbar ist.

Als nächstes wird ein Alternativsatz bewiesen, bei dem nach nichtnegativen Lösungen $\boldsymbol{x}$ von (5.13) gefragt ist. Um beim Beweis über eine einfache Sprechweise verfügen und die Bedeutung des Satzes verdeutlichen zu können, treffen wir die folgende Definition:

Definition: Sind $\boldsymbol{a}^1, \ldots, \boldsymbol{a}^n$ Vektoren des R^m, so heißt die Menge aller Linearkombinationen $\sum_{i=1}^{n} \boldsymbol{a}^i x_i$ mit $x_i \geqq 0 (i = 1, \ldots, n)$ der von $\boldsymbol{a}^1, \ldots, \boldsymbol{a}^n$ erzeugte *Kegel* und wird mit $K(\boldsymbol{a}^1, \ldots, \boldsymbol{a}^n)$ bezeichnet (vgl. Abb. 5.4).

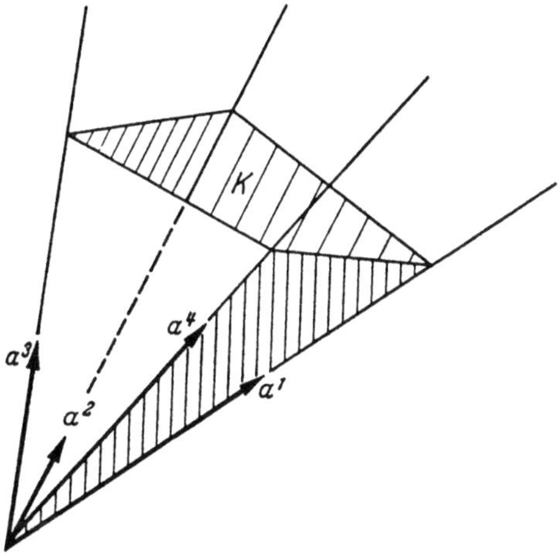

Abb. 5.4. Kegel $K(\boldsymbol{a}^1, \boldsymbol{a}^2, \boldsymbol{a}^3, \boldsymbol{a}^4)$

Satz 10: Entweder besitzt

$$\boldsymbol{A}\boldsymbol{x} = \boldsymbol{b}, \quad \boldsymbol{x} \geqq 0 \tag{5.15}$$

eine Lösung $\boldsymbol{x} \in R^n$, *oder*

$$\boldsymbol{A}'\boldsymbol{y} \geqq 0, \quad \boldsymbol{b}'\boldsymbol{y} < 0 \tag{5.16}$$

besitzt eine Lösung $\boldsymbol{y} \in R^m$.

Beweis: I. (5.15) und (5.16) sind nicht gleichzeitig lösbar; wären $\boldsymbol{x} \in R^n$ und $\boldsymbol{y} \in R^m$ Lösungen, so wäre

$$0 > \boldsymbol{b}'\boldsymbol{y} = (\boldsymbol{A}\boldsymbol{x})'\boldsymbol{y} = \boldsymbol{x}'\boldsymbol{A}'\boldsymbol{y} \geqq 0 .$$

II. Besitzt $\boldsymbol{A}\boldsymbol{x} = \boldsymbol{b}$ überhaupt keine Lösung, so gibt es nach Satz 9 ein $\hat{\boldsymbol{y}}$ mit $\boldsymbol{A}'\hat{\boldsymbol{y}} = \boldsymbol{0}$, $\boldsymbol{b}'\hat{\boldsymbol{y}} = 1$. Dann ist $\boldsymbol{y} = -\hat{\boldsymbol{y}}$ Lösung von (5.16).

III. Es ist noch zu zeigen: Ist für jede Lösung $\boldsymbol{x}$ von $\boldsymbol{A}\boldsymbol{x} = \boldsymbol{b}$ mindestens eine Komponente negativ, so ist (5.16) lösbar. Dies wird durch vollständige Induktion nach der Spaltenzahl n der Matrix $\boldsymbol{A}$ bewiesen. $n = 1$: $\boldsymbol{A}$ enthält nur einen Spaltenvektor $\boldsymbol{a}^1$. Es gelte $\boldsymbol{a}^1 x_1 = \boldsymbol{b}$ mit $x_1 < 0$. Dabei ist $\boldsymbol{b} \neq 0$, da sonst $x_1 = 0$ Lösung von (5.15) wäre. Dann wird $\boldsymbol{y} = -\boldsymbol{b}$ Lösung von (5.16):

$$\boldsymbol{a}^{1\prime}\boldsymbol{y} = -\boldsymbol{a}^{1\prime}\boldsymbol{b} = -x_1\boldsymbol{a}^{1\prime}\boldsymbol{a}^1 \geqq 0\,, \quad \boldsymbol{b}'\boldsymbol{y} = -\boldsymbol{b}'\boldsymbol{b} < 0\,.$$

Schluß von $n-1$ auf n: Die Aussage des Satzes sei für die Spaltenzahl $n-1$ richtig (Induktionsannahme). Es ist zu zeigen, daß für die Spaltenzahl n aus $\boldsymbol{b} \notin K(\boldsymbol{a}^1, \ldots, \boldsymbol{a}^n)$ folgt, daß (5.16) eine Lösung $\boldsymbol{y} \in R^m$ besitzt. Aus $\boldsymbol{b} \notin K(\boldsymbol{a}^1, \ldots, \boldsymbol{a}^n)$ folgt zunächst $\boldsymbol{b} \notin K(\boldsymbol{a}^1, \ldots$ $\ldots, \boldsymbol{a}^{n-1})$ und daraus nach Induktionsannahme die Existenz eines Vektors $\boldsymbol{v} \in R^m$ mit $\boldsymbol{a}^{i\prime}\boldsymbol{v} \geqq 0\,(i = 1, \ldots, n-1)$, $\boldsymbol{b}'\boldsymbol{v} < 0$. Ist auch $\boldsymbol{a}^{n\prime}\boldsymbol{v} \geqq 0$, so kann man $\boldsymbol{y} = \boldsymbol{v}$ setzen. Zu untersuchen bleibt der Fall $\boldsymbol{a}^{n\prime}\boldsymbol{v} < 0$. Definiert man Vektoren $\hat{\boldsymbol{a}}^1, \ldots, \hat{\boldsymbol{a}}^{n-1}$, $\hat{\boldsymbol{b}}$ durch

$$\hat{\boldsymbol{a}}^i = (\boldsymbol{a}^{i\prime}\boldsymbol{v})\boldsymbol{a}^n - (\boldsymbol{a}^{n\prime}\boldsymbol{v})\boldsymbol{a}^i\,, \quad \hat{\boldsymbol{b}} = (\boldsymbol{b}'\boldsymbol{v})\boldsymbol{a}^n - (\boldsymbol{a}^{n\prime}\boldsymbol{v})\boldsymbol{b}\,,$$

so sind die folgenden beiden Fälle (a) und (b) möglich:

(a) $$\hat{\boldsymbol{b}} \in K(\hat{\boldsymbol{a}}^1, \ldots, \hat{\boldsymbol{a}}^{n-1})$$

Dann existieren nichtnegative $z_i\,(i = 1, \ldots, n-1)$ mit $\sum_{i=1}^{n-1} \hat{\boldsymbol{a}}^i z_i = \hat{\boldsymbol{b}}$.

Daraus folgt

$$\boldsymbol{b} = \sum_{i=1}^{n-1} \boldsymbol{a}^i z_i - \frac{1}{\boldsymbol{a}_n'\boldsymbol{v}}\left[\sum_{i=1}^{n-1} (\boldsymbol{a}^{i\prime}\boldsymbol{v}) z_i - \boldsymbol{b}'\boldsymbol{v}\right]\boldsymbol{a}^n,$$

und wegen $z_i \geqq 0$, $\boldsymbol{a}^{i\prime}\boldsymbol{v} \geqq 0\,(i = 1, \ldots, n-1)$, $\boldsymbol{a}^{n\prime}\boldsymbol{v} < 0$, $\boldsymbol{b}'\boldsymbol{v} < 0$ wäre $\boldsymbol{b} \in K(\boldsymbol{a}^1, \ldots, \boldsymbol{a}^n)$. Dieser Fall kann also nicht eintreten.

(b) $$\hat{\boldsymbol{b}} \notin K(\hat{\boldsymbol{a}}^1, \ldots, \boldsymbol{a}^{n-1})\,.$$

Nach Induktionsannahme gibt es einen Vektor $\boldsymbol{w} \in R^m$ mit $\hat{\boldsymbol{a}}^{i\prime}\boldsymbol{w} \geqq 0\,(i = 1, \ldots, n-1)$, $\hat{\boldsymbol{b}}'\boldsymbol{w} < 0$. Dann löst $\boldsymbol{y} = (\boldsymbol{a}^{n\prime}\boldsymbol{w})\boldsymbol{v} -$ $-(\boldsymbol{a}^{n\prime}\boldsymbol{v})\boldsymbol{w}$ (5.16), denn es ist $\boldsymbol{a}^{i\prime}\boldsymbol{y} = (\boldsymbol{a}^{n\prime}\boldsymbol{w})(\boldsymbol{a}^{i\prime}\boldsymbol{v}) - (\boldsymbol{a}^{n\prime}\boldsymbol{v})(\boldsymbol{a}^{i\prime}\boldsymbol{w})$ $= \hat{\boldsymbol{a}}^{i\prime}\boldsymbol{w} \geqq 0\,(i = 1, \ldots, n-1)$, $\boldsymbol{a}^{n\prime}\boldsymbol{y} = 0$, $\boldsymbol{b}'\boldsymbol{y} = \hat{\boldsymbol{b}}'\boldsymbol{w} < 0$.

Anmerkung: Beim Teil III des eben geführten Beweises hätte man auch einfach den im Anhang angegebenen Trennungssatz für konvexe Mengen benutzen können. Der Kegel $K(\boldsymbol{a}^1, \ldots, \boldsymbol{a}^n)$ ist eine konvexe abgeschlossene Teilmenge des R^m. Sei nun $\boldsymbol{b} \notin K(\boldsymbol{a}^1, \ldots, \boldsymbol{a}^n)$. Dann ist der Kegel eine echte Teilmenge des R^m. Wir wählen ihn als die Menge B_1. Wenn der Punkt $\boldsymbol{b}$ nicht in der abgeschlossenen Menge B_1 liegt, gibt es eine offene Kugel $S = \{\boldsymbol{w} \mid \|\boldsymbol{w} - \boldsymbol{b}\| < \eta\}$

($\eta > 0$) um $\boldsymbol{b}$, die keine Punkte von B_1 enthält[1]. Auch die offene Menge $B_2 = \{\alpha \boldsymbol{w} \mid \boldsymbol{w} \in S, \alpha > 0\}$ enthält dann keine Punkte von B_1. Nach dem Trennungssatz gibt es einen von $\boldsymbol{0}$ verschiedenen Vektor $\boldsymbol{a} \in R^m$ und ein reelles β mit $\boldsymbol{a}'\boldsymbol{u} \leqq \beta < \boldsymbol{a}'\boldsymbol{v}$ für $\boldsymbol{u} \in B_1$, $\boldsymbol{v} \in B_2$. Wegen $\boldsymbol{0} \in B_1$ wird $\beta \geqq 0$. Wegen $\alpha \boldsymbol{b} \in B_2$ für alle $\alpha > 0$ kann nicht $\beta > 0$ sein. Es ist also $\beta = 0$. Für $\boldsymbol{v} = \boldsymbol{b}$ wird also $\boldsymbol{a}'\boldsymbol{b} > 0$, für $\boldsymbol{u} = \boldsymbol{a}^i$ $(i = 1, \ldots, n)$ wird $\boldsymbol{a}'\boldsymbol{a}^i \leqq 0$. $\boldsymbol{y} = -\boldsymbol{a}$ ist dann der Vektor, dessen Existenz in Teil III des obigen Beweises zu zeigen war.

Man erkennt, daß Satz 10 auch die folgende Formulierung zuläßt: Entweder liegt $\boldsymbol{b}$ in dem Kegel $K(\boldsymbol{a}^1, \ldots, \boldsymbol{a}^n)$ oder es gibt eine Hyperebene durch den Nullpunkt, die $\boldsymbol{b}$ von dem Kegel trennt.

Aus Satz 10 kann man ein für die Behandlung der Dualität wichtiges Ergebnis über schiefsymmetrische Matrizen folgern. Als Vorbereitung dient der folgende Satz. $\boldsymbol{A}$ sei dabei wieder eine beliebige reelle $m \times n$-Matrix.

Satz 11: Die Systeme $\boldsymbol{A}'\boldsymbol{y} \geqq \boldsymbol{0}$ *und* $\boldsymbol{A}\boldsymbol{x} = \boldsymbol{0}, \boldsymbol{x} \geqq \boldsymbol{0}$ *besitzen Lösungen* $\tilde{\boldsymbol{y}}$ *und* $\tilde{\boldsymbol{x}}$ *mit* $\boldsymbol{A}'\tilde{\boldsymbol{y}} + \tilde{\boldsymbol{x}} > \boldsymbol{0}$.

(Die Schreibweise, ein Vektor ist $> \boldsymbol{0}$, bedeutet hier und später, daß alle Komponenten positiv sind.)

Beweis: $\boldsymbol{a}^i$ $(i = 1, \ldots, n)$ seien die Spaltenvektoren von $\boldsymbol{A}$. Für $k = 1, \ldots, n$ betrachten wir die Systeme

$$\sum_{\substack{i=1\\ i \neq k}}^{n} \boldsymbol{a}^i x_i = -\boldsymbol{a}^k, \quad x_i \geqq 0 \qquad (i \neq k) \tag{5.17}$$

und

$$\boldsymbol{a}^{i\prime}\boldsymbol{y} \geqq 0 \qquad (i = 1, \ldots, n; i \neq k), \quad \boldsymbol{a}^{k\prime}\boldsymbol{y} > 0 \tag{5.18}$$

Nach Satz 10 ist bei festem k genau eines dieser Systeme lösbar. Ist (5.17) lösbar, so existiert ein Vektor $\tilde{\boldsymbol{x}}^k \in R^n$ mit $\boldsymbol{A}\tilde{\boldsymbol{x}}^k = \boldsymbol{0}$, $\tilde{\boldsymbol{x}}^k \geqq \boldsymbol{0}$, dessen Komponente $x_k^k = 1$ ist. Ist (5.18) lösbar, so existiert ein Vektor $\tilde{\boldsymbol{y}}^k \in R^m$ mit $\boldsymbol{A}'\tilde{\boldsymbol{y}}^k \geqq \boldsymbol{0}$, für den $\boldsymbol{a}^{k\prime}\tilde{\boldsymbol{y}}^k > 0$ ist. Die Indizes k, für die (5.17) lösbar ist, werden zu einer Indexmenge Z_1 zusammengefaßt, diejenigen, für die (5.18) lösbar ist, zu einer Indexmenge Z_2. Es ist $Z_1 \cup Z_2 = \{1, 2, \ldots, n\}$. Setzt man $\tilde{\boldsymbol{x}} = \sum_{k \in Z_1} \tilde{\boldsymbol{x}}^k$, $\tilde{\boldsymbol{y}} = \sum_{k \in Z_2} \tilde{\boldsymbol{y}}^k$, so wird $\boldsymbol{A}'\tilde{\boldsymbol{y}} \geqq \boldsymbol{0}$, $\boldsymbol{A}\tilde{\boldsymbol{x}} = \boldsymbol{0}$, $\tilde{\boldsymbol{x}} \geqq \boldsymbol{0}$, $\boldsymbol{A}'\tilde{\boldsymbol{y}} + \tilde{\boldsymbol{x}} > \boldsymbol{0}$.

Satz 12: $\boldsymbol{A}$ *sei eine reelle, schiefsymmetrische* n*-reihige Matrix. Dann existiert ein Vektor* $\boldsymbol{w} \in R^n$ *mit*

$$\boldsymbol{A}\boldsymbol{w} \geqq \boldsymbol{0}, \quad \boldsymbol{w} \geqq \boldsymbol{0}, \quad \boldsymbol{A}\boldsymbol{w} + \boldsymbol{w} > \boldsymbol{0}.$$

Beweis: Eine reelle, schiefsymmetrische Matrix ist dadurch ge-

[1] $\|\boldsymbol{x}\|$ ist hier die euklidische Vektornorm: $\|\boldsymbol{x}\| = (\sum_i x_i^2)^{1/2}$.

kennzeichnet, daß $A' = -A$ ist. Die Systeme

$$\begin{pmatrix} E_n \\ A \end{pmatrix} y \geqq 0 \quad \text{und} \quad (E_n \mid -A)\begin{pmatrix} x \\ z \end{pmatrix} = 0\,, \begin{pmatrix} x \\ z \end{pmatrix} \geqq 0$$

(wobei E_n die n-reihige Einheitsmatrix ist), besitzen nach Satz 11 (dem dortigen x entspricht jetzt der Vektor $\binom{x}{z}$) Lösungen $\tilde{y}, \tilde{x}, \tilde{z}$ mit $\tilde{y} \geqq 0$, $A\tilde{y} \geqq 0$, $\tilde{x} - A\tilde{z} = 0$, $\tilde{x} \geqq 0$, $\tilde{z} \geqq 0$, $\tilde{y} + \tilde{x} > 0$, $A\tilde{y} + \tilde{z} > 0$, also auch $\tilde{y} + A\tilde{z} > 0$. Setzt man $w = \tilde{y} + \tilde{z}$, so wird $Aw \geqq 0$, $w \geqq 0$, $Aw + w > 0$.

5.6. Ein zweiter Weg zur Behandlung der Dualität

In § 5.2 wurde bereits gezeigt, daß die beiden Aufgaben

$$\hat{D}^0: Q(x) = p'x = \text{Min!}\,, \quad Ax \geqq b\,, \quad x \geqq 0;$$

$$\hat{D}^1: G(w) = b'w = \text{Max!}\,, \quad A'w \leqq p\,, \quad w \geqq 0$$

zueinander dual sind. A war dabei eine $m \times q$-Matrix, $x, p \in R^q$, $b, w \in R^m$. Sind x und w zulässige Vektoren von $\hat{D}^0$ und $\hat{D}^1$, so gilt (vgl. Satz 1)

$$w'b \leqq w'Ax \leqq p'x\,. \tag{5.19}$$

Aus Satz 12 sollen die Dualitätsaussagen noch einmal hergeleitet werden (nach A. J. Goldman, A. W. Tucker, 1956). Die $(m+q+1)$-reihige quadratische Matrix

$$\begin{pmatrix} O_m & A & -b \\ -A' & O_q & p \\ b' & -p' & 0 \end{pmatrix}$$

in der O_m und O_q die m- bzw. q-reihige quadratische Nullmatrix sind, ist schiefsymmetrisch. Nach Satz 12 gibt es einen Vektor

$$\begin{pmatrix} \tilde{w} \\ \tilde{x} \\ t \end{pmatrix} \in R^{m+q+1}$$

mit

$$\tilde{w} \geqq 0 (\tilde{w} \in R^m)\,, \quad \tilde{x} \geqq 0 \; (\tilde{x} \in R^q)\,, \quad t \geqq 0 \; (t \text{ reell}) \tag{5.20}$$

$$A\tilde{x} - bt \geqq 0\,, \quad -A'\tilde{w} + pt \geqq 0 \tag{5.21}$$

$$b'\tilde{w} - p'\tilde{x} \geqq 0 \tag{5.22}$$

$$A\tilde{x} - bt + \tilde{w} > 0\,, \quad -A'\tilde{w} + pt + \tilde{x} > 0 \tag{5.23}$$

$$b'\tilde{w} - p'\tilde{x} + t > 0 \tag{5.24}$$

Nun sind die beiden Fälle $t > 0$ und $t = 0$ zu unterscheiden.

Satz 13: Sei $t > 0$. Dann gibt es Optimallösungen $\boldsymbol{x}^0$, $\boldsymbol{w}^0$ von $\hat{D}^0$ und $\hat{D}^1$ mit

$$\boldsymbol{b}'\boldsymbol{w}^0 = \boldsymbol{p}'\boldsymbol{x}^0\,, \tag{5.25}$$

$$\boldsymbol{A}\boldsymbol{x}^0 + \boldsymbol{w}^0 > \boldsymbol{b}\,, \quad \boldsymbol{A}'\boldsymbol{w}^0 - \boldsymbol{x}^0 < \boldsymbol{p}\,. \tag{5.26}$$

Beweis: Man setze $\boldsymbol{x}^0 = \frac{1}{t}\tilde{\boldsymbol{x}}$, $\boldsymbol{w}^0 = \frac{1}{t}\tilde{\boldsymbol{w}}$. Aus (5.20) und (5.21) folgt, daß $\boldsymbol{x}^0$ und $\boldsymbol{w}^0$ zulässig für $\hat{D}^0$ bzw. $\hat{D}^1$ sind. Aus (5.19) und (5.22) folgt (5.25), außerdem die Optimalität von $\boldsymbol{w}^0$ und $\boldsymbol{x}^0$. Aus (5.23) folgt (5.26).

Satz 14: Sei $t = 0$. Dann gelten folgende Aussagen:

(a) *Wenigstens eines der Probleme $\hat{D}^0$, $\hat{D}^1$ besitzt keine zulässigen Vektoren.*

(b) *Ist die Menge der zulässigen Vektoren eines der beiden Probleme $\hat{D}^0$, $\hat{D}^1$ nicht leer, so ist diese Menge nicht beschränkt, und auch die Zielfunktion ist auf dieser Menge nicht beschränkt.*

(c) *Keines der beiden Probleme besitzt eine Optimallösung.*

Beweis: (a) Wären $\boldsymbol{x}^1$, $\boldsymbol{w}^1$ zulässige Vektoren von $\hat{D}^0$, $\hat{D}^1$, so wäre wegen (5.24) und (5.21) mit $t = 0$

$$\boldsymbol{p}'\tilde{\boldsymbol{x}} < \boldsymbol{b}'\tilde{\boldsymbol{w}} \leqq (\boldsymbol{A}\boldsymbol{x}^1)'\tilde{\boldsymbol{w}} = \boldsymbol{x}^{1\prime}\boldsymbol{A}'\tilde{\boldsymbol{w}} \leqq 0\,, \tag{5.27}$$

andererseits

$$0 \leqq \boldsymbol{w}^{1\prime}\boldsymbol{A}\tilde{\boldsymbol{x}} = (\boldsymbol{A}'\boldsymbol{w}^1)'\tilde{\boldsymbol{x}} \leqq \boldsymbol{p}'\tilde{\boldsymbol{x}}\,.$$

(b) Sei etwa $\boldsymbol{x}^1$ ein zulässiger Vektor von $\hat{D}^0$. Der Vektor $\boldsymbol{x}^1 + \lambda\tilde{\boldsymbol{x}}$ ist für alle $\lambda \geqq 0$ zulässig wegen $\boldsymbol{A}\boldsymbol{x}^1 \geqq \boldsymbol{b}$ und $\boldsymbol{A}\tilde{\boldsymbol{x}} \geqq 0$. Die Zielfunktion $\boldsymbol{p}'(\boldsymbol{x}^1 + \lambda\tilde{\boldsymbol{x}}) = \boldsymbol{p}'\boldsymbol{x}^1 + \lambda\boldsymbol{p}'\tilde{\boldsymbol{x}}$ ist für $\lambda \geqq 0$ nicht nach unten beschränkt, da nach (5.27) gilt: $\boldsymbol{p}'\tilde{\boldsymbol{x}} < 0$.

(c) folgt aus (b).

Aus den Sätzen 13 und 14 folgen unmittelbar die (auf die Aufgaben $\hat{D}^0$, $\hat{D}^1$ übertragenen) Sätze 2 bis 6 aus § 5.1. Aus (5.26) entnimmt man sogar die folgende, über Satz 5a in § 5.2 hinausgehende Aussage:

Satz 15: Besitzen beide Aufgaben $\hat{D}^0$, $\hat{D}^1$ zulässige Vektoren, so gibt es ein Paar von Optimallösungen $\boldsymbol{x}^0$, $\boldsymbol{w}^0$ mit folgenden Eigenschaften: Eine Komponente x_k^0 von $\boldsymbol{x}^0$ ist genau dann positiv, wenn die Nebenbedingung zum Index k im dualen Problem $\hat{D}^1$ von $\boldsymbol{w}^0$ mit dem Gleichheitszeichen erfüllt wird; Entsprechendes gilt für $\boldsymbol{w}^0$.

Auch der folgende Existenzsatz kann jetzt leicht bewiesen werden.

Satz 16: Die Aufgabe $\hat{D}^0$ hat genau dann eine Optimallösung, wenn die Menge ihrer zulässigen Punkte nicht leer und die Zielfunktion $Q(\boldsymbol{x})$ auf dieser Menge nach unten beschränkt ist.

Beweis: Daß die angegebene Bedingung für die Existenz einer Optimallösung notwendig ist, ist trivial. Sie ist auch hinreichend, denn nach Satz 14 (b) kann nicht $t = 0$ sein. Aus $t > 0$ folgt nach Satz 13 die Existenz einer Optimallösung.

Anmerkung: Zum Beweis dieses Satzes könnte man sich auch auf das Simplexverfahren berufen. Unter den angegebenen Bedingungen liefert es eine Lösung.

5.7. Lineare Optimierungsaufgaben mit unendlich vielen Restriktionen

Bei linearen Optimierungsaufgaben mit endlich vielen Unbekannten treten neue Erscheinungen auf, wenn man anstelle von nur endlich vielen Nebenbedingungen ein Kontinuum von Restriktionen zuläßt. Wenn man es mit stetigen Funktionen zu tun hat, kann man natürlich anstelle des Kontinuums sich auf abzählbar unendlich viele Restriktionen beschränken.

Es werde zunächst ein einfaches Beispiel gegeben: Die beiden reellen Variablen x_1, x_2 sollen so bestimmt werden, daß bei gegebener fester Konstante c die folgende Zielfunktion einen möglichst kleinen Wert annimmt

$$Q(x_1, x_2) = x_1 + c\,x_2 = \text{Infimum}\,. \tag{5.28}$$

Dabei werden die Restriktionen vorgeschrieben

$$x_1 + x_2\,t \geqq t^{1/2} \quad \text{für} \quad 0 < t < 1\,, \tag{5.29}$$

und zwar entweder für alle reellen t aus dem angegebenen Intervall (Kontinuum von Restriktionen) oder für alle rationalen t aus dem Intervall (abzählbar unendlich viele Restriktionen). Geometrisch bedeutet dies: Es werden alle Paare x_1, x_2 betrachtet, für welche der Graph von $x_1 + x_2 t$, über t aufgetragen, ganz oberhalb der durch $t^{1/2}$ beschriebenen Parabel liegt oder allenfalls die Parabel berührt, Abb. 5.5a. Nun werden verschiedene Fälle je nach dem Werte der Konstanten c betrachtet.

1) $c = 0$. Nun ist x_1 bei dem Graph der Funktion $x_1 + x_2 t$ die Ordinate an der Stelle $t = 0$, und die Menge dieser Ordinatenwerte für alle oberhalb der Parabel liegenden Geraden hat als Infimum den Wert Null, es wird aber der Wert Null nicht angenommen. Ein Minimum existiert nicht, und damit existiert auch keine Minimallösung.

2) $c = \frac{1}{4}$ oder $Q = x_1 + \frac{1}{4}x_2 = \text{Min.}$ Hier ist Q die Ordinate von $x_1 + x_2 t$ an der Stelle $t = \frac{1}{4}$. Es wird Min. $Q = \frac{1}{2}$, und die ein-

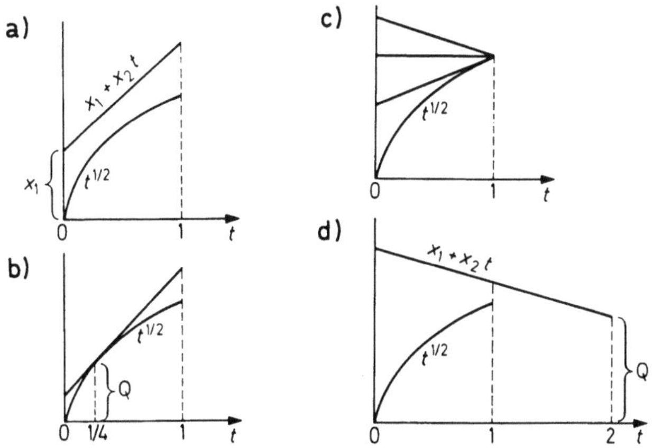

Abb. 5.5. Kontinuum von Restriktionen

deutig bestimmte Minimallösung ist gegeben durch $x_1 = \frac{1}{4}$, $x_2 = 1$, Abb. 5.5b.

3) $c = 1$ oder $Q = x_1 + x_2 = \text{Min.}$ Es bedeutet Q die Ordinate der Funktion $x_1 + x_2 t$ an der Stelle $t = 1$. Abb. 5.5c zeigt Min. $Q = 1$, und es gibt unendlich viele Lösungen. Man kann x_2 beliebig $\leqq \frac{1}{2}$ wählen und berechnet $x_1 = 1 - x_2$.

4) $c = 2$ und damit $Q = x_1 + 2x_2 = \text{Min.}$ Hier ist Q die Ordinate von $x_1 + x_2 t$ an der Stelle $t = 2$. Läßt man für x_1 und x_2 beliebige reelle Werte zu, so zeigt Abb. 5.5d, daß die Werte von Q nicht nach unten beschränkt sind. Die Optimierungsaufgabe hat kein Minimum, kein Infimum und keine Lösung. Trifft man aber überdies noch die Voraussetzungen $x_1 \geqq 0$, $x_2 \geqq 0$, so gibt es wieder ein eindeutig bestimmtes Minimum: Min. $Q = 1$ für $x_1 = 1$, $x_2 = 0$.

Ein Anwendungsbeispiel einer solchen linearen Optimierungsaufgabe mit unendlich vielen Nebenbedingungen ist die lineare kontinuierliche Tschebyscheff-Approximation in 17.2, Aufgabe (17.3).

Nun soll das Problem etwas allgemeiner als Problem D^0 eingeführt und zu ihm ein duales Problem D^1 aufgestellt werden.

Es sei B ein abgeschlossener, beschränkter Bereich im m-dimensionalen Raum R^m, mit m-dimensionalen Vektoren $\boldsymbol{t}$, und $C(B)$ der Raum der auf B stetigen Funktionen $h(\boldsymbol{t})$.

Nun seien $f(\boldsymbol{t})$, $v_1(\boldsymbol{t}), \ldots, v_n(\boldsymbol{t})$ fest gegebene, zu $C(B)$ gehörende Funktionen und $\boldsymbol{c} = (c_1, \ldots, c_n)'$ ein konstanter Vektor des R^n. Ferner sei A eine lineare Abbildung des Vektorraumes R^n in den

Funktionenraum $C(B)$, welche einem beliebigen Vektor

$$\boldsymbol{x} = (x_1, \ldots, x_n)' \in R^n$$

die Funktion

$$A\,\boldsymbol{x} = \sum_{j=1}^{n} v_j(\boldsymbol{t})\, x_j \tag{5.30}$$

zuordnet. Nun formulieren wir das Problem D^0 für einen zu bestimmenden Vektor $\boldsymbol{x}$: Menge der zulässigen Elemente:

$$M^0\colon \quad \boldsymbol{x} \in R^n, \quad \boldsymbol{x} \geqq 0, \quad A\,\boldsymbol{x} \geqq f, \tag{5.31}$$

Zielfunktion:

$$Q = \boldsymbol{c}'\,\boldsymbol{x} = \sum_{j=1}^{n} c_j\, x_j = \text{Min. oder evtl. Infimum.} \tag{5.32}$$

Hierbei bedeutet $A\,\boldsymbol{x} \geqq f$ ausführlich

$$\sum_{j=1}^{n} v_j(\boldsymbol{t})\, x_j \geqq f(\boldsymbol{t}) \quad \text{für alle} \quad \boldsymbol{t} \in B\,.$$

Zur Formulierung des dualen Problems arbeiten wir in dem sogenannten „Dualraum" von $C(B)$, der als Elemente die stetigen linearen Funktionale enthält. (Der folgende Satz bleibt richtig, wenn man sich auf Punktfunktionale und deren Linearkombinationen beschränkt. Das reicht auch für das folgende Beispiel aus).

Der Raum der linearen stetigen Funktionale werde mit F^* bezeichnet. Alle verwendeten Größen seien reell. Ein reelles Funktional Φ ordnet jedem Element $h \in C(B)$ eine reelle Zahl $\Phi(h)$ zu. Ein Funktional Φ werde „nichtnegativ" genannt, in Zeichen $\Phi \geqq \Theta$, wenn $\Phi(h) \geqq 0$ ausfällt für jede nichtnegative Funktion $h(\boldsymbol{t})$, für die also $h(\boldsymbol{t}) \geqq 0$ für alle $\boldsymbol{t} \in B$ ist. Solche nichtnegativen Funktionale sind z.B. die Punktfunktionale $\Phi(h) = h(P)$, wobei P ein fester Punkt aus B ist, und alle Linearkombinationen solcher Punktfunktionale mit nichtnegativen Koeffizienten c_ν und in B festgelegten Punkten P_ν

$$\Phi(h) = \sum_{\nu=1}^{N} c_\nu\, h(P_\nu)\,,$$

ferner als Grenzfall das Integral mit einer nichtnegativen Gewichtsfunktion $g(\boldsymbol{t})$ (Existenz des Integrals vorausgesetzt)

$$\Phi(h) = \int_B g(\boldsymbol{t})\, h(\boldsymbol{t})\, d\boldsymbol{t}\,.$$

Nun können wir den zu A „adjungierten" Operator $\boldsymbol{A}^*$ einführen, der jedem Funktional $\Phi \in F^*$ einen Vektor $\boldsymbol{A}^*\Phi$ des R^n zuordnet nach

$$\boldsymbol{A}^*\Phi = (\Phi(v_1), \ldots, \Phi(v_n))'\,. \tag{5.33}$$

Dann lautet ein zu D^0 duales Problem D^1: Menge der zulässigen Elemente (zulässige Funktionale):

$$M^1\colon \quad \Phi \in F^*, \quad \Phi \geqq \Theta, \quad \boldsymbol{A}^*\Phi \leqq \boldsymbol{c}\,, \tag{5.34}$$

Zielfunktion:

$$\Phi(f) = \text{Max oder evtl. Supremum.} \tag{5.35}$$

Die Formulierung der Probleme D^0, D^1 weist die gleiche Symmetrie auf wie bei den endlichen Problemen in 5.6. Dann gilt der

Satz 17 (schwacher Dualitätssatz) (KRABS, 1968): *Sind beide Mengen M^0 und M^1 zulässiger Elemente nicht leer, so gilt für beliebiges $\boldsymbol{x} \in M^0$ und beliebiges $\Phi \in M^1$*

$$\Phi(f) \leqq \boldsymbol{c}'\boldsymbol{x}. \tag{5.36}$$

Eine derartige Ungleichung wie (5.36) spielt in der Dualitätstheorie gewöhnlich eine fundamentale Rolle, denn aus ihr folgt sofort, daß der Wertevorrat der Zahlen $\Phi(f)$ nach oben, und daß der Wertevorrat der Zahlen $\boldsymbol{c}'\boldsymbol{x}$ nach unten beschränkt ist. Satz 17 hat also als unmittelbare Folge die Existenz der beiden Zahlen

$$\alpha = \sup_{\Phi \in M^1} \Phi(f), \qquad \beta = \inf_{\boldsymbol{x} \in M^0} \boldsymbol{c}'\boldsymbol{x} \tag{5.37}$$

und die Ungleichung

$$\alpha \leqq \beta. \tag{5.38}$$

Im allgemeinen werden α und β nicht zusammenfallen. Wenn man aber $\alpha = \beta$ beweisen kann, so nennt man diese Aussage einen „starken Dualitätssatz".

Im vorliegenden Fall ist der schwache Dualitätssatz leicht beweisbar. Seien also $\boldsymbol{x} \in M^0$ und $\Phi \in M^1$ beliebig gewählt.

Wegen $\Phi \geqq \Theta$ hat $f \leqq A\boldsymbol{x}$ zur Folge $\Phi(f) \leqq \Phi(A\boldsymbol{x})$. Wegen der Linearität von Φ gilt

$$\Phi(A\boldsymbol{x}) = \Phi\Big(\sum_j v_j(\boldsymbol{t})\, x_j\Big) = \sum_{j=1}^{n} \Phi(v_j(\boldsymbol{t})) \cdot x_j = (A^* \Phi)'\boldsymbol{x}$$

und wegen $\boldsymbol{x} \geqq 0$ gilt nach (5.34)

$$(A^*\Phi)'\boldsymbol{x} \leqq \boldsymbol{c}'\boldsymbol{x},$$

woraus insgesamt (5.36) folgt.

Einfaches numerisches Beispiel: Das Problem D^0 laute: Die reellen Unbekannten x_1, x_2 sind in der zulässigen Menge

$$M^0\colon\quad x_1 t + x_2 t^2 \geqq -1 + 2t \quad \text{für} \quad 0 \leqq t \leqq 1,\ x_j \geqq 0$$

so zu wählen, daß die Zielfunktion

$$Q = x_1 + 2x_2 = \text{Min}$$

wird. Geometrisch bedeutet M^0, daß im Intervall $B = [0,1]$ die durch $x_1 t + x_2 t^2$ festgelegte Parabel oberhalb der durch $-1 + 2t$ beschriebenen Geraden liegt oder sie allenfalls berührt (Abb. 5.6). Man rechnet sofort nach, daß der Bereich M^0 der zulässigen Punkte x_1, x_2 in der x_1-x_2-Ebene der Durchschnitt des positiven Quadranten mit der halben Ebene $x_1 + x_2 \geqq 1$ ist, Abb. 5.7. Die Abbildung zeigt auch unmittelbar, daß auf dieser zulässigen Menge die Zielfunktion Q ihr Minimum $\beta = 1$ im Punkte $x_1 = 1$, $x_2 = 0$ annimmt.

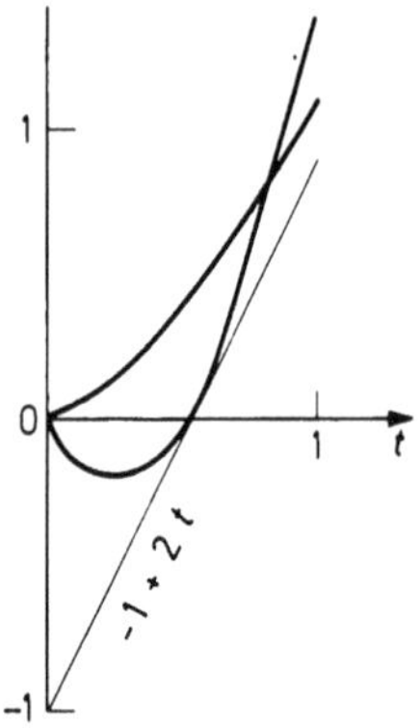

Abb. 5.6. Zulässige Mengen von Parabeln

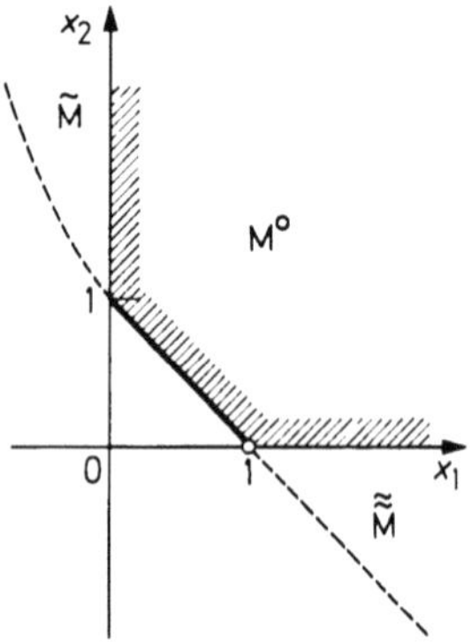

Abb. 5.7. Zulässige Menge M^0

Ohne die Voraussetzung $x_j \geqq 0$, das sei noch am Rande vermerkt, würden zur Menge der zulässigen Punkte M^0 noch zwei Bereiche $\tilde{M}$, $\tilde{\tilde{M}}$ in Abb. 5.7 hinzukommen. Auf dieser so vergrößerten zulässigen Menge wäre der Wertevorrat von Q nicht nach unten beschränkt, und es würde auch kein Dualitätssatz gelten.

Das duale Problem D^1 lautet

$$M^1\colon \quad \Phi(t) \leqq c_1 = 1, \quad \Phi(t^2) \leqq c_2 = 2, \quad \Phi \geqq \Theta,$$
$$\Phi(f) = \Phi(-1 + 2t) = \text{supremum}.$$

Wir versuchen den einfachsten Ansatz mit einem Punktfunktional $\Phi(h) = h(t_0)$ mit einem festen $t_0 \in B$. Dann suchen wir t_0 aus den Forderungen zu bestimmen

$$t_0 \leqq 1, \quad t_0^2 \leqq 2, \quad 0 \leqq t_0 \leqq 1, \quad -1 + 2t_0 = \text{Max}.$$

Das Maximum erhält man für $t_0 = 1$ zu $\alpha = 1$, es ist also in diesem Falle $\alpha = \beta$, es herrscht starke Dualität.

Die große Bedeutung des Dualitätssatzes für die Numerik besteht auch hier darin, daß man, falls die zulässigen Mengen beider dualen Probleme nicht leer sind, unmittelbar untere und obere Schranken für die Extremwerte der Probleme erhält.

II. Konvexe Optimierung

Unter den nichtlinearen Optimierungsaufgaben haben diejenigen der konvexen Optimierung noch eine Reihe von Eigenschaften mit den linearen Aufgaben gemeinsam und sind durch den Satz von KUHN und TUCKER einer eingehenderen theoretischen Behandlung zugänglich.

§ 6. Einführung

6.1. Nichtlineare Optimierungsaufgaben

Bei der Anwendung der linearen Optimierung auf Probleme aus den Anwendungsgebieten ist man oft gezwungen, starke Idealisierungen vorzunehmen. Der wirkliche Sachverhalt wird dann durch das mathematische Modell nur ungenau wiedergegeben, und in der Regel liefert die Lösung des idealisierten linearen Optimierungsproblems nicht das Optimum für das vorliegende praktische Problem. Eine solche Idealisierung ist häufig die Annahme, daß die Koeffizienten der Variablen in der Zielfunktion und den Nebenbedingungen konstant sind. Geht man von dieser Annahme ab, so kommt man u.a. zu nichtlinearen Optimierungsaufgaben.

Im Beispiel 1 des § 1 wurde angenommen, der Reingewinn bei der Herstellung von x_k Mengeneinheiten eines Produktes sei proportional zu x_k, sei also durch $p_k x_k$ gegeben. In der Praxis wird der Einfluß von Angebot und Nachfrage und die Möglichkeit der Kosteneinsparung bei größerer Produktionsmenge dazu führen, daß p_k nicht konstant, sondern eine Funktion von $x_1, \ldots, x_q$ wird. Der Gesamtgewinn wird dann

$$Q(x_1, \ldots, x_q) = \sum_{k=1}^{q} p_k(x_1, \ldots, x_q) \cdot x_k .$$

Allgemein kann man oft mit nichtlinearen Aufgaben die Wirklichkeit besser erfassen als mit linearen Aufgaben.

In diesem Kapitel werden nichtlineare Optimierungsaufgaben des folgenden Typs behandelt: Gesucht ist $\boldsymbol{x} \in R^n$ mit

$$\left.\begin{array}{l} f_j(\boldsymbol{x}) \leqq 0 \quad (j = 1, \ldots, m), \quad \boldsymbol{x} \geqq 0, \\ F(\boldsymbol{x}) = \text{Min!} \end{array}\right\} \tag{6.1}$$

Dabei sind F und $f_1, \ldots, f_m$ stetige reellwertige Funktionen von $\boldsymbol{x} \in R^n$, also Funktionen der n Variablen $x_1, \ldots, x_n$. Für die Ungleichungen $f_j(\boldsymbol{x}) \leqq 0$ wird wieder die Bezeichnung *Nebenbedingungen* verwendet, für $\boldsymbol{x} \geqq \boldsymbol{0}$, ausgeschrieben $x_1 \geqq 0, \ldots, x_n \geqq 0$, die Bezeichnung *Vorzeichenbedingungen*. Nebenbedingungen und

Vorzeichenbedingungen werden unter dem Begriff *Restriktionen* zusammengefaßt. Die Funktion $F(\boldsymbol{x})$ heißt *Zielfunktion*. Gelegentlich werden Optimierungsaufgaben betrachtet, bei denen einige oder alle Vorzeichenbedingungen fehlen.

Die linearen Optimierungsaufgaben werden durch (6.1) mit erfaßt. Zur genauen Abgrenzung wird der Begriff der affin-linearen Funktion eingeführt.

Definition: Eine reellwertige Funktion $\varphi(\boldsymbol{x})$ des Vektors $\boldsymbol{x} \in R^n$ heißt *affin-linear*, wenn für $\boldsymbol{x}, \boldsymbol{y} \in R^n$ und beliebiges reelles α

$$\varphi(\alpha \boldsymbol{x} + (1-\alpha)\boldsymbol{y}) = \alpha \varphi(\boldsymbol{x}) + (1-\alpha)\varphi(\boldsymbol{y})$$

gilt.

Satz 1: $\varphi(\boldsymbol{x})$ ist genau dann affin-linear, wenn

$$\varphi(\boldsymbol{x}) = \boldsymbol{a}'\boldsymbol{x} + \beta$$

mit $\boldsymbol{a} \in R^n$ und reellem β ist.

Beweis: Daß $\boldsymbol{a}'\boldsymbol{x} + \beta$ affin-linear ist, ist trivial. Sei nun $\varphi(\boldsymbol{x})$ affin-linear, $\psi(\boldsymbol{x}) = \varphi(\boldsymbol{x}) - \varphi(0)$ und α reell. Dann wird

$$\begin{aligned}\psi(\alpha \boldsymbol{x}) &= \varphi(\alpha \boldsymbol{x}) - \varphi(0) = \varphi(\alpha \boldsymbol{x} + (1-\alpha)0) - \varphi(0) = \\ &= \alpha \varphi(\boldsymbol{x}) + (1-\alpha)\varphi(0) - \varphi(0) = \alpha \psi(\boldsymbol{x}).\end{aligned}$$

Für $\boldsymbol{x}, \boldsymbol{y} \in R^n$ wird

$$\begin{aligned}\psi(\boldsymbol{x}+\boldsymbol{y}) &= \varphi(\boldsymbol{x}+\boldsymbol{y}) - \varphi(0) = \varphi(\tfrac{1}{2}\,.\,2\boldsymbol{x} + \tfrac{1}{2}\,.\,2\boldsymbol{y}) - \varphi(0) = \\ &= \tfrac{1}{2}\varphi(2\boldsymbol{x}) + \tfrac{1}{2}\varphi(2\boldsymbol{y}) - \varphi(0) = \\ &= \tfrac{1}{2}\psi(2\boldsymbol{x}) + \tfrac{1}{2}\psi(2\boldsymbol{y}) = \psi(\boldsymbol{x}) + \psi(\boldsymbol{y}).\end{aligned}$$

Durch vollständige Induktion folgt nun

$$\psi\Big(\sum_{i=1}^{q} \alpha_i \boldsymbol{x}^i\Big) = \sum_{i=1}^{q} \alpha_i \psi(\boldsymbol{x}^i).$$

Wählt man hier $q = n$, als $\boldsymbol{x}^i$ die n Einheitsvektoren des R^n und als α_i die Komponenten eines Vektors $\boldsymbol{x}$, schreibt ferner $\boldsymbol{a}$ für den Vektor mit den Komponenten $\psi(\boldsymbol{x}^i)$, so folgt

$$\psi(\boldsymbol{x}) = \boldsymbol{a}'\boldsymbol{x}.$$

Mit $\varphi(0) = \beta$ erhält man schließlich $\varphi(\boldsymbol{x}) = \boldsymbol{a}'\boldsymbol{x} + \beta$.

Ist in (6.1) mindestens eine der Funktionen $F, f_1, \ldots, f_m$ nicht affin-linear, so heißt die Aufgabe (6.1) nichtlinear.

Es soll noch ein Beispiel mit affin-linearen Nebenbedingungen und quadratischer Zielfunktion angegeben werden, das BOOT, 1964, ausführlich behandelt.

Optimale Verwendung der Milch in den Niederlanden

Aus der (für die Verwendung auf dem inländischen Markt bestimmten) Milch können vier Sorten von Produkten hergestellt und verkauft werden: Butter, Fettkäse, Magerkäse, schließlich die (im wesentlichen naturbelassene) Milch selbst. Die im Lauf eines Jahres zur Verarbeitung verfügbare Milch enthält h_1 Tonnen Fett und h_2 Tonnen Trockensubstanz. Die vier verschiedenen Milchprodukte enthalten je Tonne

	Milch	Butter	Fettkäse	Magerkäse
Fett	d_{11}	d_{12}	d_{13}	d_{14}
Trockensubstanz. .	d_{21}	d_{22}	d_{23}	d_{24}

Sollen jährlich x_1 Tonnen Milch, x_2 Tonnen Butter, x_3 Tonnen Fettkäse und x_4 Tonnen Magerkäse hergestellt werden, so ergeben sich die Bedingungen

$$x_k \geqq 0 \ (k = 1, \ldots, 4); \quad \sum_{k=1}^{4} d_{jk} x_k \leqq h_j \ (j = 1, 2). \qquad (6.2)$$

Die Preise für die Milchprodukte können von der Regierung festgesetzt werden; p_k sei der Preis (in Gulden) je Tonne des k-ten Produkts ($k = 1, \ldots, 4$). Die verbrauchte Menge der einzelnen Produkte hängt vom Preis ab. Aus dem Jahr 1960 ist ein „Gleichgewichtszustand" bekannt: Die Preise im Jahre 1960 waren $\bar{p}_1, \ldots, \bar{p}_4$, die verbrauchten Mengen $\bar{x}_1, \ldots, \bar{x}_4$. Diese bekannte Preis-Verbrauchsstruktur wird als Norm genommen.

Ist z irgendeine Größe und $\bar{z}$ ein Normwert von z, so bezeichnen wir die relative Abweichung von der Norm mit $\hat{z}$:

$$\hat{z} = \frac{z - \bar{z}}{\bar{z}}. \qquad (6.3)$$

Für kleine Abweichungen der Preise von der Norm kann die Auswirkung auf die Nachfrage, d.h. auf den Verbrauch, in der folgenden linearisierten Form beschrieben werden:

$$\hat{x}_1 = -\varepsilon_1 \hat{p}_1, \qquad \hat{x}_2 = -\varepsilon_2 \hat{p}_2,$$
$$\hat{x}_3 = -\varepsilon_3 \hat{p}_3 + \varepsilon_{34} \hat{p}_4; \quad \hat{x}_4 = \varepsilon_{43} \hat{p}_3 - \varepsilon_4 \hat{p}_4.$$

Die „Preiselastizitätskonstanten" $\varepsilon_1, \ldots, \varepsilon_4$ und die „Quer-Elastizitätskonstanten" ε_{34}, ε_{43} sind bekannte, positive Konstanten. Sie wurden empirisch durch Studium des Verbraucherverhaltens gefunden. Da auch $\bar{x}_i$, $\bar{p}_i$ ($i = 1, \ldots, 4$) bekannte Größen sind, kann man mit Hilfe von (6.3) diese Gleichungen nach $x_1, \ldots, x_4$ auflösen.

Man erhält Gleichungen der Form

$$x_j = -\sum_{k=1}^{4} a_{2+j,\,k}\, p_k + b_{2+j}\ (j = 1, \ldots, 4) \tag{6.4}$$

Setzt man dies in die 2. Bedingung (6.2) ein, so erhält man eine Bedingung der Form

$$\sum_{k=1}^{4} a_{jk}\, p_k \leqq b_j \qquad (j = 1, 2)\,. \tag{6.5}$$

Ferner folgt aus (6.4) wegen $x_k \geqq 0$ $(k = 1, \ldots, 4)$

$$\sum_{k=1}^{4} a_{jk}\, p_k \leqq b_j \qquad (j = 3, \ldots, 6)\,. \tag{6.6}$$

Die Einnahmen aus dem Verkauf der Produkte sind $\sum_{k=1}^{4} p_k x_k$ Gulden. Ersetzt man hier die x_k mittels (6.4), so erhält man für die Einnahmen einen quadratischen Ausdruck Q in $p_1, \ldots, p_4$. $Q(p_1, \ldots, p_4)$ soll durch geeignete Wahl von $p_1, \ldots, p_4$ im Rahmen der Bedingungen (6.5), (6.6) maximal gemacht werden. Man kann jedoch die Preise in dem von (6.5), (6.6) gesteckten Rahmen nicht beliebig diktieren, sondern muß auf die Interessen der Verbraucher Rücksicht nehmen. Z.B. muß Milch zu einem halbwegs populären Preis verkauft werden. Man versieht deshalb die relativen Abweichungen der Preise von der Norm für die 4 Produkte mit positiven Gewichten $\eta_1, \ldots, \eta_4$. Ferner wählt man eine Konstante $K > 0$ und fordert $\sum_{k=1}^{4} \eta_k \hat{p}_k \leqq K$.

Hieraus folgt die „politische Restriktion“

$$\sum_{k=1}^{4} a_{7k}\, p_k \leqq b_7\,.$$

Setzt man $\boldsymbol{A} = (a_{jk})_{j=1,\ldots,7;\,k=1,\ldots,4}$, $\boldsymbol{b} = (b_1, \ldots, b_7)'$, $\boldsymbol{p} = (p_1, \ldots, p_4)'$, so erhält man das nichtlineare Optimierungsproblem: Gesucht ist $\boldsymbol{p} \in R^4$ mit:

$$\boldsymbol{A}\boldsymbol{p} \leqq \boldsymbol{b}\,, \quad \boldsymbol{p} \geqq 0; \quad Q(\boldsymbol{p}) = \sum_{i,k=1}^{4} c_{ik}\, p_i\, p_k + \sum_{i=1}^{4} c_i\, p_i = \text{Max!}$$

Die Erscheinungen, die bei nichtlinearen Optimierungsaufgaben des Typs (6.1) möglich sind, sollen an der Abb. 6.1 erläutert werden:

Es handelt sich um eine Optimierungsaufgabe in 2 Variablen x_1, x_2 mit einer Nebenbedingung $f_1(x_1, x_2) \leqq 0$. Die Achsen $x_1 = 0$ und $x_2 = 0$ sowie die Kurve $f_1 = 0$ bilden den Rand der Menge M derjenigen Punkte, die allen Restriktionen $f_1(x_1, x_2) \leqq 0$, $x_1 \geqq 0$, $x_2 \geqq 0$ genügen. Weiterhin sind einige Niveaulinien $F = \text{const.}$ der Zielfunktion $F(x_1, x_2)$ eingezeichnet. Auf M hat $F(x_1, x_2)$ relative

Minima in den Punkten P_1, P_2, P_3. Das absolute Minimum liegt bei P_3. Auch beim allgemeinen Fall der Aufgabe (6.1) werden sich in der Regel mehrere relative Minima ergeben, unter denen dann das

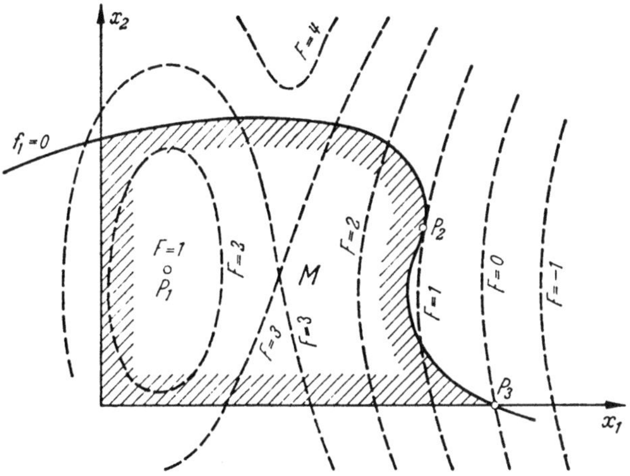

Abb. 6.1. Nichtlineare Optimierungsaufgabe

absolute Minimum zu suchen ist. Bei umfangreichen Problemen wird es oft sehr schwierig sein, sich einen Überblick über alle relativen Minima zu verschaffen. Eine befriedigende theoretische Behandlung des allgemeinen Aufgabentyps (6.1) ist noch nicht gelungen. Schränkt man den Aufgabentyp jedoch dadurch ein, daß man von der Zielfunktion $F(\boldsymbol{x})$ und den in den Nebenbedingungen auftretenden Funktionen $f_j(\boldsymbol{x})$ Konvexitätseigenschaften fordert, so kann man eine Theorie aufstellen, die das Lösungsverhalten bei solchen Aufgaben vernünftig beschreibt. Es wird sich ergeben, daß dann die Zielfunktion $F(\boldsymbol{x})$ ihr absolutes Minimum bezüglich M, wenn überhaupt, auf einer konvexen Punktmenge annimmt und daß es keine weiteren relativen Minima gibt. Diese Theorie der konvexen Optimierung wird im folgenden behandelt.

6.2. Konvexe Funktionen

Der Begriff der konvexen Punktmenge wurde schon in § 2 definiert.

Definition: B sei eine konvexe Teilmenge des R^n. Eine für $\boldsymbol{x} \in B$ definierte reellwertige Funktion $\varphi(\boldsymbol{x})$ heißt *konvex* in B, wenn für $\boldsymbol{x}, \boldsymbol{y} \in B$ und alle reellen α mit $0 < \alpha < 1$ gilt:

$$\varphi(\alpha \boldsymbol{x} + (1-\alpha)\boldsymbol{y}) \leqq \alpha \varphi(\boldsymbol{x}) + (1-\alpha)\varphi(\boldsymbol{y}). \qquad (6.7)$$

$\varphi(x)$ heißt *streng konvex* in B, wenn für $\boldsymbol{x} \neq \boldsymbol{y}$ die Ungleichung (6.7) mit dem Zeichen $<$ statt $\leqq$ gilt.

Die Abb. 6.2 zeigt eine in [0, 1] konvexe (nicht streng konvexe) Funktion.

Wir wollen zeigen, daß für eine auf einer offenen konvexen Menge definierte Funktion $\varphi(\boldsymbol{x})$ aus der Konvexität die Stetigkeit folgt. Sind $\boldsymbol{x}^1, \ldots, \boldsymbol{x}^{n+1}$ Punkte des R^n, so bezeichnen wir als Simplex $S(\boldsymbol{x}^1, \ldots, \boldsymbol{x}^{n+1})$ die konvexe Hülle, d.h. die Menge aller Konvexkombinationen dieser Punkte. Mit $\|\boldsymbol{x}\|$ bezeichnen wir die euklidische Vektornorm im R^n: $\|\boldsymbol{x}\| = (\sum x_i^2)^{1/2}$.

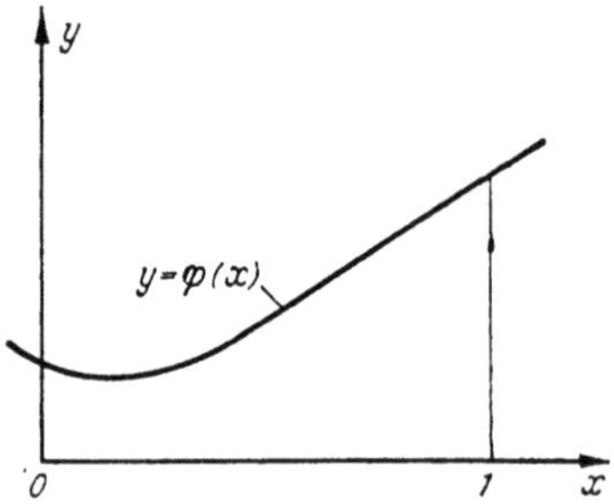

Abb. 6.2

Hilfssatz: Ist eine Funktion $\varphi(\boldsymbol{x})$ auf einem Simplex
$$S = S(\boldsymbol{x}^1, \ldots, \boldsymbol{x}^{n+1})$$
definiert und dort konvex, so ist $\varphi(\boldsymbol{x})$ auf S beschränkt, und zwar gilt
$$\varphi(\boldsymbol{x}) \leqq M = \underset{i=1,\ldots,n+1}{\operatorname{Max}} \varphi(\boldsymbol{x}^i) \quad \textit{für} \quad \boldsymbol{x} \in S.$$

Beweis: Sei $\boldsymbol{x} \in S$, also $\boldsymbol{x} = \sum_{i=1}^{n+1} \alpha_i \boldsymbol{x}^i$ mit $\alpha_i \geqq 0$, $\sum_{i=1}^{n+1} \alpha_i = 1$. Dann wird, wie man durch vollständige Induktion leicht beweist,
$$\varphi(\boldsymbol{x}) \leqq \sum_{i=1}^{n+1} \alpha_i \varphi(\boldsymbol{x}^i)$$
und daher
$$\varphi(\boldsymbol{x}) \leqq M \sum_{i=1}^{n+1} \alpha_i = M.$$

Satz 2: B sei eine offene konvexe Teilmenge des R^n und $\varphi(\boldsymbol{x})$ konvex in B. Dann ist $\varphi(\boldsymbol{x})$ stetig in B.

Beweis: $\boldsymbol{x}^0$ sei ein Punkt von B. Da B offen ist, gibt es ein Simplex $S = S(\boldsymbol{x}^1, \ldots, \boldsymbol{x}^{n+1})$, das ganz in B liegt und $\boldsymbol{x}^0$ in seinem Inneren enthält und damit auch eine Kugel K um $\boldsymbol{x}^0$ enthält, deren Radius γ sei ($\gamma > 0$). Aus $\|\boldsymbol{y} - \boldsymbol{x}^0\| \leqq \gamma$ folgt also $\boldsymbol{y} \in S$. Für beliebiges $\varepsilon > 0$ zeigen wir: Aus $\|\boldsymbol{y} - \boldsymbol{x}^0\| \leqq \eta = \operatorname{Min}\left(\gamma, \frac{\varepsilon\gamma}{M - \varphi(\boldsymbol{x}^0)}\right)$ folgt $|\varphi(\boldsymbol{y}) - \varphi(\boldsymbol{x}^0)| \leqq \varepsilon$. Ist $\|\boldsymbol{y} - \boldsymbol{x}^0\| \leqq \eta$, so liegen die Punkte $\bar{\boldsymbol{x}} = \boldsymbol{x}^0 + \frac{\gamma}{\eta}(\boldsymbol{y} - \boldsymbol{x}^0)$ und $\bar{\bar{\boldsymbol{x}}} = \boldsymbol{x}^0 - \frac{\gamma}{\eta}(\boldsymbol{y} - \boldsymbol{x}^0)$ in der Kugel K

(Abb. 6.3), damit auch in S, und es gilt $\varphi(\bar{\boldsymbol{x}}) \leqq M$, $\varphi(\bar{\bar{\boldsymbol{x}}}) \leqq M$. Es ist

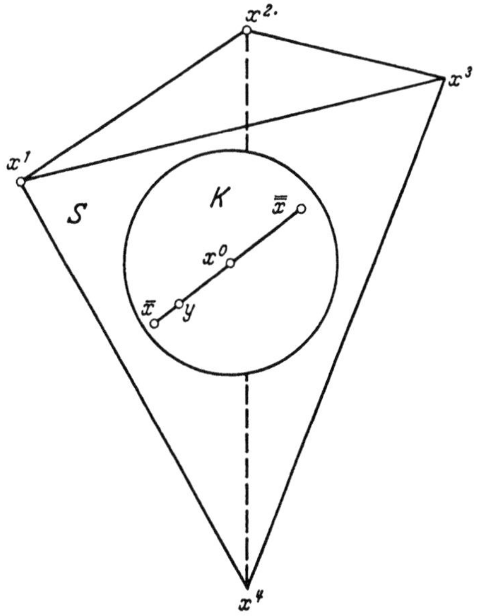

Abb. 6.3.

$\boldsymbol{y}$ eine Konvexkombination von $\boldsymbol{x}^0$ und $\bar{\boldsymbol{x}}$, nämlich $\boldsymbol{y} = \frac{\eta}{\gamma}\,\bar{\boldsymbol{x}} + \left(1 - \frac{\eta}{\gamma}\right)\boldsymbol{x}^0$, und $\boldsymbol{x}^0$ ist eine Konvexkombination von $\boldsymbol{y}$ und $\bar{\bar{\boldsymbol{x}}}$, nämlich $\boldsymbol{x}^0 = \frac{\eta}{\gamma+\eta}\,\bar{\bar{\boldsymbol{x}}} + \frac{\gamma}{\gamma+\eta}\,\boldsymbol{y}$. Daher wird

$\varphi(\boldsymbol{y}) \leqq \frac{\eta}{\gamma} M + \left(1 - \frac{\eta}{\gamma}\right)\varphi(\boldsymbol{x}^0)$ und $\varphi(\boldsymbol{x}^0) \leqq \frac{\eta}{\gamma+\eta} M + \frac{\gamma}{\gamma+\eta}\varphi(\boldsymbol{y})$.

Daraus folgt

$$\varphi(\boldsymbol{y}) - \varphi(\boldsymbol{x}^0) \leqq \frac{\eta}{\gamma}\,(M - \varphi(\boldsymbol{x}^0)) \leqq \varepsilon$$

und

$$\varphi(\boldsymbol{x}^0) - \varphi(\boldsymbol{y}) \leqq \frac{\eta}{\gamma}\,(M - \varphi(\boldsymbol{x}^0)) \leqq \varepsilon\,.$$

Auf einer nicht offenen konvexen Menge braucht eine konvexe Funktion nicht stetig zu sein: Auf dem Intervall $0 \leqq x \leqq 1$ ist die Funktion

$$\varphi(x) = \begin{cases} x & \text{für} \quad 0 < x \leqq 1 \\ 1 & \text{für} \quad x = 0\,, \end{cases}$$

konvex, aber nicht stetig.

Ein auch im folgenden wichtiges Beispiel für eine konvexe Funktion ist die quadratische Form zu einer positiv definiten Matrix.

Definition: Eine reelle, symmetrische, n-reihige quadratische Matrix A heißt *positiv definit*, wenn $x'Ax > 0$ für alle von 0 verschiedenen $x \in R^n$ gilt, und sie heißt *positiv semidefinit*, wenn $x'Ax \geqq 0$ für alle $x \in R^n$ gilt.

Bei positiv semidefiniten Matrizen kann also $x'Ax = 0$ auch für $x \neq 0$ gelten, jedoch nur für Vektoren x mit $Ax = 0$. Für beliebiges $y \in R^n$ und reelles t ist nämlich

$$(x + ty)'A(x + ty) = x'Ax + 2ty'Ax + t^2y'Ay \geqq 0 .$$

Mit $x'Ax = 0$ folgt hieraus $y'Ax = 0$. Für $y = Ax$ wird $(Ax)'Ax = 0$ und daher $Ax = 0$.

Satz 3: A sei eine reelle, symmetrische, positiv definite n-reihige Matrix. Dann ist $\varphi(x) = x'Ax$ streng konvex im R^n. Ist A positiv-semidefinit, so ist $\varphi(x)$ konvex im R^n.

Beweis: Sei A positiv definit und $0 < \alpha < 1$. Wegen $\alpha > \alpha^2$ wird für $x, y \in R^n$ mit $x \neq y$

$$\alpha\varphi(x) + (1-\alpha)\varphi(y) = \alpha x'Ax + (1-\alpha)y'Ay =$$

$$= \alpha(x-y)'A(x-y) + \alpha y'A(x-y) + \alpha(x-y)'Ay + y'Ay >$$
$$> \alpha^2(x-y)'A(x-y) + 2\alpha y'A(x-y) + y'Ay =$$
$$= [\alpha(x-y) + y]'A[\alpha(x-y) + y] = \varphi(\alpha x + (1-\alpha)y) .$$

Ist A positiv semidefinit, so darf man nur mit $\geqq$ abschätzen, da $(x-y)'A(x-y) = 0$ für $x \neq y$ gelten kann.

Anmerkung: Satz 3 folgt auch aus Satz 5.

Weiterhin ist jede affin-lineare Funktion nach Definition konvex, aber nicht streng konvex.

Besitzt die Funktion $\varphi(x)$ erste oder sogar zweite partielle Ableitungen, so kann man anhand der folgenden beiden Sätze prüfen, ob Konvexität vorliegt. Mit grad $\varphi(x)$ wird dabei der Vektor mit den Komponenten $\frac{\partial\varphi(x)}{\partial x_i}$ bezeichnet.

Eine Funktion einer Veränderlichen ist konvex, wenn jede Tangente „unterhalb" der Kurve verläuft. Allgemein gilt

Satz 4: $\varphi(x)$ sei auf einer konvexen Menge B des R^n definiert und besitze dort partielle Ableitungen erster Ordnung. $\varphi(x)$ ist genau dann konvex, wenn für alle $x, y \in B$

$$\varphi(y) \geqq \varphi(x) + (y - x)' \operatorname{grad} \varphi(x) \tag{6.8}$$

gilt. $\varphi(x)$ ist genau dann streng konvex, wenn für $x \neq y$ (6.8) *mit dem Zeichen $>$ gilt.*

Beweis: I. Es gelte (6.8). Ist $\boldsymbol{y}, \boldsymbol{z} \in B$ und $\boldsymbol{x} = \alpha\boldsymbol{y} + (1-\alpha)\boldsymbol{z}$ mit $0 < \alpha < 1$, so wird

$$\alpha\varphi(\boldsymbol{y}) + (1-\alpha)\varphi(\boldsymbol{z}) \geqq \varphi(\boldsymbol{x}) + [\alpha(\boldsymbol{y}-\boldsymbol{x}) + (1-\alpha)(\boldsymbol{z}-\boldsymbol{x})]' \times$$
$$\times \operatorname{grad} \varphi(\boldsymbol{x}) = \varphi(\boldsymbol{x}),$$

da die eckige Klammer verschwindet, $\varphi(\boldsymbol{x})$ ist also konvex. Ebenso weist man die Aussage über die strenge Konvexität nach.

II. $\varphi(\boldsymbol{x})$ sei konvex. Durch

$$\Phi(\alpha) = (1-\alpha)\varphi(\boldsymbol{x}) + \alpha\varphi(\boldsymbol{y}) - \varphi((1-\alpha)\boldsymbol{x} + \alpha\boldsymbol{y})$$

wird eine Hilfsfunktion $\Phi(\alpha)$ definiert. Ist $\boldsymbol{x} \neq \boldsymbol{y}$, so gilt $\Phi(\alpha) \geqq 0$ für $0 < \alpha < 1$, ferner $\Phi(0) = 0$. Daher muß $\Phi'(0) \geqq 0$ sein; das besagt $-\varphi(\boldsymbol{x}) + \varphi(\boldsymbol{y}) - (\boldsymbol{y}-\boldsymbol{x})' \operatorname{grad} \varphi(\boldsymbol{x}) \geqq 0$. Ist $\varphi(\boldsymbol{x})$ streng konvex, so ist $-\Phi(\alpha)$ als Funktion der reellen Variablen α streng konvex, und mit $\Phi(\frac{1}{2}) > 0$ und $\Phi(\alpha) > 2 \cdot \Phi(\frac{1}{2}) \cdot \alpha$ für $0 < \alpha < \frac{1}{2}$ folgt $\Phi'(0) > 0$.

Satz 5: $\varphi(\boldsymbol{x})$ sei auf einer konvexen Menge B des R^n definiert und besitze dort stetige zweite partielle Ableitungen. Ist die Matrix

$$\boldsymbol{A}(\boldsymbol{x}) = \left(\frac{\partial^2\varphi(\boldsymbol{x})}{\partial x_i\,\partial x_k}\right) \quad (i, k = 1, \ldots, n)$$

für alle $\boldsymbol{x} \in B$ positiv semidefinit bzw. positiv definit, so ist $\varphi(\boldsymbol{x})$ konvex bzw. streng konvex auf B.

Beweis: $\boldsymbol{A}(\boldsymbol{x})$ sei positiv semidefinit bzw. positiv definit. Da nach der Taylorschen Formel für $\boldsymbol{x}, \boldsymbol{y} \in B$ mit $\boldsymbol{x} \neq \boldsymbol{y}$

$$\varphi(\boldsymbol{y}) = \varphi(\boldsymbol{x}) + (\boldsymbol{y}-\boldsymbol{x})' \operatorname{grad} \varphi(\boldsymbol{x}) + \tfrac{1}{2}(\boldsymbol{y}-\boldsymbol{x})' \boldsymbol{A}(\bar{\boldsymbol{x}})(\boldsymbol{y}-\boldsymbol{x}) \tag{6.9}$$

wird, wobei $\bar{\boldsymbol{x}}$ ein Punkt auf der Verbindungsstrecke von $\boldsymbol{x}$ und $\boldsymbol{y}$ ist, gilt (6.8) mit dem Zeichen $\geqq$ bzw. $>$.

Über die Minimalpunkte konvexer Funktionen gelten folgende Sätze, deren einfache Beweise dem Leser überlassen bleiben.

Satz 6: $\varphi(\boldsymbol{x})$ sei definiert und konvex auf einer konvexen Menge B des R^n. Jedes relative Minimum von $\varphi(\boldsymbol{x})$ ist absolutes Minimum. Die Menge der Minimalpunkte ist konvex.

Satz 7: Ist $\varphi(\boldsymbol{x})$ streng konvex auf einer konvexen Menge des R^n, so gibt es höchstens einen Minimalpunkt.

6.3. Konvexe Optimierungsaufgaben

Weiterhin wird die in (6.1) formulierte Aufgabe

$$f_j(\boldsymbol{x}) \leqq 0 \qquad (j = 1, \ldots, m), \qquad \boldsymbol{x} \geqq 0,$$
$$F(\boldsymbol{x}) = \text{Min!}$$

betrachtet. Man nennt dies eine *konvexe Optimierungsaufgabe*, wenn die Funktionen $F(\boldsymbol{x})$, $f_1(\boldsymbol{x}), \ldots, f_m(\boldsymbol{x})$ für $\boldsymbol{x} \in R^n$ definiert und konvex, nach Satz 2 daher auch stetig sind. Wie bei der linearen Optimierung wird mit M die Menge der *zulässigen Punkte* bezeichnet, die allen Restriktionen $f_j(\boldsymbol{x}) \leqq 0$ $(j = 1, \ldots, m)$ und $\boldsymbol{x} \geqq 0$ genügen. M ist eine konvexe Menge, denn da die $f_j(\boldsymbol{x})$ konvexe Funktionen sind, genügt mit zwei Punkten $\boldsymbol{x}$ und $\boldsymbol{y}$ auch jeder Punkt ihrer Verbindungsstrecke allen Restriktionen. Ein $\boldsymbol{x}^0 \in M$ mit $F(\boldsymbol{x}^0) \leqq F(\boldsymbol{x})$ für alle $\boldsymbol{x} \in M$ heißt *Minimallösung* der konvexen Optimierungsaufgabe. Im Unterschied zur linearen Optimierung liegt hier eine Minimallösung nicht notwendig auf dem Rand von M. Das in Abb. 6.4 angedeutete Beispiel zeigt, daß $F(\boldsymbol{x})$ sein Minimum im Inneren von M annehmen kann.

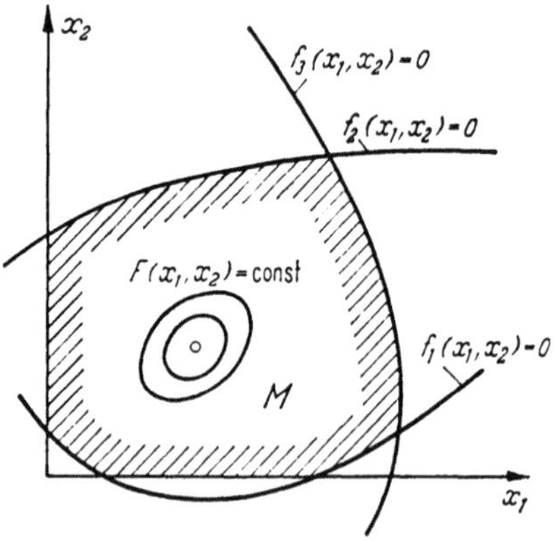

Abb. 6.4

Ist die Menge M beschränkt, so nimmt die stetige Funktion $F\boldsymbol{x}$ ihr Minimum auf M an, da M abgeschlossen ist. Wie bei der linearen Optimierung ist die Menge der Minimallösungen konvex.

6.4. Weitere Typen nichtlinearer Optimierungsaufgaben

Im folgenden werden Varianten der konvexen Optimierungsaufgaben genannt. Wenn in der Optimierungsaufgabe (6.1), wobei man dann gewöhnlich von den Vorzeichenbedingungen $\boldsymbol{x} \geqq 0$ absieht, die Funktionen F und f_j eine bestimmte Eigenschaft haben, z.B. quasikonvex sind, so belegt man die Optimierungsaufgabe mit demselben Namen und spricht dann von einer quasikonvexen Optimierungsaufgabe. Der Einfachheit halber sei wie in 6.2 der Definitionsbereich B aller im folgenden betrachteten reellwertigen Funktionen wieder eine konvexe Teilmenge des R^n. Bei den folgenden Definitionen verschiedener Funktionenklassen, die wir in einer

Tabelle zusammenstellen, seien $\boldsymbol{x}$ und $\boldsymbol{y}$ stets beliebige Punkte aus B. Dann definieren wir:

Falls	für	so heißt $\varphi(\boldsymbol{x})$ in B
$\varphi(\alpha\boldsymbol{x} + (1-\alpha)\boldsymbol{y}) \leqq \alpha\varphi(\boldsymbol{x}) + (1-\alpha)\varphi(\boldsymbol{y})$	alle α mit $0 \leqq \alpha \leqq 1$	konvex
$\varphi(\alpha\boldsymbol{x} + (1-\alpha)\boldsymbol{y}) \geqq \alpha\varphi(\boldsymbol{x}) + (1-\alpha)\varphi(\boldsymbol{y})$	alle α mit $0 \leqq \alpha \leqq 1$	konkav
$\varphi(\alpha\boldsymbol{x} + (1-\alpha)\boldsymbol{y}) < \alpha\varphi(\boldsymbol{x}) + (1-\alpha)\varphi(\boldsymbol{y})$	alle α mit $0 < \alpha < 1$	streng konvex
$\varphi(\alpha\boldsymbol{x} + (1-\alpha)\boldsymbol{y}) > \alpha\varphi(\boldsymbol{x}) + (1-\alpha)\varphi(\boldsymbol{y})$	alle α mit $0 < \alpha < 1$	streng konkav
$\varphi(\alpha\boldsymbol{x} + (1-\alpha)\boldsymbol{y}) \leqq \varphi(\boldsymbol{y})$	$\varphi(\boldsymbol{x}) \leqq \varphi(\boldsymbol{y})$, alle α mit $0 \leqq \alpha \leqq 1$	quasikonvex
$\varphi(\alpha\boldsymbol{x} + (1-\alpha)\boldsymbol{y}) \geqq \varphi(\boldsymbol{y})$	$\varphi(\boldsymbol{x}) \geqq \varphi(\boldsymbol{y})$, alle α mit $0 \leqq \alpha \leqq 1$	quasikonkav
$\varphi(\alpha\boldsymbol{x} + (1-\alpha)\boldsymbol{y}) < \varphi(\boldsymbol{y})$	$\varphi(\boldsymbol{x}) < \varphi(\boldsymbol{y})$, alle α mit $0 < \alpha < 1$	streng quasikonvex
$\varphi(\alpha\boldsymbol{x} + (1-\alpha)\boldsymbol{y}) > \varphi(\boldsymbol{y})$	$\varphi(\boldsymbol{x}) > \varphi(\boldsymbol{y})$, alle α mit $0 < \alpha < 1$	streng quasikonkav

Ist die Funktion $\varphi(\boldsymbol{x})$ überdies in B differenzierbar, so definieren wir

Es heißt $\varphi(\boldsymbol{x})$ in B	wenn	gilt für
pseudokonvex	$\varphi(\boldsymbol{x}) \geqq \varphi(\boldsymbol{y})$	$(\boldsymbol{x}-\boldsymbol{y})'\,\mathrm{grad}\,\varphi(\boldsymbol{y}) \geqq 0$
pseudokonkav	$\varphi(\boldsymbol{x}) \leqq \varphi(\boldsymbol{y})$	$(\boldsymbol{x}-\boldsymbol{y})'\,\mathrm{grad}\,\varphi(\boldsymbol{y}) \leqq 0$

Eine Funktion $\varphi(\boldsymbol{x})$, die quasikonvex und quasikonkav zugleich ist, z.B. $\varphi(x) = x^3$, heißt quasilinear. Eine Funktion $\varphi(\boldsymbol{x})$, die pseudokonvex und pseudokonkav zugleich ist, heißt pseudolinear. Eigenschaften dieser Funktionen werden bei STOER-WITZGALL, 1970 untersucht.

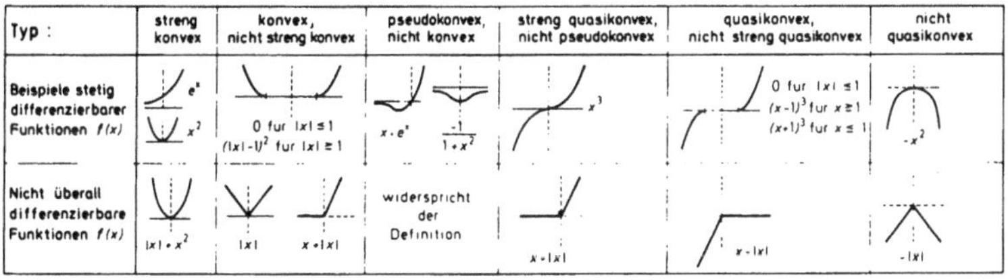

Abb. 6.5. Beispiele für verschiedene Funktionstypen

Abb. 6.5 gibt Beispiele für diese verschiedenen Funktionstypen bei Funktionen $f(x)$ von nur einer unabhängigen reellen Veränderlichen x.

Eine Funktion der Form

$$\varphi(\boldsymbol{x}) = \sum_{j=1}^{q} c_j\, x_1^{a_{j1}}\, x_2^{a_{j2}} \ldots x_m^{a_{jm}}$$

mit reellen $a_{j\mu}$ und positiven Konstanten c_j heißt posinomisch oder ein Posinom. Gelegentlich wird hier auch von der Bedingung $c_j > 0$ abgesehen.

Die Optimierung heißt separabel, wenn die Funktionen F und f_j in (6.1) sich als Summen von Funktionen $F_k(x_k), f_{jk}(x_k)$ schreiben lassen, die jeweils nur von einer einzigen unabhängigen Veränderlichen x_k abhängen, wenn also F und f_j die Gestalt haben

$$F = \sum_{k=1}^{n} F_k(x_k), \qquad f_j = \sum_{k=1}^{n} f_{jk}(x_k),$$

oder wenn durch eine lineare nichtsinguläre Transformation der unabhängigen Veränderlichen diese Gestalt erreicht werden kann (vgl. Bracken-McCormick (1968), S. 15).

Bei linearen Restriktionen nennt man die Optimierungsaufgabe bei der Zielfunktion

$$F = \boldsymbol{x}'\boldsymbol{A}\,\boldsymbol{x} + \boldsymbol{p}'\boldsymbol{x} + \alpha \tag{6.10}$$

eine allgemeine quadratische Optimierungsaufgabe, und bei der Zielfunktion

$$F = \frac{\gamma + \boldsymbol{c}'\boldsymbol{x}}{\delta + \boldsymbol{d}'\boldsymbol{x}} \tag{6.11}$$

eine hyperbolische Optimierungsaufgabe. Hierbei sind α, γ, δ gegebene Konstanten, $\boldsymbol{c}, \boldsymbol{d}, \boldsymbol{p}$ gegebene Vektoren und $\boldsymbol{A}$ eine gegebene Matrix.

Bei der allgemeinen quadratischen Optimierung gibt es zwei bekannte Spezialfälle:

a) die spezielle quadratische Optimierung, die oft schlechthin als quadratische Optimierung bezeichnet wird, bei welcher die Matrix $\boldsymbol{A}$ positiv semidefinit ist,

b) die bilineare Optimierung, bei welcher $\boldsymbol{x} = (y_1, \ldots, y_r, z_1, \ldots, z_s)'$ aus 2 Variablenreihen besteht, die quadratische Form $\boldsymbol{x}'\boldsymbol{A}\,\boldsymbol{x}$ nur eine Summe von Gliedern

$$\sum_{j=1}^{r} \sum_{k=1}^{s} b_{jk}\, y_j\, z_k$$

ist und in den Nebenbedingungen die beiden Sorten von Variablen getrennt auftreten:

$\boldsymbol{D}\boldsymbol{y} \leqq \boldsymbol{d}$, $\boldsymbol{H}\boldsymbol{z} \leqq \boldsymbol{h}$ (wieder mit gegebenen Matrizen $\boldsymbol{D}, \boldsymbol{H}$ und Vektoren $\boldsymbol{d}, \boldsymbol{h}$).

6.5. Einfache Sätze über die Varianten der Konvexität

Wir sagen, eine in einer Umgebung eines Punktes $\boldsymbol{x}^0$ definierte reellwertige Funktion $\varphi(\boldsymbol{x})$ habe bei $\boldsymbol{x}^0$ ein „strenges lokales Minimum", wenn es eine "punktierte Kugel" $K_\varrho(\boldsymbol{x}^0)$ (Menge der Punkte $\boldsymbol{x}$ mit $0 < \|\boldsymbol{x} - \boldsymbol{x}^0\| < \varrho$) gibt mit

$$\varphi(\boldsymbol{x}) > \varphi(\boldsymbol{x}^0) \quad \text{für alle} \quad \boldsymbol{x} \in K_\varrho(\boldsymbol{x}^0). \tag{6.12}$$

Satz 8: Für jede in einem konvexen Bereich B quasikonvexe Funktion $\varphi(\boldsymbol{x})$ ist jedes strenge lokale Minimum $\boldsymbol{x}^0$ zugleich ein globales (strenges) Minimum.

Beweis (wird indirekt geführt): Es wird angenommen, es gäbe ein $\boldsymbol{x}^1 \neq \boldsymbol{x}^0$ mit $\varphi(\boldsymbol{x}^1) \leqq \varphi(\boldsymbol{x}^0)$. Sei ϱ der Radius einer Kugel $K_\varrho(\boldsymbol{x}^0)$, für welche (6.12) für die $\boldsymbol{x} \in K_\varrho(\boldsymbol{x}^0) \cap B$ gilt. Da φ quasikonvex ist, gilt

$$\varphi((1-\alpha)\,\boldsymbol{x}^0 + \alpha\,\boldsymbol{x}^1) \leqq \varphi(\boldsymbol{x}^0) \quad \text{für} \quad 0 < \alpha < 1. \tag{6.13}$$

Das steht aber für $0 < \alpha < \dfrac{\varrho}{\|\boldsymbol{x}^1 - \boldsymbol{x}^0\|}$ im Widerspruch zu (6.12). Ganz ähnlich ist folgender

Satz 9: Für jede in einem konvexen Bereich B streng quasikonvexe (bzw. quasikonkave) Funktion $\varphi(\boldsymbol{x})$ ist jedes lokale Minimum (bzw. Maximum) $\boldsymbol{x}^0$ zugleich ein globales im Bereich B.

Beweis: $\boldsymbol{x}^0$ sei etwa ein lokales Minimum, d.h. es gibt eine Kugel $K_\varrho(\boldsymbol{x}^0)$ mit Radius ϱ um den Punkt $\boldsymbol{x}^0$ mit

$$\varphi(\boldsymbol{x}^0) \leqq \varphi(\boldsymbol{x}) \quad \text{für} \quad \boldsymbol{x} \in K_\varrho(\boldsymbol{x}^0) \cap B. \tag{6.14}$$

Gäbe es nun ein $\boldsymbol{x}^1 \in B$, $\boldsymbol{x}^1 \notin K_\varrho(\boldsymbol{x}^0)$, $\varphi(\boldsymbol{x}^1) < \varphi(\boldsymbol{x}^0)$, so hätte man wegen der strengen Quasikonvexität von φ

$$\varphi((1-\alpha)\,\boldsymbol{x}^0 + \alpha\,\boldsymbol{x}^1) < \varphi(\boldsymbol{x}^0) \quad \text{für} \quad 0 < \alpha < 1, \tag{6.15}$$

welches für $\alpha < \dfrac{\varrho}{\|\boldsymbol{x}^1 - \boldsymbol{x}^0\|}$ wegen $(1-\alpha)\,\boldsymbol{x}^0 + \alpha\,\boldsymbol{x}^1 \in K_\varrho(\boldsymbol{x}^0)$ im Widerspruch zu (6.14) stände.

Satz 10: Jede in einem konvexen Bereich B pseudokonvexe (bzw. pseudokonkave) Funktion $\varphi(\boldsymbol{x})$ ist in B streng quasikonvex (bzw. streng quasikonkav).

Beweis (wird indirekt geführt): Sei φ pseudokonvex, also differenzierbar, aber nicht streng quasikonvex, d.h. es gebe in B Punkte $\boldsymbol{x}^1$, $\boldsymbol{x}^2$, $\boldsymbol{z}$ mit

$$\varphi(\boldsymbol{x}^2) < \varphi(\boldsymbol{x}^1) \quad \text{und} \quad \varphi(\boldsymbol{z}) \geqq \varphi(\boldsymbol{x}^1) \tag{6.16}$$

Dabei gehört $\boldsymbol{z}$ zum Intervall $I = \langle \boldsymbol{x}^1, \boldsymbol{x}^2 \rangle$, d.h. es gibt ein α mit $\boldsymbol{z} = (1-\alpha)\boldsymbol{x}^1 + \alpha\boldsymbol{x}^2$, $0 < \alpha < 1$. Im Intervall I nehme φ seinen maximalen Wert in einem Punkte $\boldsymbol{y} \neq \boldsymbol{x}^1$ an. Nun werde anstelle des $x_1, \ldots, x_n$-Achsensystems ein neues orthogonales Achsensystem $s_1, \ldots, s_n$ eingeführt, wobei s_1 in die Richtung von $\boldsymbol{x}^1$ nach $\boldsymbol{y}$ weist.

Da y ein innerer Punkt von I ist, gilt

$$\frac{d\varphi(y)}{ds_1} = 0\,. \tag{6.17}$$

Mithin ist

$$(x - y)' \operatorname{grad} \varphi(y) = 0 \quad \text{für} \quad x \in I\,, \tag{6.18}$$

da in dem inneren Produkt die erste Komponente des Gradienten und die übrigen Komponenten von $x - y$ verschwinden. Dann gilt auch

$$(x - y)' \operatorname{grad} \varphi(y) \geqq 0 \quad \text{für} \quad x \in I\,.$$

Daraus ergibt sich wegen der Pseudokonvexität von φ

$$\varphi(x) \geqq \varphi(y) \quad \text{für} \quad x \in I$$

und speziell $\varphi(x^2) \geqq \varphi(y)$ im Widerspruch zu

$$\varphi(y) \geqq \varphi(x^1) > \varphi(x^2)$$

(vgl. Abb. 6.6).

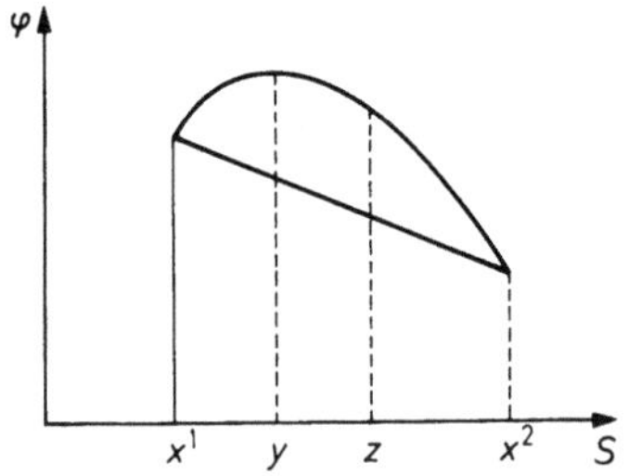

Abb. 6.6. Zum Beweis der strengen Quasikonvexität

6.6. Klassifikation nichtlinearer differenzierbarer Optimierungsaufgaben

Die Beziehungen zwischen den verschiedenen in 6.4 eingeführten Funktionenklassen werden bei Voraussetzung der Differenzierbarkeit übersichtlicher. Ohne Voraussetzung der Differenzierbarkeit kann man z.B. Funktionen $\varphi(x)$ angeben, welche streng quasikonvex, aber nicht quasikonvex sind, etwa die Funktion

$$\varphi(x) = \begin{cases} 1 & \text{für} \quad x = x_0 \\ 0 & \text{sonst}\,. \end{cases}$$

Man kann in solchen Fällen mit Hilfe des Begriffes der Halbstetigkeit weitere Sätze aufstellen, vgl. Mangasarian (1969). Doch wollen wir in dem folgenden Bilde (Abb. 6.7) nur Optimierungsaufgaben mit differenzierbaren Funktionen betrachten. Dabei führt ein Pfeil jeweils zu einer allgemeineren Klasse.

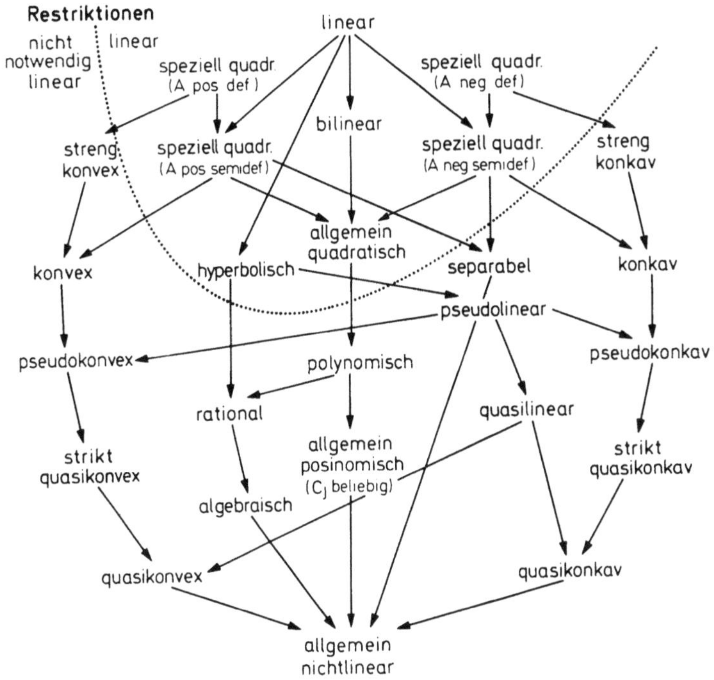

Abb. 6.7. Klassen von Optimierungsaufgaben

6.7. Klassen konvexer und pseudokonvexer Funktionen

Die Exponentialfunktion bildet jede konvexe Funktion wieder in eine konvexe Funktion ab, keineswegs aber jede konkave Funktion wieder in eine konkave Funktion (vgl. Abb. 6.8). Es ist e^{x^2} konvex, aber e^{-x^2} ist nur pseudokonkav.

Weiter beobachtet man: Die Summe konvexer Funktionen ist stets wieder konvex. Das Produkt konvexer Funktionen ist im allgemeinen aber nicht wieder konvex (vgl. Abb. 6.9).

Satz 11: Die in einem konvexen Bereich B definierte Funktion $\varphi(\boldsymbol{x})$ sei konvex und besitze dort den Wertevorrat W reeller Zahlen. $h(z)$ sei eine für $z \in W$ erklärte monoton nichtfallende und konvexe Funktion. Dann ist die Funktion $\Phi(\boldsymbol{x}) = h(\varphi(\boldsymbol{x}))$ in B konvex.

Beweis: Für $0 < \alpha < 1$ und beliebige $\boldsymbol{x}, \boldsymbol{y} \in B$ gilt wegen der Konvexität der Funktion h

$$h(\alpha\,\varphi(\boldsymbol{x}) + (1-\alpha)\,\varphi(\boldsymbol{y})) \\ \leqq \alpha\,h(\varphi(\boldsymbol{x})) + (1-\alpha)\,h(\varphi(\boldsymbol{y})) = \alpha\,\Phi(\boldsymbol{x}) + (1-\alpha)\,\Phi(\boldsymbol{y}).$$

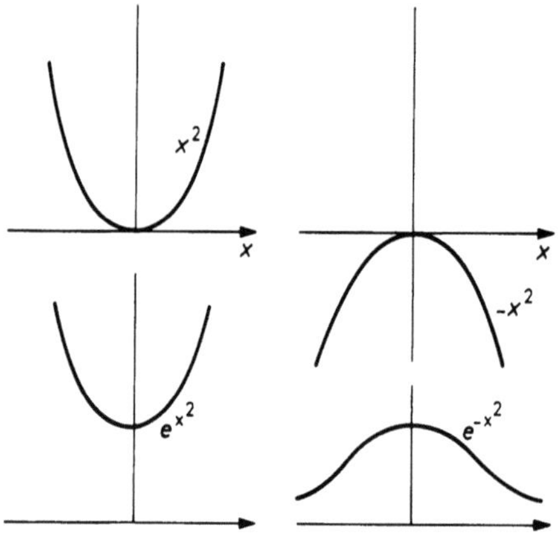

Abb. 6.8. Konvexe und pseudokonkave Funktion

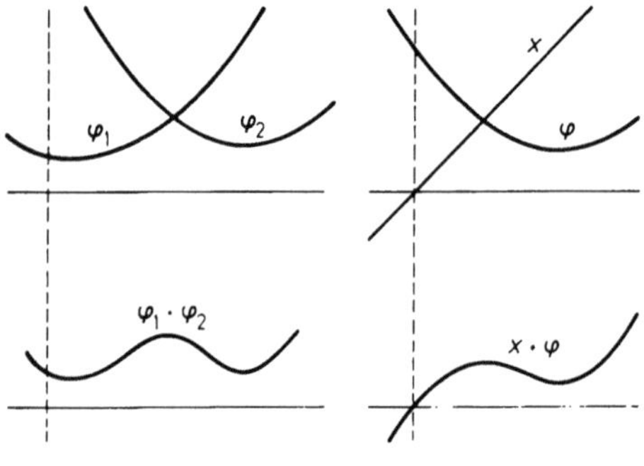

Abb. 6.9. Produkt konvexer Funktionen

Damit gilt unter Benutzung der Konvexität von φ und der Monotonie von h die Abschätzung:

$$\begin{aligned}\Phi(\alpha\,\boldsymbol{x} + (1-\alpha)\,\boldsymbol{y}) &= h(\varphi(\alpha\,\boldsymbol{x} + (1-\alpha)\,\boldsymbol{y})) \\ &\leqq h(\alpha\,\varphi(\boldsymbol{x}) + (1-\alpha)\,\varphi(\boldsymbol{y})) \\ &\leqq \alpha\,\Phi(\boldsymbol{x}) + (1-\alpha)\,\Phi(\boldsymbol{y}).\end{aligned}$$

Für den analogen Satz für konkave Funktionen benötigt man die (6.8) entsprechende Charakterisierung für konkave Funktionen.

$\varphi(\boldsymbol{x})$ sei auf der konvexen Menge B differenzierbar; $\varphi(\boldsymbol{x})$ ist genau dann konkav, wenn für alle $\boldsymbol{x}, \boldsymbol{y} \in B$ gilt

$$\varphi(\boldsymbol{y}) \leqq \varphi(\boldsymbol{x}) + (\boldsymbol{y} - \boldsymbol{x})' \operatorname{grad} \varphi(\boldsymbol{x}). \tag{6.19}$$

Der Beweis hierfür verläuft völlig analog dem zu der Formel (6.8).

Satz 12: $\varphi(\boldsymbol{x})$ sei auf dem konvexen Bereiche B konkav und differenzierbar und nehme reelle Werte aus dem Wertebereich W an. $h(z)$ sei eine auf W erklärte Funktion mit positiver Ableitung: $h'(z) > 0$ für $z \in W$. Dann ist die Funktion $\Phi(\boldsymbol{x}) = h(\varphi(\boldsymbol{x}))$ auf B pseudokonkav.

Beweis: Es seien $\boldsymbol{x}$ und $\boldsymbol{y}$ beliebige Punkte aus B mit

$$(\boldsymbol{y} - \boldsymbol{x})' \operatorname{grad} \Phi(\boldsymbol{x}) \leqq 0. \tag{6.20}$$

Dann lautet die Behauptung $\Phi(\boldsymbol{y}) \leqq \Phi(\boldsymbol{x})$. Nun gilt nach der Kettenregel:

$$\operatorname{grad} \Phi(\boldsymbol{x}) = a \cdot \operatorname{grad} \varphi(\boldsymbol{x}),$$

wobei zur Abkürzung $a = h'(\varphi(\boldsymbol{x}))$ gesetzt ist. Wegen der Positivität der Ableitung gilt $a > 0$. Unter Benutzung von (6.19) und (6.20) folgt nun

$$\varphi(\boldsymbol{y}) - \varphi(\boldsymbol{x}) \leqq (\boldsymbol{y} - \boldsymbol{x})' \operatorname{grad} \varphi(\boldsymbol{x}) = \frac{1}{a} (\boldsymbol{y} - \boldsymbol{x})' \operatorname{grad} \Phi(\boldsymbol{x}) \leqq 0.$$

Nun hat aber $\varphi(\boldsymbol{y}) \leqq \varphi(\boldsymbol{x})$ wegen der Monotonie von h zur Folge $\Phi(\boldsymbol{y}) \leqq \Phi(\boldsymbol{x})$.

Beispiele für die Sätze 11 und 12: $h(z) = e^z$ erklärt die eingangs genannten Beispiele der Abb. 6.8. Enthält W nur positive Zahlen, so kann man $h(z) = z^k$ setzen, wobei für die Anwendung von Satz 11 $k \geqq 1$ und für die Anwendung von Satz 12 $k > 0$ sei.

Satz 13: Für jede in einem konvexen Bereich B definierte quasikonvexe Funktion $\varphi(\boldsymbol{x})$ ist die Menge M der Minimalpunkte konvex.

Beweis: Sei c eine beliebige reelle Konstante und M_c die Menge der Punkte $\boldsymbol{x}$ mit $\boldsymbol{x} \in B$, $\varphi(\boldsymbol{x}) \leqq c$. Wir zeigen allgemeiner, daß für jedes c stets M_c leer oder konvex ist. Es gebe in M_c zwei verschiedene Punkte $\boldsymbol{y}, \boldsymbol{z}$, wobei etwa $\varphi(\boldsymbol{z}) \leqq \varphi(\boldsymbol{y})$ sei. Dann gilt für $0 \leqq \alpha \leqq 1$ wegen der Quasikonvexität von φ:

$$\varphi(\alpha \boldsymbol{z} + (1 - \alpha) \boldsymbol{y}) \leqq \varphi(\boldsymbol{y}) \leqq c,$$

das heißt aber

$$\alpha \boldsymbol{z} + (1 - \alpha) \boldsymbol{y} \in M_c.$$

Satz 14: Für zwei in einem konvexen Bereich B erklärte Funktionen $Z(\boldsymbol{x})$ und $N(\boldsymbol{x})$ gelte: $N(\boldsymbol{x}) > 0$ in B, $Z(\boldsymbol{x})$ konvex in B. Ferner gelte mindestens eine der beiden Voraussetzungen:

a) N ist affin-linear,
b) N ist konvex und $Z(\boldsymbol{x}) \leqq 0$ in B.

Sind überdies Z und N in B differenzierbar, so ist die Funktion

$$\varphi(\boldsymbol{x}) = \frac{Z(\boldsymbol{x})}{N(\boldsymbol{x})} \text{ in } B \text{ pseudokonvex.}$$

Beweis: Seien $\boldsymbol{x}, \boldsymbol{y}$ zwei beliebige Punkte aus B mit

$$(\boldsymbol{y} - \boldsymbol{x})' \operatorname{grad} \varphi(\boldsymbol{x}) \geqq 0 . \tag{6.21}$$

Dann ist zu zeigen $\varphi(\boldsymbol{y}) \geqq \varphi(\boldsymbol{x})$ oder

$$Z(\boldsymbol{y}) N(\boldsymbol{x}) - Z(\boldsymbol{x}) N(\boldsymbol{y}) \geqq 0 . \tag{6.22}$$

Die Ausrechnung von grad $\varphi(\boldsymbol{x})$ liefert nun

$$N^2(\boldsymbol{x}) \operatorname{grad} \varphi(\boldsymbol{x}) = N(\boldsymbol{x}) \operatorname{grad} Z(\boldsymbol{x}) - Z(\boldsymbol{x}) \operatorname{grad} N(\boldsymbol{x}) .$$

Dann erhält man aus (6.21), indem man für die konvexe Funktion $Z(\boldsymbol{x})$ (6.8) benutzt,

$$\begin{aligned} 0 &\leqq N^2(\boldsymbol{x}) (\boldsymbol{y} - \boldsymbol{x})' \operatorname{grad} \varphi(\boldsymbol{x}) \\ &= N(\boldsymbol{x}) (\boldsymbol{y} - \boldsymbol{x})' \operatorname{grad} Z(\boldsymbol{x}) - Z(\boldsymbol{x}) (\boldsymbol{y} - \boldsymbol{x})' \operatorname{grad} N(\boldsymbol{x}) \\ &\leqq N(\boldsymbol{x}) [Z(\boldsymbol{y}) - Z(\boldsymbol{x})] - Z(\boldsymbol{x}) (\boldsymbol{y} - \boldsymbol{x})' \operatorname{grad} N(\boldsymbol{x}) . \end{aligned} \tag{6.23}$$

Ist nun N affin-linear: $N(\boldsymbol{x}) = \boldsymbol{x}' \boldsymbol{b} + \beta$ mit einem konstanten Vektor $\boldsymbol{b}$ und einer Konstanten β, so gilt grad $N(\boldsymbol{x}) = \boldsymbol{b}$ und

$$N(\boldsymbol{y}) - N(\boldsymbol{x}) = (\boldsymbol{y} - \boldsymbol{x})' \boldsymbol{b} = (\boldsymbol{y} - \boldsymbol{x})' \operatorname{grad} N(\boldsymbol{x}) .$$

Setzt man dies in (6.23) ein, so folgt unmittelbar (6.22).

Ist aber (obige Voraussetzung b)) N konvex und $Z \leqq 0$, so gilt nach (6.8)

$$- Z(\boldsymbol{x}) (\boldsymbol{y} - \boldsymbol{x})' \operatorname{grad} N(\boldsymbol{x}) \leqq - Z(\boldsymbol{x}) [N(\boldsymbol{y}) - N(\boldsymbol{x})]$$

und wieder folgt dann aus (6.23) die Behauptung (6.22).

Sind $Z(\boldsymbol{x})$ und $N(\boldsymbol{x})$ beide affin-linear, so sind alle Voraussetzungen des Satzes 14 erfüllt, und $\varphi(\boldsymbol{x})$ hat dann die durch (6.11) gegebene Form einer hyperbolischen Funktion. Satz 14 enthält also das wichtige Resultat, daß jede hyperbolische Optimierungsaufgabe eine spezielle pseudokonvexe Aufgabe ist.

Genauso kann man zeigen, daß jede hyperbolische Optimierungsaufgabe auch pseudokonkav und quasilinear ist.

6.8. Weitere Beispiele stetiger Optimierungsaufgaben

1. Rentabilitätsproblem als hyperbolische Optimierung: Vom wirtschaftlichen Standpunkt aus ist oft die Rentabilität von Interesse, welche als Quotient von Reingewinn und den investierten Kosten definiert ist. Dies soll an dem idealisierten Beispiel von 1.1 (Beispiel 2) erläutert werden. Nimmt man, um nur ein Beispiel einer

solchen Problemstellung zu nennen, als investierte Kosten pro Kuh 200 DM und pro Schaf 20 DM und als feste Kosten 4000 DM an, so betragen die gesamten Investitionskosten $(4000 + 200x_1 + 20x_2)$ DM, und man hätte als neue Zielfunktion

$$Q = \frac{250\,x_1 + 45\,x_2}{4000 + 200\,x_1 + 20\,x_2} = \text{Max!}$$

Die in (1.4) als Ungleichungen genannten Nebenbedingungen würden erhalten bleiben, und insgesamt hätte man eine hyperbolische Optimierung.

2. Quadratische Optimierung bei Preiskalkulation: Man kommt oft auf ganz natürliche Weise zu nichtlinearen Optimierungen. Ein Kaufmann möchte z.B. eine Ware zu einem solchen Stückpreis p verkaufen, daß der gesamte Erlös $Q = N \cdot p$ maximal wird, wobei N die Anzahl der verkauften Stücke ist; oft liegt eine Situation vor, bei welcher bei niedrigerem Preis mehr Stücke abgesetzt werden. Schon wenn man den Zusammenhang zwischen N und p in allereinfachster Weise als linear annimmt zu $N = c_1 - c_2 p$ mit c_1, c_2 als Konstanten, wird Q in p nichtlinear, und man kann natürlich leicht umfangreichere und kompliziertere Beispiele nennen. So ist man in den Wirtschafts-Wissenschaften sehr an der Lösung nichtlinearer Optimierungen interessiert, doch hat man hier umfangreiche Aufgaben hauptsächlich mit linearen Optimierungen durchgerechnet (z.B. in der Mineralölindustrie mit etwa 10000 Variablen); für sehr umfangreiche nichtlineare Optimierungen aber sind die vorhandenen Methoden noch nicht rationell genug.

3. Isoperimetrie bei Dreiecken (Konvexe Optimierung): Fragt man in der Menge aller ebenen Dreicke mit gegebenem Umfange $2s$ nach einem Dreieck mit dem größten Flächeninhalt F, so lautet die klassische Formulierung, wenn man die Seitenlängen mit x_1, x_2, x_3 bezeichnet: $F = [s(s - x_1)(s - x_2)(s - x_3)]^{1/2} = \text{Max}$ unter der Nebenbedingung $x_1 + x_2 + x_3 = 2s$. Diese Formulierung ist aber nicht korrekt, denn die Aufgabe ist eine echte Optimierungsaufgabe mit Ungleichungen als Nebenbedingungen. Man muß die Restriktionen $0 \leqq x_j \leqq s$ für $j = 1, 2, 3$ hinnehmen; erst dann ist als Lösung das gleichseitige Dreieck mit $x_1 = x_2 = x_3 = \frac{2}{3}s$ und $F^2 = s^4/27$ festgelegt; ohne die Restriktionen existiert nämlich kein absolutes Maximum; z.B. für $x_1 = x_2 = -x_3 = 2s$ erhält man bereits für F^2 einen größeren Wert, nämlich $F^2 = 3s^4$.

4. Konvexe und nichtkonvexe Optimierung bei Standortproblemen: Einfache geometrische Minimumaufgaben mit eindeutig bestimmter Lösung führen häufig auf konvexe Optimierungen. Zunächst werde gefragt: In den vier Ecken eines Quadrates P_1, P_2, P_3, P_4 liegen Ortschaften. An welcher Stelle S im Innern des

Quadrates soll eine Fabrik angelegt werden, derart, daß die Summe der Entfernungen $\sum_{j=1}^{4} \overline{P_j S}$ ein Minimum wird. Die Lösung dieser konvexen Optimierungsaufgabe ist offenbar der Mittelpunkt M des Quadrates. Nun möge aber in der Mitte des Quadrates ein See sein von kreisförmiger Gestalt mit M als Mittelpunkt. Die Fabrik darf nicht im See liegen, und die Verbindungswege von der Fabrik zu den Ortschaften können nur um den See herum angelegt werden (vgl. Abb. 6.10b). Aus Symmetriegründen gibt es jetzt vier Minimallösungen, die getrennt voneinander liegen. Die Optimierungsaufgabe kann also nicht mehr konvex sein, sie ist jetzt eine algebraische.

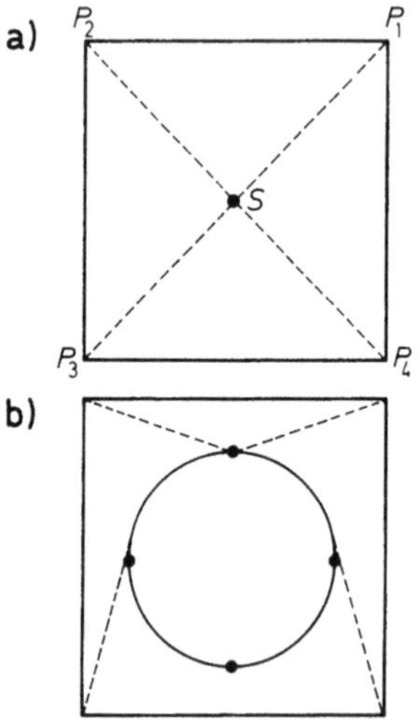

Abb. 6.10. Lage einer Fabrik in Gelände mit See

5. Konvexe und nichtkonvexe physikalische Optimierungsaufgaben:

a) Prinzip von der kürzesten Lichtzeit: In einer x, y-Ebene gehe ein Lichtstrahl vom Punkte $x = 0$, $y = a_1 > 0$ zum Punkte $x = b$, $y = -a_2 < 0$ (Abb. 6.11). In den Halbebenen $y > 0$, $y < 0$ sei jeweils ein konstantes Medium vorhanden, in welchem die Lichtgeschwindigkeit v_1 bzw. v_2 betrage. Der Lichtstrahl beschreibe einen gebrochen geradlinigen Weg, und zwar unter dem Winkel β_1 in der oberen und β_2 in der unteren Halbebene gegenüber der „lotrechten" Richtung (parallel zur y-Achse). Sind die Längen der Lichtwege in den beiden Halbebenen s_1 bzw. s_2 (Abb. 6.11), so beträgt die Lichtzeit

$$Q = \frac{s_1}{v_1} + \frac{s_2}{v_2} = \sum_{j=1}^{2} \frac{a_j}{v_j \cos \beta_j}\,.$$

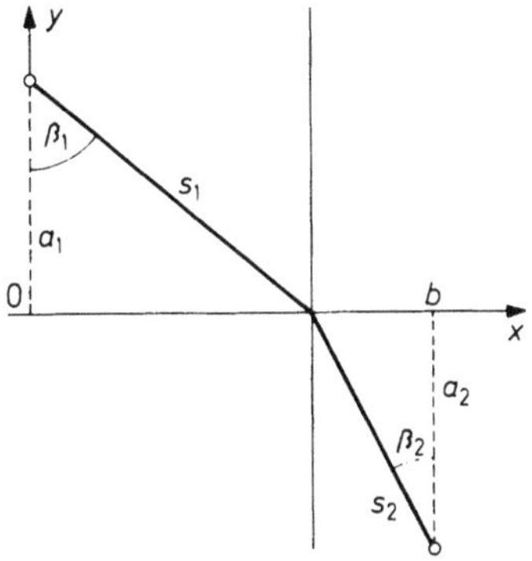

Abb. 6.11. Kürzeste Lichtzeit

Damit genügen die Variablen β_j bzw. $x_j = \tan \beta_j$ der Nebenbedingung

$$a_1 x_1 + a_2 x_2 = b\,,$$

während die Zielfunktion in den Variablen x_j die Form annimmt

$$Q = \sum_{j=1}^{2} \frac{a_j}{v_j} (1 + x_j^2)^{1/2} = \text{Min}\,.$$

Diese algebraische konvexe Optimierung hat als bekannte Lösung das Brechungsgesetz

$$\frac{\sin \beta_1}{\sin \beta_2} = \frac{v_1}{v_2}\,.$$

b) Eine quadratische Optimierung der Elastizitätstheorie: Es werde ein ebenes Problem betrachtet. Eine Punktmasse m vom Gewicht G hänge an n Stäben von vernachlässigbarem Gewicht, vom konstanten Querschnitt F_j, der Länge l_j und dem Elastizitätsmodul E_j ($j = 1, \ldots, n$). Die Stäbe bilden mit der Horizontalen die Winkel α_j (Abb. 6.12). Es stellt sich eine Gleichgewichtslage ein, bei welcher die Masse m die Verschiebungen u, v in horizontaler bzw. in vertikaler Richtung erfährt. Die Stäbe verlängern sich dabei um die Strecken δ_j mit

$$\delta_j = u \cos \alpha_j + v \sin \alpha_j \qquad (j = 1, \ldots, n)\,. \tag{6.24}$$

Der j-te Stab nimmt als innere potentielle Energie die Formänderungsarbeit

$$A_j = \frac{1}{2} E_j F_j \frac{\delta_j^2}{l_j}$$

auf.

Mit der potentiellen Energie $-Gv$ des Gewichtes im Schwerefeld

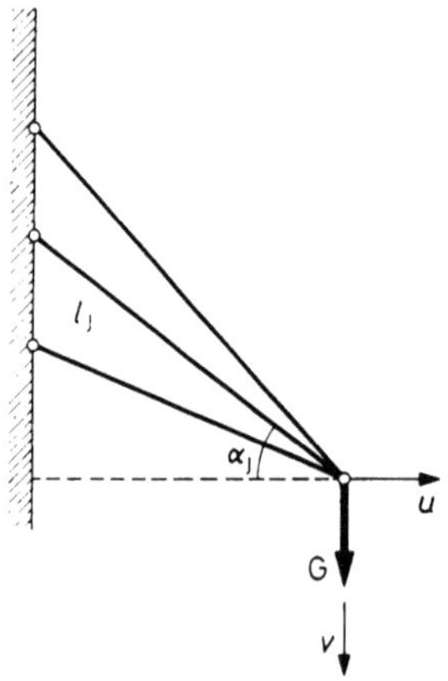

Abb. 6.12. Aufgabe aus der Elastizitätstheorie

hat man nach dem Prinzip, daß für die Gleichgewichtslage die gesamte potentielle Energie ein Minimum ist, die Optimierung mit der Zielfunktion

$$Q = \frac{1}{2} \sum_{j=1}^{n} E_j F_j \frac{\delta_j^2}{l_j} - G v$$

und den Nebenbedingungen (6.24), zu welchen man, wenn man will, bei einer Anordnung wie in Abb. 6.12 noch die Vorzeichenbedingungen für die $n + 2$ Variablen hinzunehmen kann:

$$\delta_j \geqq 0, \quad u \geqq 0, \quad v \geqq 0 .$$

c) Gleichgewichtslagen mechanischer Systeme: Das mechanische System werde durch die verallgemeinerten Koordinaten $q_1, \ldots, q_n$ beschrieben und besitze eine Gleichgewichtslage, welche durch $q_j = 0$ ($j = 1, \ldots, n$) festgelegt sei. Es mögen nur „kleine" Auslenkungen aus der Gleichgewichtslage ($q_j \ll 1$) betrachtet werden. Die potentielle Energie, welche als Zielfunktion betrachtet werden kann, wird dann eine quadratische Form in den q_j, und zwar eine positiv-semidefinite, wenn die Gleichgewichtslage stabil ist. Bei der Beschreibung des Systems in anderen Koordinaten kann man leicht Fälle angeben, in welchen für die Zielfunktion Q noch lineare Glieder hinzutreten, welche die Konvexität der Zielfunktion nicht stören und in welchen auch noch lineare Restriktionen vorkommen.

d) Nichtkonvexe Optimierungsaufgabe bei einem mechanischen System mit mehreren Gleichgewichtslagen: Eine punktförmige Masse ist auf einem lotrechten Kreise reibungsfrei beweglich

(Abb. 6.13) und steht unter dem Einfluß einer konstanten, gegen den höchsten Punkt P des Kreises gerichteten Kraft K (realisierbar durch ein an einem Faden hängendes Gewicht). Bei Einführung von Koordinaten x, y und des Kreisradius r wie in Abb. 6.13 hat man die Nebenbedingung $x^2 + y^2 = 2ry$ und als Zielfunktion die gesamte potentielle Energie

$$Q = -Gy + K(x^2 + y^2)^{1/2}.$$

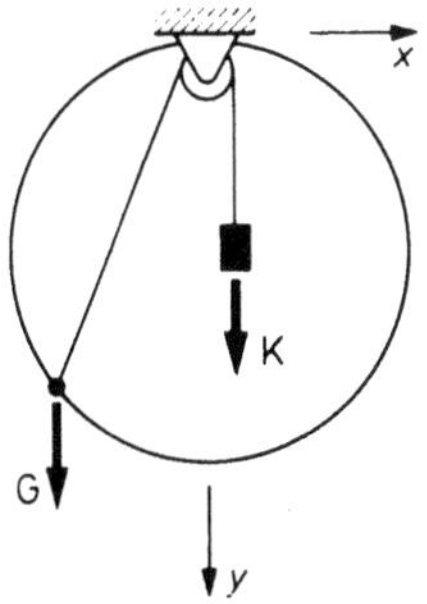

Abb. 6.13. Mechanisches System mit 4 Gleichgewichtslagen

Würde man als neue Koordinaten $\xi = x^2$, $\eta = (y - r)^2$ einführen, so würde die Nebenbedingung linear, aber die Zielfunktion nicht konvex. Es gibt hier im allgemeinen vier Gleichgewichtslagen, die natürlich nicht alle stabil sind und die man durch Hinzunahme einer Ungleichung $x \geqq 0$ um eine verringern kann.

6. Quasikonkave Aufgabe aus der Computer-Kalkulation: Dieses Beispiel soll zeigen, wie man durch Einführung anderer Koordinaten den Typ der Optimierungsaufgabe ändern kann. Bei einem Computer habe der Speicher eine mittlere Zugriffszeit t, während p der Bitpreis des betreffenden Speichers sei. (Nach einem Vortrag von Dr. Jessen (Konstanz) in Hamburg, Dezember 1970.) In vereinfachter Darstellung ist das Preisdurchsatzverhältnis (Preis pro Rechenoperation) gegeben durch

$$Q = a_0 + a_1 t + a_2 p + a_3 t p,$$

wobei die a_γ angebbare positive Konstanten sind. Für handelsübliche Rechenanlagen liegen die Werte von t und p in einer t-p-Ebene auf einem kleinen, etwa ellipsenförmigen Bereich M, welcher die Menge der zulässigen Punkte darstellt. Mit $t \geqq 0$, $p \geqq 0$, $(t, p) \in M$, $Q = \text{Min}$ liegt eine quasikonkave Optimierung vor. Durch die Transformation $t = e^u$, $p = e^v$ geht M wieder in einen konvexen Bereich der u-v-Ebene über und Q wird eine konvexe Funktion:

$$Q = a_0 + a_1 e^u + a_2 e^v + a_3 e^{u+v},$$

so daß man nunmehr mit $Q =$ Min eine konvexe Optimierung hat.

7. Konvexe Optimierung beim Quotienten-Einschließungssatz für Matrizen (nach ELSNER, 1971): Es sei $\boldsymbol{A} = (a_{jk})$ eine irreduzible quadratische Matrix mit nichtnegativen Elementen $a_{jk} \geqq 0$ $(j, k = 1, \ldots, n)$. Zu der Maximalwurzel λ von $\boldsymbol{A}$ gibt es einen Eigenvektor $\boldsymbol{z}$ mit positiven Komponenten $z_1, \ldots, z_n$, welcher der Gleichung $\boldsymbol{A}\boldsymbol{z} = \lambda \boldsymbol{z}$ genügt. Nun sei $\boldsymbol{x}$ ein beliebiger Vektor mit positiven Komponenten x_j. Berechnet man dann die Quotienten

$$q_j = \frac{\sum_{k=1}^{n} a_{jk} x_k}{x_j} \quad (j = 1, \ldots, n),$$

so gilt nach dem Einschließungssatz

$$\operatorname*{Min}_j q_j \leqq \lambda \leqq \operatorname*{Max}_j q_j = M(\boldsymbol{x}).$$

Um eine gute obere Schranke zu erhalten, möchte man $M(\boldsymbol{x})$ möglichst klein machen. Man fragt also nach dem $\operatorname*{Min}_{\boldsymbol{x}>0} M(\boldsymbol{x})$. In dieser Form ist es eine nichtkonvexe Optimierungsaufgabe. Führt man aber anstelle der x_j neue Koordinaten r_j durch $x_j = e^{r_j}$ ein, so haben die q_j als Funktionen von $\boldsymbol{r}$ die Gestalt

$$q_j(\boldsymbol{r}) = \sum_{k=1}^{n} a_{jk}\, e^{(r_k - r_j)}.$$

Diese Funktionen sind nun konvex, denn für beliebige Vektoren $\boldsymbol{r}$, $\boldsymbol{s}$ und $0 \leqq \alpha \leqq 1$ gilt

$$\begin{aligned} q_j(\alpha\,\boldsymbol{r} + (1-\alpha)\,\boldsymbol{s}) &= \sum_k a_{jk}\, e^{\alpha(r_k - r_j) + (1-\alpha)(s_k - s_j)} \\ &\leqq \alpha\, q_j(\boldsymbol{r}) + (1-\alpha)\, q_j(\boldsymbol{s}), \end{aligned}$$

denn wegen der Konvexität der e-Funktion ist

$$e^{\alpha\varrho + (1-\alpha)\sigma} \leqq \alpha\, e^{\varrho} + (1-\alpha)\, e^{\sigma}.$$

Damit ist auch $\operatorname*{Max}_j q_j(\boldsymbol{r})$ in $\boldsymbol{r}$ konvex.

Für das Minimum der q_j ist aber ein solcher Schluß nicht durchführbar.

8. Optimale Steuerungen: Das Problem der optimalen Steuerungen (Optimal control) stellt eine Verallgemeinerung der klassischen Variationsaufgaben dar. Für Funktionen

$$\boldsymbol{x}(t) = \{x_1(t), \ldots, x_n(t)\}' \in R^n \qquad \text{(Zustandsvariable)}$$

und

$$\boldsymbol{u}(t) = \{u_1(t), \ldots, u_m(t)\}' \in R^m \qquad \text{(Steuervariable)}$$

ist ein System gewöhnlicher Differentialgleichungen gegeben

$$\dot{\boldsymbol{x}} = \boldsymbol{G}(t, \boldsymbol{x}(t), \boldsymbol{u}(t)), \tag{6.25}$$

ein Anfangsvektor $\boldsymbol{x}(t_1) = \boldsymbol{a}$ und eventuell ein Endvektor $\boldsymbol{x}(t_2) = \boldsymbol{b}$, und es soll ein Integral (das „Kostenintegral")

$$F = \int_{t_1}^{t_2} \varphi(t, \boldsymbol{x}(t), \boldsymbol{u}(t))\, dt \tag{6.26}$$

durch passende Wahl der Steuervariablen $u(t)$ zum Minimum gemacht werden, wobei die Steuervariablen zwischen gegebenen Schranken $\boldsymbol{u}$ und $\overline{\boldsymbol{u}}$ liegen sollen

$$\boldsymbol{u} \leqq \boldsymbol{u}(t) \leqq \overline{\boldsymbol{u}}. \tag{6.27}$$

Sind der Zeitpunkt t_2 und der Endvektor $\boldsymbol{x}(t_2)$ vorgegeben, so spricht man von „Festendproblemen", andernfalls von „Freiendproblemen". φ ist eine gegebene Funktion ihrer Argumente. Im einfachsten Falle $\varphi = 1$ liegt das Problem einer Zeitminimierung vor. Es soll der gegebene Endzustand in möglichst kurzer Zeit erreicht werden.

Die Darstellung einer Theorie der optimalen Steuerungen würde den Rahmen dieses Bändchens sprengen. Daher sollen hier nur ein einfaches, typisches Beispiel gegeben und einige Bemerkungen über die numerische Behandlung gemacht werden.

Problem der kürzesten Fahrzeit: Ein Zug soll in möglichst kurzer Zeit von einem Orte P_0 (Ortskoordinate $x = 0$) zu einem Orte P_1 (Ortskoordinate $x = p$) fahren.

Die Aufgabe wird stark idealisiert behandelt, indem von Reibung, Luftwiderstand u. a. abgesehen wird. Als Steuerungsvariable $u(t)$ tritt die dem Zuge erteilbare Beschleunigung $\ddot{x}(t)$ auf, welche einen positiven Wert a nicht überschreiten und einen negativen Wert $-b$ nicht unterschreiten kann. Der Zug beginnt zur Zeit $t = t_1 = 0$ zu fahren und erreicht das Ziel zu einem Zeitpunkt $t = t_2$, wobei t_2 noch unbekannt ist, aber möglichst klein sein soll. Somit lautet das Problem

$$\begin{gathered} \ddot{x}(t) = u(t), \quad x(0) = \dot{x}(0) = 0, \quad x(t_2) = p, \quad \dot{x}(t_2) = 0 \\ F = \int_0^{t_2} dt = t_2 = \text{Min}, \quad -b \leqq u(t) \leqq a. \end{gathered} \tag{6.28}$$

Nach dem sogenannten Pontrjaginschen Maximumprinzip (welches hier nicht bewiesen wird, siehe etwa Converse, 1970 oder Melsa-Schultz, 1970) fährt der Zug am schnellsten, wenn er von $t = 0$ bis $t = t_z$ mit der größtmöglichen Beschleunigung a und von der Zeit $t = t_z$ bis zur Zeit $t = t_2$ mit der stärkstmöglichen Bremsbeschleunigung $-b$ fährt. Hieraus läßt sich die Zwischenzeit t_z sofort durch t_2 ausdrücken; es ist $t_z = \frac{b}{a+b} t_2$, und mit Hilfe der Gleichung

$$x(t_2) = \frac{a}{2} t_z^2 + a t_z (t_2 - t_z) - \frac{b}{2} (t_2 - t_z)^2 = p$$

erhält man

$$p = \frac{ab}{2(a+b)} t_2^2,$$

woraus man die minimale Zeit t_2 findet.

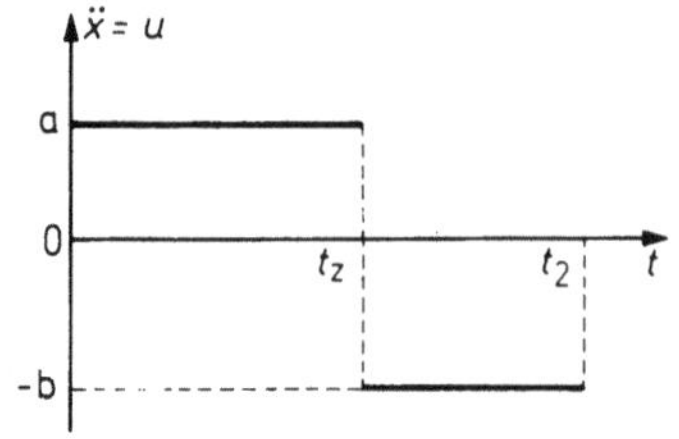

Abb. 6.14. Optimale Steuerung (Fahrt eines Zuges)

Das hier beobachtete Umspringen der Steuervariablen u (vgl. Abb. 6.14) von der einen Schranke a zur anderen Schranke $-b$ ist typisch für die optimalen Steuerungen. Ferner beobachten wir, daß das Problem erst durch die Ungleichungen (die Restriktionen $-b \leqq u(t) \leqq a$) sinnvoll wird. Denn ohne diese Restriktionen hätte das Problem keine Lösung.

Zur numerischen Rechnung: Bei der sehr großen Bedeutung der Optimal Control-Probleme sind viele verschiedenartigen Methoden zur näherungsweisen Lösung solcher Probleme entwickelt worden, auf die hier nicht eingegangen werden kann. Es sei nur die naheliegende Methode der Diskretisierung genannt, bei welcher man das in Betracht kommende Zeitintervall in eine endliche Anzahl kleinerer Intervalle unterteilt, die Differentialquotienten durch Differenzenquotienten oder besser approximierende Ausdrücke und das zu minimierende Integral durch eine endliche Summe ersetzt. Man kommt dann auf eine endliche Optimierungsaufgabe mit endlich vielen Variablen und endlich vielen Restriktionen. Diese Optimierungsaufgabe ist linear, wenn G und φ linear-affin von $\boldsymbol{x}$ und $\boldsymbol{u}$ abhängen, andernfalls nichtlinear, und es stehen die in diesem Bändchen genannten Näherungsmethoden zur Lösung der Optimierungsaufgaben zur Verfügung.

9. Algebraische Optimierung

Anlage eines Straßennetzes: In der Ebene sind Punkte P_j ($j = 1, \ldots, n$) als Ortschaften durch ihre Koordinaten x_j, y_j gegeben. Es sei f_{jk} der „Verkehrsfluß" zwischen P_j und P_k, etwa die Anzahl der in einem Jahr zwischen P_j und P_k verkehrenden Fahrzeuge. Die Kosten pro Kilometer Straßenlänge (Bau, Unterhalt usw.) werden in der Form $k(f) = a + bf$ mit a, b als Konstanten und f als dem betreffenden Verkehrsfluß angesetzt. Es ist ein Straßennetz zu entwerfen, für welches die Gesamtkosten möglichst klein werden.

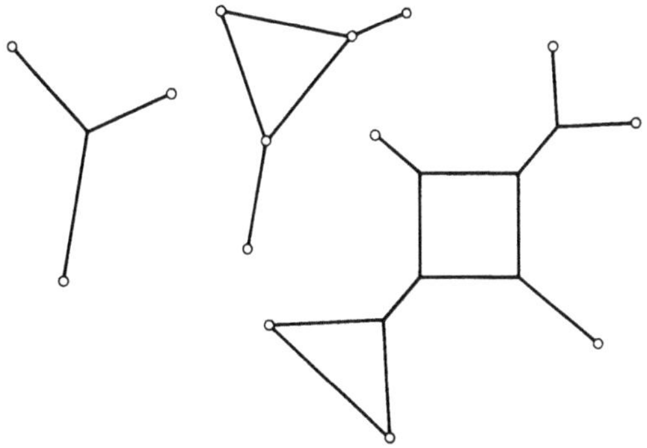

Abb. 6.15. Anlage eines Straßennetzes

Die Behandlung dieser Aufgabe für größere Werte von n stößt auf eigenartige topologische Schwierigkeiten. Bei nicht zu großen Werten von n (vgl. Abb. 6.15) kann man noch die möglichen Anordnungen diskutieren, aber bei größerer Anzahl von Ortschaften weiß man von vornherein nicht, welche Anordnungen des Straßennetzes in Frage kommen, und man kann dann nicht einmal die Formulierung der Optimierung explizit hinschreiben.

6.9. Beispiele ganzzahliger Optimierungen

Bei diesen kann

a) ein Teil der unabhängigen Variablen oder alle unabhängigen Variablen nur ganzzahlige Werte annehmen oder

b) die Zielfunktion nur ganzzahlige Werte annehmen oder

c) es können a) und b) zugleich auftreten.

Wir nennen wieder einige einfache Beispiele:

1. Ganzzahlige quadratische Optimierung (Großraumbüro, Quadratic assignment Problem, Verdrahtung bei Rechenanlagen usw.):

In einem Büro seien n Räume und n Personen vorhanden. Es sollen nahe beieinanderliegende Räume mit Personen besetzt werden, die viel miteinander zu tun haben, während man bei Personen, die wenig miteinander zu tun haben, längere Wege in Kauf nehmen kann (Abb. 6.16). Der (nicht notwendig geradlinige) Weg zwischen

Raum Nr. i und Nr. k habe die Länge a_{ik}, und b_{jl} sei die Häufigkeit der Kontaktnahme zwischen den Personen Nr. j und l. Gesucht sind Zahlen x_{jk}, die sämtlich nur die Werte 0 oder 1 annehmen können und eine Permutationsmatrix (eine doppelt stochastische Matrix) bilden, also

$$\sum_j x_{jk} = \sum_k x_{jk} = 1$$

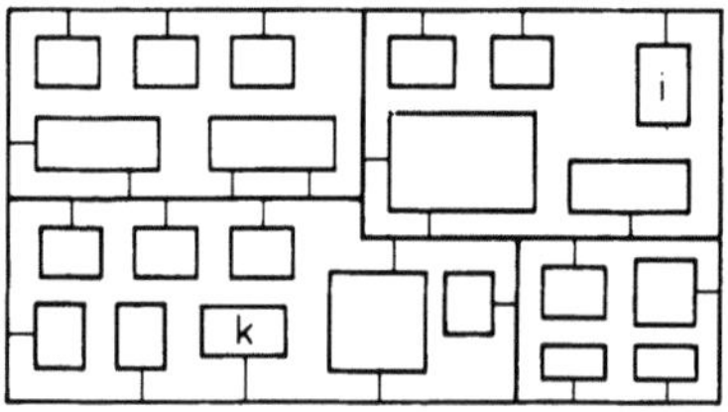

Abb. 6.16. Großraumbüro

erfüllen. Es wird unter diesen Restriktionen

$$\varphi = \sum_{i,j,k,l} a_{ik}\, b_{jl}\, x_{ij}\, x_{kl} = \text{Min}$$

verlangt.

2. Zerschneideaufgabe:

Aus einer kreisförmigen Blechscheibe von gegebenem Radius R, z.B. $R = 50$ cm, sollen (sich gegenseitig nicht überdeckende) Kreisscheiben, die entweder den Radius $r_1 = 1$ cm oder den Radius

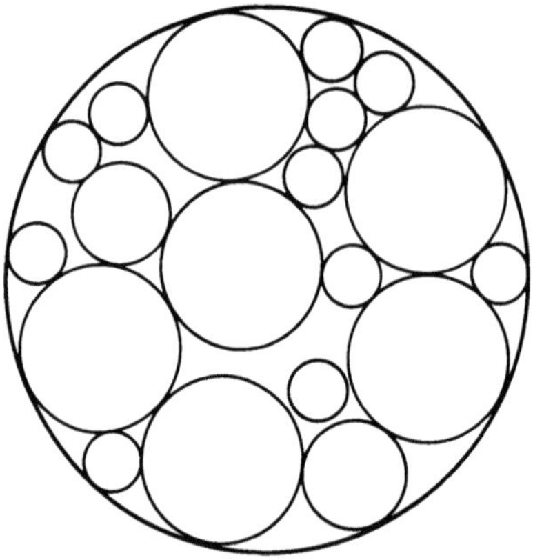

Abb. 6.17. Zerschneideaufgabe (kreisförmige Blechscheibe)

$r_2 = 2$ oder den Radius $r_3 = 3$ cm haben, herausgeschnitten werden, so daß der Abfall (der Rest) Q möglichst klein wird (Abb. 6.17). Hier ist $\frac{1}{\pi} Q$ ganzzahlig.

3. Briefmarkenprobleme:

Für ganzzahlige gegebene p, q mit $p > q > 0$ sei $s(p, q)$ die kleinste Anzahl natürlicher Zahlen $n_1, \ldots, n_s$ mit der Eigenschaft: für jede natürliche Zahl $i \leqq p$ gibt es nichtnegative ganze Zahlen x_{ij} mit

$$\sum_{j=1}^{s} x_{ij} \leqq q \qquad \text{und} \qquad i = \sum_{j=1}^{s} x_{ij} n_j .$$

Oder anders formuliert: Wieviele Sorten von Briefmarken sind nötig, damit man für jedes Porto $\leqq p$ höchstens q Briefmarken braucht?

Zahlenbeispiel: $s(20, 3) = 4$, z.B. $\{n_i\} = \{1, 4, 6, 7\}$
aber $s(20, 4) = 3$, z.B. $\{n_i\} = \{1, 4, 6\}$.

4. Konvexe ganzzahlige Optimierung (Beispiel aus der Statistik):

Es seien zwei Grundgesamtheiten I und II gegeben, von denen angenommen wird, daß sie normalverteilt sind mit den unbekannten Mittelwerten a bzw. b und mit bekannten Streuungen σ_0 bzw. τ_0. Daraus soll je eine Stichprobe vom Umfang m bzw. n entnommen werden. Die Kosten für jeden Meßwert aus I bzw. II sollen A bzw. B betragen.

Es sind nun die Stichprobenumfänge m und n gesucht, für die die Irrtumswahrscheinlichkeit in gegebenen Schranken bleibt und gleichzeitig die entstehenden Kosten minimal werden. Man erhält als Bedingung für m und n:

$$A m + B n = \text{Min}, \frac{\sigma_0^2}{m} + \frac{\tau_0^2}{n} \leqq K ,$$

wobei K eine gegebene Konstante ist (nähere Einzelheiten bei Pfanzagl, 1966).

§ 7. Charakterisierung einer Minimallösung bei konvexer Optimierung

7.1. Sattelpunktsatz von Kuhn und Tucker

Bei linearen Optimierungsaufgaben ist durch Satz 4 in § 5 eine Charakterisierung der Minimallösung der Originalaufgabe mit Hilfe der Maximallösung der dualen Aufgabe gegeben. Die Verallgemeinerung dieser Idee auf konvexe Optimierungsaufgaben ist der Inhalt des Kuhn-Tucker-Satzes.

Wie in § 6.3 lautet die zu behandelnde Aufgabe

$$\left.\begin{array}{l} f_j(\boldsymbol{x}) \leqq 0 \qquad (j = 1, \ldots, m),\ \boldsymbol{x} \geqq 0 , \\ F(\boldsymbol{x}) = \text{Min!} \end{array}\right\} \tag{7.1}$$

Die Funktionen $F(\boldsymbol{x})$ und $f_j(\boldsymbol{x})$ sind definiert und konvex für $\boldsymbol{x} \in R^n$. Wie bei der Multiplikatorenmethode nach Lagrange zur Bestimmung von Extremwerten unter Nebenbedingungen führt man eine Funktion

$$\Phi(\boldsymbol{x}, \boldsymbol{u}) = F(\boldsymbol{x}) + \sum_{j=1}^{m} u_j f_j(\boldsymbol{x}) \tag{7.2}$$

ein. Dabei ist $\boldsymbol{u} = (u_1, \ldots, u_m)'$ ein Vektor des R^m. Die Komponenten u_j nennt man auch *Multiplikatoren* und $\Phi(\boldsymbol{x}, \boldsymbol{u})$, eine Funktion von $n + m$ Variablen, die *Lagrange-Funktion* zur Aufgabe (7.1).

Faßt man auch die Funktionen $f_j(\boldsymbol{x})$ zu einem Vektor $\boldsymbol{f}(\boldsymbol{x}) = (f_1(\boldsymbol{x}), \ldots, f_m(\boldsymbol{x}))'$ zusammen, so kann man für (7.2) schreiben

$$\Phi(\boldsymbol{x}, \boldsymbol{u}) = F(\boldsymbol{x}) + \boldsymbol{u}'\boldsymbol{f}(\boldsymbol{x}).$$

Definition: Ein Punkt $\begin{pmatrix}\boldsymbol{x}^0\\ \boldsymbol{u}^0\end{pmatrix}$ des R^{n+m} mit $\boldsymbol{x}^0 \geqq 0$, $\boldsymbol{u}^0 \geqq 0$ heißt *Sattelpunkt* von $\Phi(\boldsymbol{x}, \boldsymbol{u})$ (bezüglich der durch $\boldsymbol{x} \geqq 0$, $\boldsymbol{u} \geqq 0$ gegebenen Teilmenge des R^{n+m})*, wenn für alle $\boldsymbol{x} \geqq 0$ und alle $\boldsymbol{u} \geqq 0$

$$\Phi(\boldsymbol{x}^0, \boldsymbol{u}) \leqq \Phi(\boldsymbol{x}^0, \boldsymbol{u}^0) \leqq \Phi(\boldsymbol{x}, \boldsymbol{u}^0) \tag{7.3}$$

gilt.

Der folgende Satz gilt ohne weitere Voraussetzungen (nicht einmal Konvexität) über die Funktionen $F(\boldsymbol{x})$ und $f_j(\boldsymbol{x})$.

Satz 1: Ist $\begin{pmatrix}\boldsymbol{x}^0\\ \boldsymbol{u}^0\end{pmatrix}$ *ein Sattelpunkt von* $\Phi(\boldsymbol{x}, \boldsymbol{u})$, *so ist* $\boldsymbol{x}^0$ *eine Minimallösung der Aufgabe* (7.1).

Beweis: (7.3) besagt: Für $\boldsymbol{x} \geqq 0$, $\boldsymbol{u} \geqq 0$ ist

$$F(\boldsymbol{x}^0) + \boldsymbol{u}'\boldsymbol{f}(\boldsymbol{x}^0) \leqq F(\boldsymbol{x}^0) + \boldsymbol{u}^{0\prime}\boldsymbol{f}(\boldsymbol{x}^0) \leqq F(\boldsymbol{x}) + \boldsymbol{u}^{0\prime}\boldsymbol{f}(\boldsymbol{x}).$$

Daraus folgt $\boldsymbol{u}'\boldsymbol{f}(\boldsymbol{x}^0) \leqq \boldsymbol{u}^{0\prime}\boldsymbol{f}(\boldsymbol{x}^0)$ für alle $\boldsymbol{u} \in R^m$ mit $\boldsymbol{u} \geqq 0$. Das ist nur möglich, wenn $\boldsymbol{f}(\boldsymbol{x}^0) \leqq 0$ ist. Daher wird $\boldsymbol{u}^{0\prime}\boldsymbol{f}(\boldsymbol{x}^0) \leqq 0$. Setzt man $\boldsymbol{u} = 0$, so ergibt sich $\boldsymbol{u}^{0\prime}\boldsymbol{f}(\boldsymbol{x}^0) \geqq 0$ und damit $\boldsymbol{u}^{0\prime}\boldsymbol{f}(\boldsymbol{x}^0) = 0$. $\boldsymbol{x}^0$ genügt also allen Restriktionen der Aufgabe (7.1), und es gilt $F(\boldsymbol{x}^0) \leqq F(\boldsymbol{x}) + \boldsymbol{u}^{0\prime}\boldsymbol{f}(\boldsymbol{x})$ für alle $\boldsymbol{x} \geqq 0$. Ist $\boldsymbol{x}$ ein zulässiger Punkt der Aufgabe, ist also $\boldsymbol{f}(\boldsymbol{x}) \leqq 0$, so wird $F(\boldsymbol{x}^0) \leqq F(\boldsymbol{x})$; $\boldsymbol{x}^0$ ist Minimallösung der Aufgabe (7.1).

Wir zeigen nun, daß unter passenden Zusatzvoraussetzungen auch die Umkehrung des Satzes 1 gilt, daß also zu einer Minimallösung $\boldsymbol{x}^0$ der Aufgabe (7.1) ein Sattelpunkt der Funktion $\Phi(\boldsymbol{x}, \boldsymbol{u})$ gefunden werden kann. Dabei kommt man jedoch ohne Zusatzvoraussetzungen nicht aus, wie das folgende Beispiel zeigt:

Es sei $n = m = 1$, $F(x) = -x$, $f_1(x) = x^2$. Den Restriktionen $x^2 \leqq 0$, $x \geqq 0$ genügt nur $x = 0$. $x = 0$ ist damit auch Minimal-

---

* Wenn im folgenden der Begriff Sattelpunkt gebraucht wird, ist immer ein Sattelpunkt bezüglich $\boldsymbol{x} \geqq 0$, $\boldsymbol{u} \geqq 0$ gemeint.

lösung. Die Lagrange-Funktion lautet $\Phi(x, u) = -x + ux^2$. Hätte sie für $x = 0$ und passendes $u \geqq 0$ einen Sattelpunkt, so müßte $0 \leqq -x + ux^2$ für $x \geqq 0$ gelten, was offensichtlich nicht möglich ist.

Eine Voraussetzung, die solche Fälle ausschließt und die Umkehrbarkeit des Satzes 1 sichert, lautet:

(V): Es gibt einen zulässigen Punkt $\tilde{\boldsymbol{x}}$ mit $f_j(\tilde{\boldsymbol{x}}) < 0$ $(j = 1, \ldots, m)$.

Beim Beweis des Kuhn-Tucker-Satzes wird der folgende wichtige Satz benutzt, der im Anhang bewiesen wird.

Trennungssatz für konvexe Mengen: B_1 und B_2 seien konvexe echte Teilmengen des R^n, die keine gemeinsamen Punkte haben. B_2 sei offen. Dann gibt es eine Hyperebene $\boldsymbol{a}'\boldsymbol{x} = \beta$, die B_1 und B_2 trennt, d. h. einen Vektor $\boldsymbol{a} \neq 0$ und eine reelle Zahl β mit $\boldsymbol{a}'\boldsymbol{x} \leqq \beta < \boldsymbol{a}'\boldsymbol{y}$ für $\boldsymbol{x} \in B_1$, $\boldsymbol{y} \in B_2$.

Satz 2 (Kuhn-Tucker-Satz): Ist für die Aufgabe (7.1) *die Voraussetzung (V) erfüllt, so ist $\boldsymbol{x}^0 \geqq 0$ genau dann Minimallösung von* (7.1), *wenn es ein $\boldsymbol{u}^0 \geqq 0$ gibt, für das $\begin{pmatrix}\boldsymbol{x}^0\\ \boldsymbol{u}^0\end{pmatrix}$ Sattelpunkt von $\Phi(\boldsymbol{x}, \boldsymbol{u})$ ist.*

Beweis: In Satz 1 ist schon gezeigt, daß ein Sattelpunkt zu einer Minimallösung führt. Sei nun umgekehrt $\boldsymbol{x}^0$ Minimallösung der Aufgabe (7.1). Im R^{m+1} der Vektoren $\boldsymbol{y} = (y_0, y_1, \ldots, y_m)'$ werden zwei Mengen B_1, B_2 durch

$$B_1 = \{\boldsymbol{y} \mid y_0 \geqq F(\boldsymbol{x}), y_j \geqq f_j(\boldsymbol{x}) \quad (j = 1, \ldots, m) \text{ für mindestens ein } \boldsymbol{x} \geqq 0\},$$

$$B_2 = \{\boldsymbol{y} \mid y_0 < F(\boldsymbol{x}^0), y_j < 0 \quad (j = 1, \ldots, m)\}$$

definiert. B_1 und B_2 sind konvex. B_2 ist offen. Da $\boldsymbol{x}^0$ Minimallösung ist, gibt es kein $\boldsymbol{y}$, das gleichzeitig in B_1 und B_2 liegt. B_2 ist eine echte Teilmenge des R^{m+1} und nicht leer. Daher ist auch B_1 eine echte Teilmenge des R^{m+1}. Der Trennungssatz für konvexe Mengen ist also anwendbar und besagt, daß es einen Vektor $\boldsymbol{v} = (v_0, v_1, \ldots, v_m)'$ $(\boldsymbol{v} \neq 0)$ gibt mit

$$\boldsymbol{v}'\boldsymbol{y} > \boldsymbol{v}'\boldsymbol{z} \quad \text{für} \quad \boldsymbol{y} \in B_1, \boldsymbol{z} \in B_2. \tag{7.4}$$

Da die Komponenten von $\boldsymbol{z} \in B_2$ negativ von beliebig großem Betrag sein können, wird $\boldsymbol{v} \geqq 0$. Mit dem Zeichen $\geqq$ gilt die Ungleichung (7.4) sogar dann noch, wenn $\boldsymbol{y}$ in B_1 und $\boldsymbol{z}$ auf dem Rand von B_2 liegt, insbesondere für $\boldsymbol{z} = (F(\boldsymbol{x}^0), 0, \ldots, 0)'$, $\boldsymbol{y} = (F(\boldsymbol{x}), f_1(\boldsymbol{x}), \ldots, f_m(\boldsymbol{x}))'$, und besagt dann

$$v_0 F(\boldsymbol{x}) + \sum_{j=1}^{m} v_j f_j(\boldsymbol{x}) \geqq v_0 F(\boldsymbol{x}^0) \quad \text{für alle} \quad \boldsymbol{x} \geqq 0. \tag{7.5}$$

Hieraus entnimmt man $v_0 > 0$. Wäre nämlich $v_0 = 0$, so wäre $\sum_{j=1}^{m} v_j f_j(\boldsymbol{x}) \geqq 0$ für alle $\boldsymbol{x} \geqq 0$ und mindestens ein $v_j > 0$ $(j = 1, \ldots, m)$, woraus sich mit der Voraussetzung (V) $\sum_{j=1}^{m} v_j f_j(\tilde{\boldsymbol{x}}) < 0$, also ein Widerspruch ergibt. Setzt man $\boldsymbol{u}^0 = \frac{1}{v_0}(v_1, \ldots, v_m)'$, so ist $\boldsymbol{u}^0 \geqq \boldsymbol{0}$ und

$$F(\boldsymbol{x}) + \boldsymbol{u}^{0\prime}\boldsymbol{f}(\boldsymbol{x}) \geqq F(\boldsymbol{x}^0) \quad \text{für alle} \quad \boldsymbol{x} \geqq \boldsymbol{0}\,. \tag{7.6}$$

Setzt man hier $\boldsymbol{x} = \boldsymbol{x}^0$, so ergibt sich $\boldsymbol{u}^{0\prime}\boldsymbol{f}(\boldsymbol{x}^0) \geqq 0$. Da $\boldsymbol{x}^0$ ein zulässiger Vektor der Aufgabe (7.1) ist, gilt $\boldsymbol{f}(\boldsymbol{x}^0) \leqq \boldsymbol{0}$. Mit $\boldsymbol{u}^0 \geqq \boldsymbol{0}$ folgt

$$\boldsymbol{u}^{0\prime}\boldsymbol{f}(\boldsymbol{x}^0) = 0\,, \tag{7.7}$$

weiterhin wird

$$\boldsymbol{u}'\boldsymbol{f}(\boldsymbol{x}^0) \leqq 0 \quad \text{für} \quad \boldsymbol{u} \geqq \boldsymbol{0}\,. \tag{7.8}$$

(7.6), (7.7), (7.8) besagen

$$F(\boldsymbol{x}^0) + \boldsymbol{u}'\boldsymbol{f}(\boldsymbol{x}^0) \leqq F(\boldsymbol{x}^0) + \boldsymbol{u}^{0\prime}\boldsymbol{f}(\boldsymbol{x}^0) \leqq F(\boldsymbol{x}) + \boldsymbol{u}^{0\prime}\boldsymbol{f}(\boldsymbol{x}) \quad (\boldsymbol{x} \geqq \boldsymbol{0}, \boldsymbol{u} \geqq \boldsymbol{0}),$$

$\begin{pmatrix}\boldsymbol{x}^0\\ \boldsymbol{u}^0\end{pmatrix}$ ist also Sattelpunkt von $\Phi(\boldsymbol{x}, \boldsymbol{u}) = F(\boldsymbol{x}) + \boldsymbol{u}'\boldsymbol{f}(\boldsymbol{x})$.

Dem Beweis des Kuhn-Tucker-Satzes entnimmt man, daß die Voraussetzung (V) durch die folgende, jedoch nur scheinbar weniger einschränkende Voraussetzung (V') ersetzt werden kann.

(V'): Zu jedem Index $j\,(1 \leqq j \leqq m)$ gibt es einen zulässigen Punkt $\tilde{\boldsymbol{x}}^j$ mit $f_j(\tilde{\boldsymbol{x}}^j) < 0$.

Ist (V') erfüllt, so bilde man $\tilde{\boldsymbol{x}} = \frac{1}{m}\sum_{i=1}^{m} \tilde{\boldsymbol{x}}^i$. Dann ist $\tilde{\boldsymbol{x}}$ als Konvexkombination der $\tilde{\boldsymbol{x}}^i$ ein zulässiger Punkt, und es ist

$$f_j(\tilde{\boldsymbol{x}}) \leqq \frac{1}{m}\sum_{i=1}^{m} f_j(\tilde{\boldsymbol{x}}^i) \leqq \frac{1}{m} f_j(\tilde{\boldsymbol{x}}^j) < 0 \qquad (j = 1, \ldots, m)\,.$$

(V') hat also (V) zur Folge. Umgekehrt folgt (V') aus (V); man setze nur $\tilde{\boldsymbol{x}}^j = \tilde{\boldsymbol{x}}\,(j = 1, \ldots, m)$. (V') und (V) sind also äquivalent.

Durch die Voraussetzung (V) wird ausgeschlossen, daß in (7.1) Nebenbedingungen $f_j(\boldsymbol{x}) \leqq 0$ vorkommen, bei denen für $\boldsymbol{x} \in M$ stets $f_j(\boldsymbol{x}) = 0$ gilt, insbesondere werden Nebenbedingungen $g(\boldsymbol{x}) = 0$ mit affin-linearer Funktion $g(\boldsymbol{x})$ ausgeschlossen, die in (7.1) in der Form $g(\boldsymbol{x}) \leqq 0$, $-g(\boldsymbol{x}) \leqq 0$ enthalten sein können. In § 9 wird sich zeigen, daß bei konvexen Optimierungsaufgaben, die nur Nebenbedingungen dieses Typs enthalten, auf die Voraussetzung (V) verzichtet werden kann.

7.2. Einschließungssatz

Wie bei linearen Aufgaben (vgl. § 5.1) kann man hier eine Einschließung für den Minimalwert der Zielfunktion angeben. Ist $\boldsymbol{x}^0$ Minimallösung der Aufgabe (7.1) und $\boldsymbol{x}^1$ ein beliebiger zulässiger Punkt, so ist

$$F(\boldsymbol{x}^0) \leqq F(\boldsymbol{x}^1)\,.$$

Man hat damit eine obere Schranke für $F(\boldsymbol{x}^0)$. Eine untere Schranke findet man so: Sei $\boldsymbol{u}^* \in R^m$ und $\geqq \boldsymbol{0}$. Wenn dann die Aufgabe

$$F(\boldsymbol{x}) + \boldsymbol{u}^{*\prime}\boldsymbol{f}(\boldsymbol{x}) = \text{Min!} \quad \text{für} \quad \boldsymbol{x} \geqq 0 \tag{7.9}$$

(ohne weitere Nebenbedingungen) lösbar und $\boldsymbol{x}^2$ Lösung dieser Aufgabe ist, wird

$$F(\boldsymbol{x}^2) + \boldsymbol{u}^{*\prime}\boldsymbol{f}(\boldsymbol{x}^2) \leqq F(\boldsymbol{x}^0) + \boldsymbol{u}^{*\prime}\boldsymbol{f}(\boldsymbol{x}^0) \leqq F(\boldsymbol{x}^0).$$

Eine untere Schranke für $F(\boldsymbol{x}^0)$ findet man also durch Lösung der einfacheren Aufgabe (7.9). Ist $\boldsymbol{u}^* = \boldsymbol{u}^0$ (zweite Komponente des Sattelpunktvektors in Satz 1), so löst $\boldsymbol{x}^0$ die Aufgabe (7.9). Wenn $\boldsymbol{u}^*$ eine gute Näherung für $\boldsymbol{u}^0$ ist, wird man also als Lösung von (7.9) eine enge untere Schranke erwarten können, ebenso eine enge obere Schranke bei Verwendung einer guten Näherung $\boldsymbol{x}^1$ für $\boldsymbol{x}^0$.

Beispiel ($n = 2$, $m = 1$):

$$F(\boldsymbol{x}) = x_1^2 + x_2^2 = \text{Min!} \qquad f_1(\boldsymbol{x}) = e^{-x_1} - x_2 \leqq 0 \qquad x_1, x_2 \geqq 0.$$

Die Minimalstelle wird der dem Nullpunkt nächste Punkt auf der Kurve $x_2 = e^{-x_1}$. Das führt auf die Gleichung $x_1 e^{2x_1} = 1$ für x_1. Auf der Rechenanlage kann man deren Lösung und den Minimalwert von F bis zu einer vorgegebenen Stellenzahl berechnen. Verwendet man jedoch nur Bleistift und Papier sowie eine Tabelle der Exponentialfunktion mit Schrittweite 0,001 (Abramowitz, Stegun: Handbook of Mathematical Functions), ohne zu interpolieren, so findet man ohne großen Aufwand das folgende Ergebnis: Eine Näherungslösung der obigen Gleichung ist $x_1 = 0{,}430$.

Mit $x_2 = 0{,}651$ wird $(x_1, x_2)'$ ein zulässiger Punkt und daher $F(\boldsymbol{x}^0) \leqq 0{,}430^2 + 0{,}651^2 \leqq 0{,}609$. Nun ist $\boldsymbol{u}^*$ zu bestimmen. Nach § 8.1 ist zu erwarten, daß $\Phi_x(\boldsymbol{x}^0, \boldsymbol{u}^0) = 0$ wird. Daher wird $\boldsymbol{u}^*$ so bestimmt, daß die Gleichungen $2x_1 - u^* e^{-x_1} = 0$ und $2x_2 - u^* = 0$ näherungsweise erfüllt sind: $u^* = 1{,}3$.

Die Aufgabe (7.9) lautet nun, das Minimum von

$$\xi_1^2 + \xi_2^2 + 1{,}3\,(e^{-\xi_1} - \xi_2) \quad (\xi_1, \xi_2 \geqq 0)$$

zu suchen. Die Gleichungen $2\xi_1 - 1{,}3\,e^{-\xi_1} = 0$, $2\xi_2 - 1{,}3 = 0$ ergeben $\xi_2 = 0{,}65$ und $0{,}424 \leqq \xi_1 \leqq 0{,}425$, damit

$$0{,}607 \leqq F(\boldsymbol{x}^0) \leqq 0{,}609.$$

§ 8. Konvexe Optimierung mit differenzierbaren Funktionen

8.1. Lokale Kuhn-Tucker-Bedingungen

Die durch den Kuhn-Tucker-Satz in § 7 gegebene Charakterisierung der Lösung einer konvexen Optimierungsaufgabe enthält die

Sattelpunktbedingung, eine globale Bedingung für die Lagrange-Funktion; $\Phi(x^0, u^0)$ ist zu vergleichen mit $\Phi(x, u^0)$ und $\Phi(x^0, u)$ für alle $x \geqq 0$ und alle $u \geqq 0$. Sind jedoch die Zielfunktion $F(x)$ und die Restriktionsfunktionen $f_j(x)$ differenzierbar, so kann man die Sattelpunktbedingung durch äquivalente lokale Bedingungen ersetzen. Die betrachtete Optimierungsaufgabe lautet nach wie vor

$$F(x) = \text{Min!}, \; f_j(x) \leqq 0 \qquad (j = 1, \ldots, m), \; x \geqq 0. \tag{8.1}$$

Die Funktionen $F(x), f_1(x), \ldots, f_m(x)$ seien konvex für $x \in R^n$ und mögen erste partielle Ableitungen besitzen. Die Lagrange-Funktion Φ wird wie oben durch

$$\Phi(x, u) = F(x) + u' f(x) \qquad (x \in R^n, u \in R^m) \tag{8.2}$$

definiert. Dabei ist $f(x)$ der Vektor mit den Komponenten $f_1(x), \ldots$ $\ldots, f_m(x)$. Mit Φ_x bzw. Φ_u bezeichnen wir den Gradienten von Φ bezüglich x bzw. u:

$$\Phi_x = \left(\frac{\partial \Phi}{\partial x_1}, \ldots, \frac{\partial \Phi}{\partial x_n}\right)', \; \Phi_u = \left(\frac{\partial \Phi}{\partial u_1}, \ldots, \frac{\partial \Phi}{\partial u_m}\right)'.$$

Aus (8.2) erkennt man, daß $\Phi_u(x, u) = f(x)$ ist.

Satz 1: Es gelte die Voraussetzung (V): Es gibt einen zulässigen Punkt $\tilde{x}$ mit $f_j(\tilde{x}) < 0$ $(j = 1, \ldots, m)$. $x^0 \geqq 0$ ist genau dann Minimallösung von (8.1), *wenn es ein $u^0 \geqq 0$ gibt mit*

$$\Phi_x(x^0, u^0) \geqq 0, \quad x^{0\prime} \Phi_x(x^0, u^0) = 0, \tag{8.3}$$

$$\Phi_u(x^0, u^0) \leqq 0, \quad u^{0\prime} \Phi_u(x^0, u^0) = 0. \tag{8.4}$$

Beweis: Wir zeigen, daß die Bedingungen (8.3) und (8.4) der Sattelpunktbedingung

$$\Phi(x^0, u) \leqq \Phi(x^0, u^0) \leqq \Phi(x, u^0) \qquad (x \geqq 0, u \geqq 0) \tag{8.5}$$

äquivalent sind.

I. Aus (8.5) folgen (8.3) und (8.4). Ist eine Komponente von $\Phi_x(x^0, u^0)$ negativ, etwa $\frac{\partial \Phi}{\partial x_k} < 0$, so gibt es einen Vektor $x \geqq 0$ mit Komponenten $x_l = x_l^0$ für $l \neq k$, $x_k > x_k^0$ und mit $\Phi(x, u^0) <$ $< \Phi(x^0, u^0)$ im Widerspruch zu (8.5). Aus (8.5) folgt also zunächst $\Phi_x(x^0, u^0) \geqq 0$. Wegen $x^0 \geqq 0$ sind dann auch alle Summanden $x_k^0 \cdot \frac{\partial \Phi(x^0, u^0)}{\partial x_k}$ in dem inneren Produkt $x^{0\prime} \Phi_x(x^0, u^0)$ nichtnegativ. Gibt es einen Index k mit $\frac{\partial \Phi(x^0, u^0)}{\partial x_k} > 0$ und $x_k > 0$, so gibt es auch einen Vektor x, für dessen Komponenten

$x_l = x_l^0 \; (l \neq k), \quad 0 \leqq x_k < x_k^0$ gilt, mit $\Phi(x, u^0) < \Phi(x^0, u^0)$, ebenfalls im Widerspruch zu (8.5). Ebenso führt die Annahme, daß (8.4) verletzt ist, auf einen Widerspruch zu (8.5).

II. Aus (8.3) und (8.4) folgt (8.5). $\Phi(\boldsymbol{x}, \boldsymbol{u}^0)$ ist wegen $\boldsymbol{u}^0 \geqq 0$ eine konvexe Funktion von $\boldsymbol{x} \in R^n$. Nach § 6.2, Satz 4, gilt deshalb

$$\Phi(\boldsymbol{x}, \boldsymbol{u}^0) \geqq \Phi(\boldsymbol{x}^0, \boldsymbol{u}^0) + (\boldsymbol{x} - \boldsymbol{x}^0)' \Phi_x(\boldsymbol{x}^0, \boldsymbol{u}^0) \qquad \text{für } \boldsymbol{x} \geqq 0. \tag{8.6}$$

Da $\Phi(\boldsymbol{x}^0, \boldsymbol{u})$ in $\boldsymbol{u}$ affin-linear ist, gilt

$$\Phi(\boldsymbol{x}^0, \boldsymbol{u}) = \Phi(\boldsymbol{x}^0, \boldsymbol{u}^0) + (\boldsymbol{u} - \boldsymbol{u}^0)' \Phi_u(\boldsymbol{x}^0, \boldsymbol{u}^0) \qquad \text{für } \boldsymbol{u} \geqq 0. \tag{8.7}$$

(8.3) und (8.4), zusammen mit (8.6) und (8.7), haben (8.5) zur Folge.

Um den folgenden Satz in einheitlicher Schreibweise formulieren zu können, führen wir die Funktionen $g_k(\boldsymbol{x}) = -x_k (k = 1, \ldots, n)$ ein und können dann die Vorzeichenbedingungen $\boldsymbol{x} \geqq 0$ in der Form $g_k(\boldsymbol{x}) \leqq 0 (k = 1, \ldots, n)$ schreiben. Der Gradient von $g_k(\boldsymbol{x})$ ist $-\boldsymbol{e}^k$, wobei $\boldsymbol{e}^k$ der k-te Einheitsvektor des R^n ist.

Ist $\boldsymbol{x}^0 \geqq 0$ ein zulässiger Punkt, so fassen wir diejenigen unter den Indizes $j = 1, \ldots, m$, für die $\boldsymbol{x}^0$ die Nebenbedingungen $f_j(\boldsymbol{x}) \leqq 0$ mit dem Gleichheitszeichen erfüllt, zu einer Indexmenge Q^0 zusammen, ferner diejenigen unter den Indizes $k = 1, \ldots, n$, für die $\boldsymbol{x}^0$ die Vorzeichenbedingungen $g_k(\boldsymbol{x}) \leqq 0$ mit dem Gleichheitszeichen erfüllt, zu einer Indexmenge P^0. Es wird also

$$f_j(\boldsymbol{x}^0) \begin{cases} = 0 & \text{für} \quad j \in Q^0, \\ < 0 & \text{für} \quad j \notin Q^0, \end{cases} \qquad g_k(\boldsymbol{x}^0) = -x_k^0 \begin{cases} = 0 & \text{für} \quad k \in P^0, \\ < 0 & \text{für} \quad k \notin P^0. \end{cases}$$

Satz 2: Es gelte die Voraussetzung (V): Es gibt einen zulässigen Punkt $\tilde{\boldsymbol{x}}$ mit $f_j(\tilde{\boldsymbol{x}}) < 0 (j = 1, \ldots, m)$.

Ein zulässiger Punkt $\boldsymbol{x}^0$ ist genau dann Minimallösung der Aufgabe (8.1), *wenn es Vektoren $\boldsymbol{u}^0 \geqq 0 (\boldsymbol{u}^0 \in R^m)$ und $\boldsymbol{v}^0 \geqq 0 (\boldsymbol{v}^0 \in R^n)$ gibt mit*

$$-\operatorname{grad} F(\boldsymbol{x}^0) = \sum_{j \in Q^0} u_j^0 \operatorname{grad} f_j(\boldsymbol{x}^0) + \sum_{k \in P^0} v_k^0 \operatorname{grad} g_k(\boldsymbol{x}^0); \tag{8.8}$$

$$u_j^0 \begin{cases} \geqq 0 & \text{für} \quad j \in Q^0, \\ = 0 & \text{für} \quad j \notin Q^0; \end{cases} \tag{8.9}$$

$$v_k^0 \begin{cases} \geqq 0 & \text{für} \quad k \in P^0, \\ = 0 & \text{für} \quad k \notin P^0. \end{cases} \tag{8.10}$$

Beweis: I. Aus der Sattelpunktbedingung (8.5) folgt (8.8), (8.9), (8.10). Sei $\boldsymbol{u}^0 \geqq 0$ ein Vektor, für den (8.5) gilt. Nach Satz 1 gelten dann auch (8.3) und (8.4). Da $\Phi_u(\boldsymbol{x}^0, \boldsymbol{u}^0) = \boldsymbol{f}(\boldsymbol{x}^0)$ ist, kann nach (8.4) nicht gleichzeitig $f_j(\boldsymbol{x}^0) < 0$ und $u_j^0 > 0$ sein. Das hat (8.9) zur Folge. Setzt man

$$\boldsymbol{v}^0 = \Phi_x(\boldsymbol{u}^0, \boldsymbol{x}^0) = \operatorname{grad} F(\boldsymbol{x}^0) + \sum_{j=1}^{m} u_j^0 \operatorname{grad} f_j(\boldsymbol{x}^0), \tag{8.11}$$

so wird wegen (8.3) $\boldsymbol{v}^0 \geqq 0$, und es kann nicht gleichzeitig $x_k^0 > 0$ und $v_k^0 > 0$ sein. Daraus folgt (8.10). Schreibt man in (8.11) $\boldsymbol{v}^0 =$

$= -\sum_{k=1}^{n} v_k^0 \operatorname{grad} g_k(\boldsymbol{x}^0)$, so ergibt sich (8.8), wenn man die (verschwindenden) Summanden mit $j \notin Q^0$ und $k \notin P^0$ wegläßt.

II. Aus (8.8), (8.9), (8.10) folgt (8.5). Wegen $\Phi_u(\boldsymbol{x}^0, \boldsymbol{u}^0) = \boldsymbol{f}(\boldsymbol{x}^0)$ und (8.9) gilt (8.4). Nach Definition der $g_k(\boldsymbol{x})$ wird wegen (8.8)

$$\boldsymbol{v}_0 = \operatorname{grad} F(\boldsymbol{x}^0) + \sum_{j=1}^{m} u_j^0 \operatorname{grad} f_j(\boldsymbol{x}^0) = \Phi_x(\boldsymbol{x}^0, \boldsymbol{u}^0)\,.$$

Mit (8.10) folgt hieraus (8.3). Gelten aber (8.3) und (8.4), so auch (8.5) nach Satz 1.

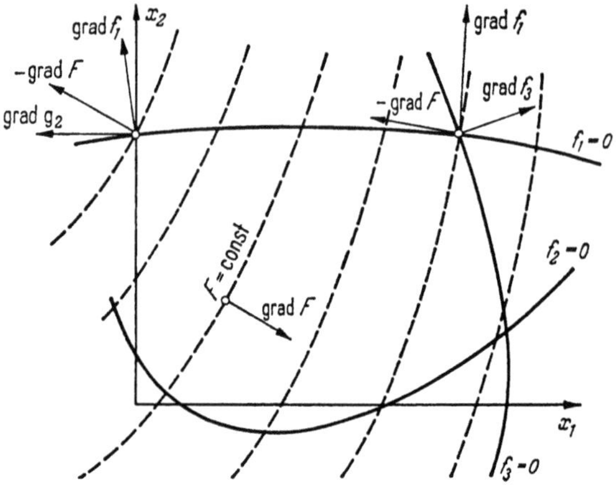

Abb. 8.1.

Satz 2 läßt eine geometrische Deutung zu: Eine Minimallösung $\boldsymbol{x}^0$ ist dadurch charakterisiert, daß der Vektor $-\operatorname{grad} F(\boldsymbol{x}^0)$ eine nichtnegative Linearkombination (ein passendes Vielfaches von $-\operatorname{grad} F(\boldsymbol{x}^0)$ eine Konvexkombination) der Gradienten ist, die zu Hyperflächen $f_j(\boldsymbol{x}) = 0$ und $g_k(\boldsymbol{x}) = 0$ gehören, auf denen $\boldsymbol{x}^0$ liegt. Tritt eine Minimallösung $\boldsymbol{x}^0$ im Innern der Menge M auf, so ist $\operatorname{grad} F(\boldsymbol{x}^0) = 0$ (wie bei einem Minimum ohne Nebenbedingungen).

8.2. Eine Charakterisierung der Menge der Minimallösungen

Die Menge der Minimallösungen einer Aufgabe der konvexen Optimierung ist, wie man leicht sieht, konvex. Im Falle der Optimierung mit differenzierbaren Funktionen ist eine genauere Beschreibung der Menge der Minimallösungen möglich.

Hilfssatz: Ist die Funktion $F(\boldsymbol{x})$ für $\boldsymbol{x} \in R^n$ konvex und differenzierbar, so gilt:

(a) *Aus $\boldsymbol{y}' \operatorname{grad} F(\boldsymbol{x}) > 0$ folgt $F(\boldsymbol{x} + \lambda \boldsymbol{y}) > F(\boldsymbol{x})$ für alle $\lambda > 0$.*

(b) *Aus* $\boldsymbol{y}'$ grad $F(\boldsymbol{x}) < 0$ *folgt: Es gibt ein* $\lambda_0 > 0$ *mit*

$$F(\boldsymbol{x} + \lambda \boldsymbol{y}) < F(\boldsymbol{x}) \quad \textit{für} \quad 0 < \lambda \leqq \lambda_0 .$$

Beweis: (a) Nach § 6.2, Satz 4, ist $F(\boldsymbol{x} + \lambda \boldsymbol{y}) \geqq F(\boldsymbol{x}) + \lambda \boldsymbol{y}'$ grad $F(\boldsymbol{x})$ für alle $\lambda \geqq 0$.

(b) Setzt man $\psi(\lambda) = F(\boldsymbol{x} + \lambda \boldsymbol{y})$, so wird $\frac{d\psi}{d\lambda}_{(\lambda=0)} = \boldsymbol{y}'$ grad $F(\boldsymbol{x})$. Daraus erhält man (b).

Satz 3: Ist $\boldsymbol{x}^0$ *eine Minimallösung der Aufgabe* (8.1) *mit differenzierbarer konvexer Funktion* $F(\boldsymbol{x})$, *so ist die Menge aller Minimallösungen die Menge der zulässigen Punkte* $\boldsymbol{z}$ *mit*

$$\operatorname{grad} F(\boldsymbol{z}) = \operatorname{grad} F(\boldsymbol{x}^0) , \tag{8.12}$$

$$(\boldsymbol{z} - \boldsymbol{x}^0)' \operatorname{grad} F(\boldsymbol{x}^0) = 0 . \tag{8.13}$$

Beweis: I. $\boldsymbol{z}$ sei zulässig und erfülle (8.12) und (8.13). Nach Satz 4 aus § 6.2 wird $F(\boldsymbol{x}^0) \geqq F(\boldsymbol{z}) + (\boldsymbol{x}^0 - \boldsymbol{z})'$ grad $F(\boldsymbol{z}) = F(\boldsymbol{z})$. Da $\boldsymbol{x}^0$ Minimallösung ist, wird $F(\boldsymbol{x}^0) = F(\boldsymbol{z})$ und $\boldsymbol{z}$ ebenfalls Minimallösung.

II. $\boldsymbol{z}$ sei eine Minimallösung. Dann wird $F(\boldsymbol{z}) = F(\boldsymbol{x}^0) = F(\boldsymbol{x}^0 + \lambda(\boldsymbol{z} - \boldsymbol{x}^0))$ für $0 \leqq \lambda \leqq 1$, da $F(\boldsymbol{x})$ konvex ist und kleinere Werte als $F(\boldsymbol{x}^0)$ auf der konvexen Menge der zulässigen Punkte nicht annehmen kann.

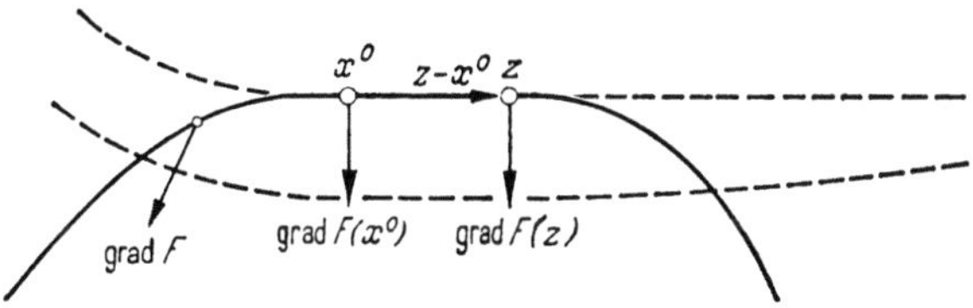

Abb. 8.2

Nach dem obigen Hilfssatz wird daher $(\boldsymbol{z} - \boldsymbol{x}^0)'$ grad $F(\boldsymbol{x}^0) = 0$ (vgl. auch Abb. 8.2). Die durch

$$G(\boldsymbol{y}) = F(\boldsymbol{y}) - (\boldsymbol{y} - \boldsymbol{x}^0)' \operatorname{grad} F(\boldsymbol{x}^0)$$

definierte Funktion $G(\boldsymbol{y})$ ist konvex in $\boldsymbol{y}$. Es ist $G(\boldsymbol{z}) = F(\boldsymbol{z}) = G(\boldsymbol{x}^0)$ und grad $G(\boldsymbol{z}) =$ grad $F(\boldsymbol{z}) -$ grad $F(\boldsymbol{x}^0)$. Wäre grad $F(\boldsymbol{z}) \neq$ grad $F(\boldsymbol{x}^0)$, also grad $G(\boldsymbol{z}) \neq 0$, so gäbe es ein $\boldsymbol{w}$ mit $\boldsymbol{w}'$ grad $G(\boldsymbol{z}) < 0$, und nach dem obigen Hilfssatz wäre $G(\boldsymbol{z} + \lambda \boldsymbol{w}) < G(\boldsymbol{z}) = G(\boldsymbol{x}^0)$ für hinreichend kleines $\lambda > 0$. Nach § 6.2, Satz 4, ist aber

$$G(\boldsymbol{z} + \lambda \boldsymbol{w}) = F(\boldsymbol{z} + \lambda \boldsymbol{w}) - (\boldsymbol{z} + \lambda \boldsymbol{w} - \boldsymbol{x}^0)' \times$$
$$\times \operatorname{grad} F(\boldsymbol{x}^0) \geqq F(\boldsymbol{x}^0) = G(\boldsymbol{x}^0) .$$

Die Annahme, (8.12) sei verletzt, führt auf einen Widerspruch.

8.3. Konvexe Optimierung mit differenzierbaren Funktionen

Die konvexe Optimierungsaufgabe 7.1 werde nun als Problem D^0 bezeichnet, wobei die Bedingung $\boldsymbol{x} \geqq 0$ fallengelassen wird; man hat also beim Problem D^0 als Menge der zulässigen Punkte

$$M^0: \quad \boldsymbol{x} \in R^n, \qquad f_j(\boldsymbol{x}) \leqq 0 \qquad (j = 1, \ldots, m) \tag{8.14}$$

und als Zielfunktion

$$F(\boldsymbol{x}) = \text{Min!} \tag{8.15}$$

und es seien F und f_j konvex und differenzierbar.

Beim dualen Problem haben wir $x_1, \ldots, x_n, u_1, \ldots, u_m$ als Variable, bei diesem Problem D^1 erfüllt die Menge M^1 der zulässigen Punkte die Bedingungen

$$M^1: \boldsymbol{x} \in R^n, \quad \boldsymbol{u} \in R^m, \quad \boldsymbol{u} \geqq 0, \quad \operatorname{grad} F + \boldsymbol{u}' \operatorname{grad} \boldsymbol{f} = 0 \tag{8.16}$$

und die Zielfunktion lautet

$$\Phi(\boldsymbol{x}, \boldsymbol{u}) = F(\boldsymbol{x}) + \boldsymbol{u}' \boldsymbol{f}(\boldsymbol{x}) = \text{Max}. \tag{8.17}$$

Der Deutlichkeit halber werde noch einmal hingeschrieben, daß die in (8.16) auftretende Vektorgleichung ausführlich lautet:

$$\frac{\partial F}{\partial x_k} + \boldsymbol{u}' \frac{\partial \boldsymbol{f}}{\partial x_k} = \frac{\partial F}{\partial x_k} + \sum_{j=1}^{m} u_j \frac{\partial f_j}{\partial x_k} = 0 \qquad (k = 1, \ldots, n).$$

Dann lautet der

*Schwache Dualitätssatz (*WOLFE 1961*): Für beliebige $\boldsymbol{x}^1 \in M^0$ und ein beliebiges Paar $\boldsymbol{x}^2, \boldsymbol{u}^2 \in M^1$ gilt*

$$F(\boldsymbol{x}^1) \geqq \Phi(\boldsymbol{x}^2, \boldsymbol{u}^2). \tag{8.18}$$

Das sagt nach (5.37), (5.38) in Nr. 5.7: Gibt es für beide Probleme zulässige Punkte, so existieren für die in (8.18) hingeschriebenen Werte Infimum und Supremum, und es gilt

$$\inf_{\boldsymbol{x} \in M^0} F(\boldsymbol{x}) \geqq \sup_{(\boldsymbol{x}, \boldsymbol{u}) \in M^1} \Phi(\boldsymbol{x}, \boldsymbol{u}). \tag{8.19}$$

Überdies hat man in $F(\boldsymbol{x}^1)$ und $\Phi(\boldsymbol{x}^2, \boldsymbol{u}^2)$ Schranken für beide Werte.

Beweis: Wegen der Konvexitätseigenschaft (6.8) gilt

$$\begin{aligned} F(\boldsymbol{x}^1) &\geqq F(\boldsymbol{x}^2) + (\boldsymbol{x}^1 - \boldsymbol{x}^2)' \operatorname{grad} F(\boldsymbol{x}^2) \\ &= F(\boldsymbol{x}^2) - (\boldsymbol{x}^1 - \boldsymbol{x}^2)' [\boldsymbol{u}^{2\prime} \operatorname{grad} \boldsymbol{f}(\boldsymbol{x}^2)]; \end{aligned}$$

die hierbei vorgenommene Umformung lautet ausführlich geschrieben

$$\begin{aligned} F(\boldsymbol{x}^1) &\geqq F(\boldsymbol{x}^2) + \sum_k (x_k^1 - x_k^2) \frac{\partial F(\boldsymbol{x}^2)}{\partial x_k} = \\ &= F(\boldsymbol{x}^2) - \sum_j \sum_k (x_k^1 - x_k^2)\, u_j^2 \frac{\partial f_j(\boldsymbol{x}^2)}{\partial x_k}. \end{aligned}$$

Abermals nach der Konvexitätseigenschaft (6.8) gilt

$$(\boldsymbol{x}^1 - \boldsymbol{x}^2)' \operatorname{grad} \boldsymbol{f}(\boldsymbol{x}^2) \leqq \boldsymbol{f}(\boldsymbol{x}^1) - \boldsymbol{f}(\boldsymbol{x}^2)$$

oder wieder ausführlich in Komponenten

$$\sum_k (x_k^1 - x_k^2) \frac{\partial f_j(\boldsymbol{x}^2)}{\partial x_k} \leqq f_j(\boldsymbol{x}^1) - f_j(\boldsymbol{x}^2) .$$

Insgesamt bekommen wir so

$$F(\boldsymbol{x}^1) \geqq F(\boldsymbol{x}^2) + \boldsymbol{u}^{2\prime}(\boldsymbol{f}(\boldsymbol{x}^2) - \boldsymbol{f}(\boldsymbol{x}^1)) .$$

Wegen $\boldsymbol{u}^{2\prime} \geqq 0, \boldsymbol{f}(\boldsymbol{x}^1) \leqq 0, \; -\boldsymbol{u}^{2\prime}\boldsymbol{f}(\boldsymbol{x}^1) \geqq 0$ folgt somit

$$F(\boldsymbol{x}^1) \geqq F(\boldsymbol{x}^2) + \boldsymbol{u}^{2\prime}\boldsymbol{f}(\boldsymbol{x}^2) = \Phi(\boldsymbol{x}^2, \boldsymbol{u}^2) .$$

Das ist die Behauptung (8.18).

Numerisches Beispiel:

In einer x-y-Ebene werde die durch $f_1(x, y) = 0$ mit $f_1(x, y) = \frac{1}{2}x^4 + x + 2 - y$ definierte Kurve C betrachtet (Abb. 8.3). Es soll der dem Nullpunkt nächstgelegene Punkt dieser Kurve berechnet werden. Wir haben also die konvexe Optimierungsaufgabe

$$D^0: \quad F = x^2 + y^2 = \text{Min}, \qquad f_1 = \tfrac{1}{2}x^4 + x + 2 - y \leqq 0 . \tag{8.20}$$

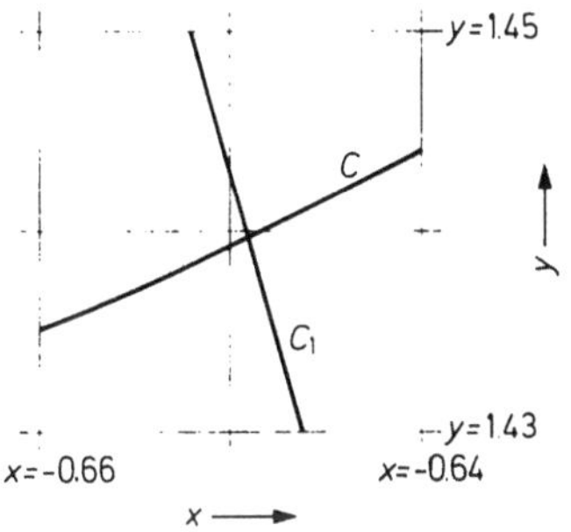

Abb. 8.3. Zur Dualität

Für das duale Problem D^1 haben wir die Nebenbedingung in (8.16) zu erfüllen

$$\operatorname{grad} F + \boldsymbol{u}' \operatorname{grad} \boldsymbol{f} = (2x + u(2x^3 + 1), 2y - u)' = 0 .$$

Das ergibt in Parameterform die Gleichungen

$$u = \frac{-x}{x^3 + \frac{1}{2}}, \qquad y = \frac{u}{2}$$

einer Kurve C_1, welche die Kurve C nahezu senkrecht schneidet und daher als Schnittpunkt von C und C_1 den Minimalpunkt numerisch sehr günstig festlegt. Mit dem aus einer Zeichnung entnommenen Näherungswert $x = -0{,}65$ erhält man die Zahlentabelle

x	u	y	$z = \frac{1}{2}x^4 + x + 2$	$f_1(x, y)$	$F(x, y)$	$\Phi = F + uf_1$	$x^2 + z^2$
$-0{,}65$	2,8841	1,442	1,43925	$-0{,}028$	2,5020	2,4939	2,4967

Damit wird der Minimalwert von F in Schranken eingeschlossen $2{,}4939 \leqq \text{Min}\, F \leqq 2{,}4967$.

Man mag es bei diesem Beispiel als günstig ansehen, daß die Nebenbedingung in (8.16) so leicht erfüllbar ist. Man kann jedoch, wenn dies rechnerisch auf Schwierigkeiten stößt, künstlich Restriktionen hinzufügen, z.B. im vorliegenden Falle könnte man $f_2(x, y) = -y \leqq 0$ hinzufügen, und hätte dann noch einen weiteren freien Parameter u_2 zur Erfüllung der Nebenbedingung zur Verfügung.

Bei der Anwendung auf eine konvexe Optimierungsaufgabe mit differenzierbaren Funktionen F und f_j stimmt das in § 7.2 beschriebene Einschließungsprinzip mit dem hier angegebenen überein, wenn man von den dort beibehaltenen Vorzeichenbedingungen $\boldsymbol{x} \geqq \boldsymbol{0}$ absieht. Hier wie dort sind die Gleichungen

$$\text{grad}\, F + \boldsymbol{u}' \,\text{grad}\, \boldsymbol{f} = 0$$

zu erfüllen.

$F(\boldsymbol{x}) + \boldsymbol{u}'\boldsymbol{f}(\boldsymbol{x})$ ergibt dann eine untere Schranke für den Minimalwert der Aufgabe. Die Herleitung und die Voraussetzungen sind jedoch verschieden: Hier erhält man die Einschließungsaussage im Rahmen einer Dualitätstheorie, in § 7.2 wird sie direkt aus dem Sattelpunktsatz hergeleitet und gilt deshalb auch ohne Differenzierbarkeitsvoraussetzungen.

8.4. Definitheitsbedingungen bei nichtlinearen Optimierungsaufgaben

Es wird eine allgemeine nichtlineare Optimierungsaufgabe

$$F(\boldsymbol{x}) = \text{Min!} \qquad f_j(\boldsymbol{x}) \leqq 0 \qquad (j = 1, \ldots, m) \tag{8.21}$$

(ohne Vorzeichenbedingungen für $\boldsymbol{x}$) betrachtet. Für die Funktionen F und f_j werden keine Konvexitätsbedingungen gefordert. Man kann auch dann Kriterien dafür angeben, daß in einem Punkt $\boldsymbol{x}^0$ ein lokales Minimum vorliegt. Diese Kriterien enthalten Definitheitsbedingungen für die Matrizen der zweiten partiellen Ableitungen von F und f_j (deren Existenz vorausgesetzt wird) im Punkt $\boldsymbol{x}^0$, und können daher als Konvexitätsbedingungen im kleinen gedeutet werden.

Ein lokales Minimum bei $\boldsymbol{x}^0 \in M$ (= Bereich der zulässigen Punkte) liegt dann vor (vgl. § 6.5), wenn es eine Kugel $K_\varrho(\boldsymbol{x}^0)$ mit Mittelpunkt $\boldsymbol{x}^0$ und positivem Radius ϱ gibt, so daß

$$F(\boldsymbol{x}) \geqq F(\boldsymbol{x}^0) \quad \text{für} \quad \boldsymbol{x} \in K_\varrho(\boldsymbol{x}^0) \cap M \tag{8.22}$$

ist. Bei $\boldsymbol{x}^0$ liegt ein strenges lokales Minimum, wenn es eine solche Kugel gibt, womit

$$F(\boldsymbol{x}) > F(\boldsymbol{x}^0) \quad \text{für} \quad \boldsymbol{x} \in K_\varrho(\boldsymbol{x}^0) \cap M, \qquad \boldsymbol{x} \neq \boldsymbol{x}^0 \tag{8.23}$$

gilt.

Satz 4 (hinreichende Bedingungen für ein strenges lokales Minimum): Sei $\boldsymbol{x}^0 \in M$ ein Punkt, in dem die zweiten partiellen Ableitungen von F und den f_j existieren. $J \subset \{1, 2, \ldots, m\}$ sei eine Teilmenge der Indizes j, für die $f_j(\boldsymbol{x}^0) = 0$ ist. Für $j \in J$ gebe es Zahlen $u_j > 0$, womit

$$\operatorname{grad}\Big(F(\boldsymbol{x}^0) + \sum_{j \in J} u_j f_j(\boldsymbol{x}^0)\Big) = 0 \tag{8.24}$$

ist (lokale Kuhn-Tucker-Bedingung). Auf dem linearen Teilraum $H \subset R^n$ aller Vektoren $\boldsymbol{y}$ mit $\boldsymbol{y}' \operatorname{grad} f_j(\boldsymbol{x}^0) = 0$ $(j \in J)$ sei die quadratische Form

$$q(\boldsymbol{y}) = \sum_{i,k=1}^{n} \frac{\partial^2}{\partial x_i \partial x_k} \Big(F(\boldsymbol{x}^0) + \sum_{j \in J} u_j f_j(\boldsymbol{x}^0)\Big) y_i y_k$$

positiv definit (d.h. $q(\boldsymbol{y}) > 0$ für $\boldsymbol{y} \in H$, $\boldsymbol{y} \neq 0$). Dann liegt bei $\boldsymbol{x}^0$ ein strenges lokales Minimum.

Beweis (indirekt): Wenn bei $\boldsymbol{x}^0$ kein strenges lokales Minimum liegt, gibt es eine Folge von Punkten $\boldsymbol{x}^\nu \in M$ mit $\lim \boldsymbol{x}^\nu = \boldsymbol{x}^0$, $\boldsymbol{x}^\nu \neq \boldsymbol{x}^0$ und $F(\boldsymbol{x}^\nu) \leqq F(\boldsymbol{x}^0)$. Für $\boldsymbol{x}^\nu$ kann man dann schreiben $\boldsymbol{x}^\nu = \boldsymbol{x}^0 + \delta_\nu \boldsymbol{y}^\nu$, wo die $\boldsymbol{y}^\nu$ die euklidische Länge $\|\boldsymbol{y}^\nu\| = 1$ haben und die δ_ν positive Zahlen mit $\lim \delta_\nu = 0$ sind. Die Folge der Vektoren $\boldsymbol{y}^\nu$ enthält nach Bolzano-Weierstraß eine konvergente Teilfolge. Man darf annehmen, daß dies schon die ursprüngliche Folge ist, daß also $\lim \boldsymbol{y}^\nu = \boldsymbol{y}$ mit $\|\boldsymbol{y}\| = 1$ ist. Weil $F(\boldsymbol{x}^\nu) \leqq F(\boldsymbol{x}^0)$, $f_j(\boldsymbol{x}^\nu) \leqq f_j(\boldsymbol{x}^0) = 0$ $(j \in J)$ gilt, wird

$$\big(F(\boldsymbol{x}^0 + \delta_\nu \boldsymbol{y}^\nu) - F(\boldsymbol{x}^0)\big)/\delta_\nu \leqq 0\,,$$
$$\big(f_j(\boldsymbol{x}^0 + \delta_\nu \boldsymbol{y}^\nu) - f_j(\boldsymbol{x}^0)\big)/\delta_\nu \leqq 0 \qquad (j \in J)\,.$$

Die Grenzwerte dieser Quotienten, nämlich die Richtungsableitungen in Richtung $\boldsymbol{y}$, sind ebenfalls $\leqq 0$:

$$\boldsymbol{y}' \operatorname{grad} F(\boldsymbol{x}^0) \leqq 0, \qquad \boldsymbol{y}' \operatorname{grad} f_j(\boldsymbol{x}^0) \leqq 0 \qquad (j \in J)\,.$$

Mit (8.24) und $u_j > 0$ $(j \in J)$ folgt, daß alle diese Richtungsableitungen sogar $= 0$ sind, insbesondere daß $\boldsymbol{y} \in H$ ist. Nun ist nach der Taylorschen Formel

$$F(\boldsymbol{x}^\nu) + \underbrace{\sum_{j \in J} u_j f_j(\boldsymbol{x}^\nu)}_{\leqq 0} = F(\boldsymbol{x}^0) + \underbrace{\sum_{j \in J} u_j f_j(\boldsymbol{x}^0)}_{=0} +$$

$$\underbrace{+ \delta_\nu \boldsymbol{y}^{\nu'} \operatorname{grad}(F(\boldsymbol{x}^0) + \sum_{j \in J} u_j f_j(\boldsymbol{x}^0))}_{=0} + \tfrac{1}{2}\delta_\nu^2 q(\boldsymbol{y}^\nu) + o(\delta_\nu^2),$$

wobei $o(\delta_\nu^2)/\delta_\nu^2 \to 0$ geht für $\delta_\nu \to 0$. Das besagt

$$0 \geqq \frac{1}{\delta_\nu^2}(F(\boldsymbol{x}^\nu) - F(\boldsymbol{x}^0)) \geqq \tfrac{1}{2} q(\boldsymbol{y}^\nu) + o(\delta_\nu^2)/\delta_\nu^2.$$

Für $\nu \to \infty$ hat die rechte Seite den positiven Grenzwert $\frac{1}{2} q(\boldsymbol{y})$; die Annahme, bei $\boldsymbol{x}^0$ liege kein strenges lokales Minimum, führt also auf einen Widerspruch.

Anmerkungen: 1. Dieser Satz, ebenso wie der folgende Satz 5, wurde von McCormick (1967) angegeben. Dort wird auch der Fall behandelt, daß einige Nebenbedingungen als Gleichungen gegeben sind. Einen direkten Beweis des Satzes 4 findet man bei Wetterling (1970a); dort wird der Radius ϱ der Kugel in (8.23) durch Schranken für die dritten Ableitungen der Funktionen F und f_j ausgedrückt.

2. Wenn die Vektoren grad $f_j(\boldsymbol{x}^0)$ $(j \in J)$ den R^n aufspannen, wird H der Nullraum. Die Definitheit von $q(\boldsymbol{y})$ ist dann trivial, und die lokalen Kuhn-Tucker-Bedingungen (8.24) sind bereits hinreichend für ein strenges lokales Minimum.

Der folgende Satz 5 gibt eine notwendige Bedingung für ein lokales Minimum an. Hierfür braucht man, ähnlich wie in § 7.1, zwei zusätzliche Voraussetzungen (constraint qualifications): $\boldsymbol{x}^0$ sei ein Punkt in M und es sei J jetzt genau die Menge der Indizes j, für die $f_j(\boldsymbol{x}^0) = 0$ ist.

(V_1) Ist $\boldsymbol{y} \in R^n$ ein Vektor mit $\boldsymbol{y}' \operatorname{grad} f_j(\boldsymbol{x}^0) \leqq 0$ $(j \in J)$, so gibt es ein $t_0 > 0$ und eine für $0 \leqq t \leqq t_0$ definierte vektorwertige Funktion $\boldsymbol{x}(t)$ mit

(a) $\boldsymbol{x}(0) = \boldsymbol{x}^0$,
(b) $d\boldsymbol{x}(0)/dt$ existiert und ist $= \boldsymbol{y}$,
(c) $\boldsymbol{x}(t) \in M$ für $0 \leqq t \leqq t_0$.

(V_2) Ist $\boldsymbol{y} \in R^n$ ein Vektor mit $\boldsymbol{y}' \operatorname{grad} f_j(\boldsymbol{x}^0) = 0$ $(j \in J)$, so gibt es ein solches t_0 und eine solche vektorwertige Funktion $\boldsymbol{x}(t)$, für die (a), (b), (c) gelten und außerdem

(d) $f_j(\boldsymbol{x}(t)) = 0$ $(j \in J)$ ist und
(e) $\boldsymbol{z} = d^2\boldsymbol{x}(0)/dt^2$ existiert.

Satz 5 (notwendige Bedingungen für ein lokales Minimum): Bei $\boldsymbol{x}^0$ *liege ein lokales Minimum der Aufgabe (8.21) und J sei die Menge der Indizes, für die* $f_j(\boldsymbol{x}^0) = 0$ *ist. Die Voraussetzungen* (V_1) *und* (V_2) *seien bei* $\boldsymbol{x}^0$ *erfüllt. F und* f_j *seien bei* $\boldsymbol{x}^0$ *zweimal differenzierbar. Dann gibt es Zahlen* $u_j \geqq 0$ $(j \in J)$, *womit die lokalen Kuhn-Tucker-Bedingungen*

$$\operatorname{grad}\Big(F(\boldsymbol{x}^0) + \sum_{j\in J} u_j f_j(\boldsymbol{x}^0)\Big) = 0 \tag{8.25}$$

gelten, und auf dem linearen Teilraum $H \subset R^n$ *der Vektoren* $\boldsymbol{y}$ *mit* $\boldsymbol{y}' \operatorname{grad} f_j(\boldsymbol{x}^0) = 0$ $(j \in J)$ *ist die quadratische Form*

$$q(\boldsymbol{y}) = \sum_{i,k=1}^{n} \frac{\partial^2}{\partial x_i \partial x_k}\Big(F(\boldsymbol{x}^0) + \sum_{j\in J} u_j f_j(\boldsymbol{x}^0)\Big)\, y_i\, y_k$$

positiv semidefinit, d.h. $q(\boldsymbol{y}) \geqq 0$ *für* $\boldsymbol{y} \in H$. (Man beachte, daß J jetzt anders definiert ist und daher $q(\boldsymbol{y})$ mit der entsprechenden quadratischen Form in Satz 4 nur formal übereinstimmt.)

Beweis: Sei $\boldsymbol{y}$ ein Vektor mit $\boldsymbol{y}' \operatorname{grad} f_j(\boldsymbol{x}^0) \leqq 0$ $(j \in J)$ und $\boldsymbol{x}(t)$ die zugehörige Funktion nach (V_1). Weil bei $\boldsymbol{x}^0$ ein lokales Minimum liegt, wird

$$\frac{d}{dt} F(\boldsymbol{x}(t))_{(t=0)} = \boldsymbol{y}' \operatorname{grad} F(\boldsymbol{x}^0) \geqq 0\,.$$

Es gibt also keinen Vektor $\boldsymbol{y}$ mit $\boldsymbol{y}' \operatorname{grad} f_j(\boldsymbol{x}^0) \leqq 0$ $(j \in J)$ und $\boldsymbol{y}' \operatorname{grad} F(\boldsymbol{x}^0) < 0$. Der Alternativsatz 10 von § 5.5 ist anwendbar mit $\boldsymbol{b} = \operatorname{grad} F(\boldsymbol{x}^0)$, $A = (-\operatorname{grad} f_j(\boldsymbol{x}^0))_{(j\in J)}$ und besagt: Es gibt $u_j \geqq 0$ $(j \in J)$, womit (8.24) gilt.

Sei nun $\boldsymbol{y} \in H$ und $\boldsymbol{x}(t)$ die zugehörige Funktion nach (V_2). Dann ist

$$\frac{d}{dt} F(\boldsymbol{x}(t))_{(t=0)} = \boldsymbol{y}' \operatorname{grad} F(\boldsymbol{x}^0) = -\sum_{j\in J} u_j\, \boldsymbol{y}' \operatorname{grad} f_j(\boldsymbol{x}^0) = 0$$

und daher, weil bei $\boldsymbol{x}^0$ ein Minimum liegt,

$$\frac{d^2}{dt^2} F(\boldsymbol{x}(t))_{(t=0)} = \boldsymbol{z}' \operatorname{grad} F(\boldsymbol{x}^0) + \sum_{i,k=1}^{n} \frac{\partial^2 F(\boldsymbol{x}^0)}{\partial x_i \partial x_k}\, y_i\, y_k \geqq 0\,.$$

Weiterhin ist wegen $f_j(\boldsymbol{x}(t)) \equiv 0$ $(j \in J)$

$$\frac{d^2}{dt^2} f_j(\boldsymbol{x}(t))_{(t=0)} = \boldsymbol{z}' \operatorname{grad} f_j(\boldsymbol{x}^0) + \sum_{i,k=1}^{n} \frac{\partial^2 f_j(\boldsymbol{x}^0)}{\partial x_i\, x_k}\, y_i\, y_k = 0 \quad (j \in J)\,.$$

Mit (8.25) folgt daraus die behauptete Definitheit von q.

Anmerkungen: 1. Die Bedingungen (V_1) und (V_2) sind nicht so einschränkend, wie es vielleicht scheint. Wie von McCormick (1967) bewiesen wird, sind sie erfüllt, wenn die Vektoren $\operatorname{grad} f_j(\boldsymbol{x}^0)$ $(j \in J)$ linear unabhängig sind. Das besagt, daß $\boldsymbol{x}^0$ nicht ein Randpunkt von M vom Typ der entarteten Ecken bei der linearen Optimierung ist.

2. Die Sätze 4 und 5 gelten entsprechend auch für nichtlineare Optimierungsaufgaben mit unendlich vielen Restriktionen vom Typ

$$F(\boldsymbol{x}) = \text{Min!} \qquad f(\boldsymbol{x}, \boldsymbol{y}) \leqq 0 \quad \text{für} \quad \boldsymbol{y} \in Y,$$

wobei Y durch endlich viele Ungleichungen $g_\nu(\boldsymbol{y}) \leqq 0$ $(\nu = 1, \ldots, m)$ beschrieben ist (Wetterling, 1970).

Das ist gerade der Aufgabentyp, der bei der kontinuierlichen Tschebyscheff-Approximation und der Einschließung bei Randwertaufgaben auftritt (§ 15). Y ist dann der Bereich, in dem die Approximationsaufgabe bzw. Randwertaufgabe formuliert ist.

Beispiel $(n = 2, m = 1)$:

$$F(\boldsymbol{x}) = -(x_1 + c\,x_2^2) = \text{Min!} \qquad f_1(\boldsymbol{x}) = x_1^2 + x_2^2 - 1 \leqq 0 .$$

Im Punkt $\boldsymbol{x}^0 = (1, 0)'$ sind die lokalen Kuhn-Tucker-Bedingungen erfüllbar: grad $F(\boldsymbol{x}^0) = (-1, 0)'$, grad $f_1(\boldsymbol{x}^0) = (2, 0)'$, also $u_1 = 1/2$. Der Teilraum H sind die Vektoren $\boldsymbol{y}$ mit $y_1 = 0$. Damit wird

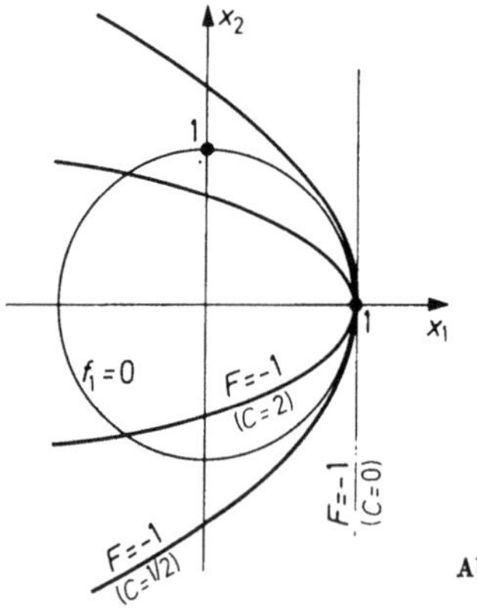

Abb. 8.4. Lokales Minimum

$q(\boldsymbol{y}) = (-2c + 1)\,y_2^2$ (auf H). Dies ist positiv definit für $c < 1/2$, positiv semidefinit für $c \leqq 1/2$. Tatsächlich liegt bei $\boldsymbol{x}^0$ ein strenges lokales Minimum, falls $c < 1/2$ ist, ein lokales Minimum, falls $c \leqq 1/2$ ist (Abb. 8.4). Der Minimalwert von F ist dann -1.

§ 9. Konvexe Optimierung mit affin-linearen Restriktionsfunktionen

In § 7 wurde bei der Besprechung des Kuhn-Tucker-Satzes erwähnt, daß im Fall affin-linearer Funktionen $f_j(\boldsymbol{x})$ in den Nebenbedingungen auf die einschränkende Voraussetzung (V) verzichtet werden kann. Das soll im folgenden näher erläutert werden, und zwar werden Optimierungsaufgaben betrachtet, bei denen die Zielfunktion $F(\boldsymbol{x})$ konvex und alle Funktionen $f_j(\boldsymbol{x})$ affin-linear sind.

Die dabei gefundenen Ergebnisse können später bei der Behandlung der quadratischen Optimierung verwendet werden. Auf die Besprechung des Falles, bei dem einige der Funktionen $f_j(\boldsymbol{x})$ affin-linear sind, die übrigen nicht, wobei dann nur für die letzteren eine Bedingung wie die Voraussetzung (V) gefordert wird, verzichten wir hier und verweisen auf H. UZAWA, 1958.

9.1. Ein Satz über konvexe Funktionen

Bei der Herleitung des Kuhn-Tucker-Satzes in § 7 wurde an entscheidender Stelle der Trennungssatz für konvexe Mengen benutzt. Auch hier soll er verwendet werden, und zwar in der Form des folgenden aus dem Trennungssatz hergeleiteten Satzes.

$F(\boldsymbol{x})$ sei dabei eine für $\boldsymbol{x} \in R^n$ definierte konvexe Funktion; N sei eine konvexe Teilmenge des R^n, die den Nullpunkt enthält.

Satz 1: Sei $\boldsymbol{x}^0 \in R^n$. Es gelte $F(\boldsymbol{x}^0 + \boldsymbol{t}) \geqq F(\boldsymbol{x}^0)$ für alle $\boldsymbol{t} \in N$. Dann gibt es einen Vektor $\boldsymbol{p} \in R^n$ mit

$$F(\boldsymbol{x}) \geqq F(\boldsymbol{x}^0) + \boldsymbol{p}'(\boldsymbol{x} - \boldsymbol{x}^0) \qquad \text{für} \quad \boldsymbol{x} \in R^n\,, \tag{9.1}$$

$$\boldsymbol{p}'\boldsymbol{t} \geqq 0 \qquad \text{für} \quad \boldsymbol{t} \in N\,. \tag{9.2}$$

Anmerkung: Der hier eingeführte Vektor $\boldsymbol{p}$ tritt an die Stelle des (i. a. nicht existierenden) Gradienten von $F(\boldsymbol{x})$ bei $\boldsymbol{x} = \boldsymbol{x}^0$. In diesem Sinne wird der Satz im folgenden benutzt werden.

Wegen der Bedingung (9.2) kann der Nullpunkt kein innerer Punkt, sondern nur ein Randpunkt der konvexen Menge N sein.

Beweis: Um den Trennungssatz für konvexe Mengen anzuwenden, definieren wir die folgenden Teilmengen des R^{n+1}:

$$B_1 = \left\{ \boldsymbol{u} = \begin{pmatrix} \boldsymbol{x}^0 + \boldsymbol{t} \\ F(\boldsymbol{x}^0) \end{pmatrix} \middle| \; \boldsymbol{t} \in N \right\},$$

$$B_2 = \left\{ \boldsymbol{v} = \begin{pmatrix} \boldsymbol{x} \\ \varrho \end{pmatrix} \middle| \; \boldsymbol{x} \in R^n,\ \varrho > F(\boldsymbol{x}) \right\}.$$

B_1 ist konvex, weil N konvex ist; B_2 ist konvex, weil $F(\boldsymbol{x})$ eine konvexe Funktion ist. Da nach § 6.2, Satz 2 die Funktion $F(\boldsymbol{x})$ stetig ist, ist B_2 eine offene Menge. Weiterhin sind B_1 und B_2 echte Teilmengen des R^{n+1}. Sei nun $\boldsymbol{v} = \begin{pmatrix} \boldsymbol{x} \\ \varrho \end{pmatrix} \in B_2$. Ist $\boldsymbol{x} - \boldsymbol{x}^0 \notin N$, so liegt $\boldsymbol{v}$ nicht in B_1. Ist $\boldsymbol{x} - \boldsymbol{x}^0 = \boldsymbol{t} \in N$, so ist nach Voraussetzung $\varrho > F(\boldsymbol{x}) = F(\boldsymbol{x}^0 + \boldsymbol{t}) \geqq F(\boldsymbol{x}^0)$, also ebenfalls $\boldsymbol{v} \notin B_1$. B_1 und B_2 haben somit keine gemeinsamen Punkte. Nach dem Trennungssatz existiert ein Vektor $\boldsymbol{a} \neq 0$ mit $\boldsymbol{a}'\boldsymbol{u} < \boldsymbol{a}'\boldsymbol{v}$ für $\boldsymbol{u} \in B_1$, $\boldsymbol{v} \in B_2$. Ist $\boldsymbol{a} = \begin{pmatrix} \boldsymbol{z} \\ \zeta \end{pmatrix}$ mit $\boldsymbol{z} \in R^n$, ζ reell, so wird

$$\boldsymbol{z}'(\boldsymbol{x}^0 + \boldsymbol{t}) + \zeta F(\boldsymbol{x}^0) < \boldsymbol{z}'\boldsymbol{x} + \zeta\varrho \tag{9.3}$$

für $\boldsymbol{t} \in N$, $\boldsymbol{x} \in R^n$ und $\varrho > F(\boldsymbol{x})$. Setzt man speziell $\boldsymbol{x} = \boldsymbol{x}^0$ und

$t = 0 \in N$, so wird $\zeta F(x^0) < \zeta \varrho$ für alle $\varrho > F(x^0)$. Daraus folgt $\zeta > 0$. Setzt man $p = -\frac{1}{\zeta} z$ und beachtet, daß (9.3) mit dem Zeichen $\leqq$ statt $<$ gilt, wenn man $\varrho = F(x)$ setzt, so erhält man $F(x) \geqq F(x^0) + p'(x - x^0 - t)$ für $x \in R^n$, $t \in N$. Setzt man hier $t = 0$, so ergibt sich (9.1), setzt man $x = x^0$, so folgt (9.2).

9.2. Der Kuhn-Tucker-Satz für Optimierungsaufgaben mit affin-linearen Restriktionsfunktionen und konvexer Zielfunktion

Die hier betrachtete Optimierungsaufgabe lautet

$$F(x) = \text{Min!}, \; f_j(x) \leqq 0 \qquad (j = 1, \ldots, m), \; x \geqq 0 . \tag{9.4}$$

Dabei ist $F(x)$ für $x \in R^n$ definiert und konvex, daher nach § 6, Satz 2, auch stetig. Die $f_j(x)$ sind affin-lineare Funktionen:

$$f_j(x) = a^{j\prime} x - b_j \qquad (j = 1, \ldots, m) .$$

Bezeichnet man mit A die $m \times n$-Matrix, deren Zeilenvektoren die $a^{j\prime}$ sind, mit b den Vektor mit den Komponenten b_j, so lauten die Nebenbedingungen $f_j(x) \leqq 0$

$$A x - b \leqq 0 .$$

Es wird dann $\operatorname{grad} f_j(x) = a^j$, ferner

$$f_j(x) = f_j(x^0) + (x - x^0)' \operatorname{grad} f_j(x^0) . \tag{9.5}$$

Die Lagrange-Funktion Φ wird

$$\Phi(x, u) = F(x) + u'(A x - b)$$

mit $u \in R^m$.

Satz 2: Ein Vektor $x^0 \geqq 0$ $(x^0 \in R^n)$ *ist genau dann Minimallösung der Aufgabe* (9.4), *wenn es ein* $u^0 \geqq 0$ $(u^0 \in R^m)$ *gibt mit*

$$\Phi(x^0, u) \leqq \Phi(x^0, u^0) \leqq \Phi(x, u^0) \quad \text{für} \quad x \geqq 0, u \geqq 0 , \tag{9.6}$$

wenn also x^0, u^0 *Sattelpunkt für die Funktion* $\Phi(x, u)$ *ist.*

Beweis: I. Gibt es ein $u^0 \geqq 0$ mit (9.6), so ist x^0 Minimallösung. Das ist nach § 7, Satz 1, richtig; denn dort wurde noch nicht die Voraussetzung (V) benutzt.

II. x^0 sei Minimallösung von (9.4). Wie in § 8.1 seien die Funktionen $g_k(x) = -x_k$, die Vektoren e^k als k-te Einheitsvektoren des R^n und die Indexmengen Q^0 und P^0 durch

$$f_j(x^0) = a^{j\prime} x^0 - b_j \begin{cases} = 0 & \text{für} \quad j \in Q^0 \\ < 0 & \text{für} \quad j \notin Q^0 \end{cases}$$

$$g_k(x^0) = -x_k^0 \qquad \begin{cases} = 0 & \text{für} \quad k \in P^0 \\ < 0 & \text{für} \quad k \notin P^0 \end{cases}$$

definiert. Weiterhin wird eine Menge N definiert als Menge aller $\boldsymbol{t} \in R^n$ mit

$$\boldsymbol{a}^{j\prime}\boldsymbol{t} \leqq 0 \quad \text{für} \quad j \in Q^0, \; -t_k \leqq 0 \quad \text{für} \quad k \in P^0 .$$

N ist konvex und enthält den Nullpunkt $\boldsymbol{0}$ des R^n. Um Satz 1 anwenden zu können, zeigen wir: Für $\boldsymbol{t} \in N$ ist $F(\boldsymbol{x}^0 + \boldsymbol{t}) \geqq F(\boldsymbol{x}^0)$. Aus der Annahme, es gäbe ein $\boldsymbol{t} \in N$ mit $F(\boldsymbol{x}^0 + \boldsymbol{t}) < F(\boldsymbol{x}^0)$, folgt zunächst $F(\boldsymbol{x}^0 + \lambda \boldsymbol{t}) \leqq (1 - \lambda) F(\boldsymbol{x}^0) + \lambda F(\boldsymbol{x}^0 + \boldsymbol{t}) < F(\boldsymbol{x}^0)$ für $0 < \lambda \leqq 1$. Weiterhin ist $x_k^0 + \lambda t_k \geqq x_k^0 = 0$ für $k \in P^0$ und $\lambda \geqq 0$, außerdem wegen (9.5)

$$f_j(\boldsymbol{x}^0 + \lambda \boldsymbol{t}) = f_j(\boldsymbol{x}^0) + \lambda \boldsymbol{a}^{j\prime}\boldsymbol{t} \leqq f_j(\boldsymbol{x}^0) = 0 \quad \text{für} \quad j \in Q^0 \quad \text{und}\, \lambda \geqq 0.$$

Da $f_j(\boldsymbol{x}^0) < 0$ für $j \notin Q^0$ und $x_k^0 > 0$ für $k \notin P^0$ gilt, ist $\boldsymbol{x}^0 + \lambda \boldsymbol{t}$ für hinreichend kleines $\lambda > 0$ zulässiger Vektor der Aufgabe (9.4). $F(\boldsymbol{x}^0 + \lambda \boldsymbol{t}) < F(\boldsymbol{x}^0)$ steht dann im Widerspruch dazu, daß $\boldsymbol{x}^0$ Minimallösung ist.

Satz 1 ist also anwendbar. Es gibt einen Vektor $\boldsymbol{p} \in R^n$ mit

$$F(\boldsymbol{x}) \geqq F(\boldsymbol{x}^0) + \boldsymbol{p}'(\boldsymbol{x} - \boldsymbol{x}^0) \quad \text{für} \quad \boldsymbol{x} \in R^n , \tag{9.7}$$

$$\boldsymbol{p}'\boldsymbol{t} \geqq 0 \quad \text{für} \quad \boldsymbol{t} \in N . \tag{9.8}$$

Wir betrachten nun die folgende „linearisierte" Aufgabe:

$$\begin{aligned} \tilde{F}(\boldsymbol{x}) &= \boldsymbol{p}'(\boldsymbol{x} - \boldsymbol{x}^0) + F(\boldsymbol{x}^0) = \text{Min!} \\ \boldsymbol{f}(\boldsymbol{x}) &= \boldsymbol{A}\boldsymbol{x} - \boldsymbol{b} \leqq \boldsymbol{0}, \qquad \boldsymbol{x} \geqq \boldsymbol{0} . \end{aligned} \tag{9.9}$$

Die Menge M der zulässigen Punkte stimmt bei den Aufgaben (9.4) und (9.9) überein. Die Lagrange-Funktion des linearisierten Problems ist

$$\tilde{\Phi}(\boldsymbol{x}, \boldsymbol{u}) = \tilde{F}(\boldsymbol{x}) + \boldsymbol{u}'\boldsymbol{f}(\boldsymbol{x}) = \Phi(\boldsymbol{x}, \boldsymbol{u}) + (\tilde{F}(\boldsymbol{x}) - F(\boldsymbol{x})) .$$

$\boldsymbol{B}$ sei nun die Matrix, deren Zeilenvektoren die $\boldsymbol{a}^{j\prime}$ mit $j \in Q^0$ und die $-\boldsymbol{e}^{k\prime}$ mit $k \in P^0$ sind. Die Spaltenzahl von $\boldsymbol{B}$ ist also n, die Zeilenzahl von $\boldsymbol{B}$ ist die Anzahl der Indizes, die in Q^0 und P^0 auftreten. Die oben definierte Menge N ist die Menge aller $\boldsymbol{t} \in R^n$ mit $\boldsymbol{B}\boldsymbol{t} \leqq \boldsymbol{0}$. Nach (9.8) gibt es kein $\boldsymbol{t} \in N$ mit $\boldsymbol{p}'\boldsymbol{t} < 0$. Das System von Ungleichungen $-\boldsymbol{B}\boldsymbol{t} \geqq \boldsymbol{0}$, $\boldsymbol{p}'\boldsymbol{t} < 0$ besitzt keine Lösung $\boldsymbol{t} \in R^n$. Nach § 5, Satz 10, besitzt dann das System $-\boldsymbol{B}'\boldsymbol{w} = \boldsymbol{p}$, $\boldsymbol{w} \geqq \boldsymbol{0}$ eine Lösung $\boldsymbol{w}$, es gibt also Zahlen $w_j \geqq 0\, (j \in Q^0)$ und $\hat{w}_k \geqq 0\, (k \in P^0)$ mit

$$-\boldsymbol{p} = \sum_{j \in Q^0} \boldsymbol{a}^j w_j + \sum_{k \in P^0} (-\boldsymbol{e}^k) \hat{w}_k . \tag{9.10}$$

Wir definieren nun Vektoren $\boldsymbol{u}^0 \in R^m$ und $\boldsymbol{v}^0 \in R^n$ durch

$$u_j^0 \begin{cases} = w_j & \text{für} \quad j \in Q^0 , \\ = 0 & \text{für} \quad j \notin Q^0 , \end{cases} \qquad v_k^0 \begin{cases} = \hat{w}_k & \text{für} \quad k \in P^0 , \\ = 0 & \text{für} \quad k \notin P^0 . \end{cases}$$

(9.10) besagt dann

$$-\operatorname{grad} \tilde{F}(\boldsymbol{x}^0) = \sum_{j \in Q^0} u_j^0 \operatorname{grad} f_j(\boldsymbol{x}^0) + \sum_{k \in P^0} v_k^0 \operatorname{grad} g_k(\boldsymbol{x}^0).$$

Wie man dem Beweis des Satzes 2 in § 8.1 entnimmt, ist diese Aussage äquivalent der Sattelpunktsbedingung für $\tilde{\Phi}(\boldsymbol{x}, \boldsymbol{u})$:

$$\tilde{\Phi}(\boldsymbol{x}^0, \boldsymbol{u}) \leqq \tilde{\Phi}(\boldsymbol{x}^0, \boldsymbol{u}^0) \leqq \tilde{\Phi}(\boldsymbol{x}, \boldsymbol{u}^0) \quad \text{für} \quad \boldsymbol{x} \geqq 0, \qquad \boldsymbol{u} \geqq 0. \tag{9.11}$$

Wegen $F(\boldsymbol{x}^0) = \tilde{F}(\boldsymbol{x}^0)$ ist $\Phi(\boldsymbol{x}^0, \boldsymbol{u}) = \tilde{\Phi}(\boldsymbol{x}^0, \boldsymbol{u})$ für $\boldsymbol{u} \in R^m$, weiterhin ist nach (9.7) $F(\boldsymbol{x}) \geqq F(\boldsymbol{x}^0) + \boldsymbol{p}'(\boldsymbol{x} - \boldsymbol{x}^0) = \tilde{F}(\boldsymbol{x})$ und daher $\Phi(\boldsymbol{x}, \boldsymbol{u}^0) \geqq \tilde{\Phi}(\boldsymbol{x}, \boldsymbol{u}^0)$ für $\boldsymbol{x} \in R^n$. Damit folgt aus (9.11) die Sattelpunktsbedingung für $\Phi(\boldsymbol{x}, \boldsymbol{u})$:

$$\Phi(\boldsymbol{x}^0, \boldsymbol{u}) \leqq \Phi(\boldsymbol{x}^0, \boldsymbol{u}^0) \leqq \Phi(\boldsymbol{x}, \boldsymbol{u}^0) \qquad \text{für} \quad \boldsymbol{x} \geqq 0, \boldsymbol{u} \geqq 0.$$

Anmerkung: Sind die Restriktionsfunktionen $f_j(\boldsymbol{x})$ affin-linear, so gelten die Sätze 1 und 2 von § 8.1 ohne die dort jeweils mit aufgeführte Bedingung (V) über die Existenz eines $\tilde{\boldsymbol{x}}$ mit $f_j(\tilde{\boldsymbol{x}}) < 0$ $(j = 1, \ldots, m)$.

§ 10. Numerische Behandlung von konvexen Optimierungsaufgaben

Es ist nicht das Ziel dieser Darstellung, die zahlreichen bekannten Verfahren zur numerischen Behandlung konvexer Optimierungsaufgaben im einzelnen zu beschreiben. Einen Überblick über mehrere solche Verfahren und Hinweise auf ihre Verwendbarkeit, ferner auf die Originalarbeiten, findet man bei PH. WOLFE, *1963*. Eines der dort aufgeführten Verfahren, die „Methode der Schnittebenen" (Cutting-plane method) von J. E. KELLEY jr., *1960* soll hier wiedergegeben werden. Es zeichnet sich dadurch aus, daß es einfach zu beschreiben und anschaulich zu deuten, ferner numerisch bequem anzuwenden ist.

10.1. Die Methode der Schnittebenen. Herleitung und Konvergenzbeweis

Der folgende Aufgabentyp wird hier bei der Methode der Schnittebenen zugrunde gelegt:

Gesucht ist $\boldsymbol{x} \in R^n$ mit

$$F(\boldsymbol{x}) = \boldsymbol{p}'\boldsymbol{x} = \text{Min!}, \; f_j(\boldsymbol{x}) \leqq 0 \qquad (j = 1, \ldots, m). \tag{10.1}$$

Zum Unterschied zu dem bisher behandelten Aufgabentyp ist hier also die Zielfunktion linear, und man hat keine Vorzeichenbedingungen $\boldsymbol{x} \geqq \mathbf{0}$. Das bedeutet jedoch keine Einschränkung der Allgemeinheit; denn bei Aufgaben mit Vorzeichenbedingungen $\boldsymbol{x} \geqq \mathbf{0}$ können diese unter die Nebenbedingungen $f_j(\boldsymbol{x}) \leqq 0$ mit aufgenommen werden; ist eine Aufgabe mit einer nichtlinearen konvexen Zielfunktion $\tilde{F}(\boldsymbol{x})$ gegeben, so füge man die Nebenbedingung $\tilde{F}(\boldsymbol{x}) - x_{n+1} \leqq 0$ zu den Bedingungen $f_j(\boldsymbol{x}) \leqq 0$ $(j = 1, \ldots, m)$ hinzu und betrachte im R^{n+1} die Aufgabe mit diesen $m + 1$ Nebenbedingungen und der linearen Zielfunktion $x_{n+1} = \text{Min!}$. Ist $\tilde{\boldsymbol{x}} \in R^n$ Minimallösung der ursprünglichen Aufgabe, so ist $\begin{pmatrix} \tilde{\boldsymbol{x}} \\ \tilde{x}_{n+1} \end{pmatrix}$ mit $\tilde{x}_{n+1} = \tilde{F}(\tilde{\boldsymbol{x}})$ Minimallösung der erweiterten Aufgabe und umgekehrt.

Die folgenden Voraussetzungen, die bei den Konvergenzuntersuchungen zur Methode der Schnittebenen benötigt werden, seien erfüllt:

(A) Die Menge der zulässigen Punkte der Aufgabe (10.1),

$$M = \{\boldsymbol{x} \mid f_j(\boldsymbol{x}) \leqq 0 \ \ (j = 1, \ldots, m)\}$$

sei in einem Polyeder $S_0 = \{\boldsymbol{x} \mid \boldsymbol{A}\boldsymbol{x} \leq \boldsymbol{b}\}$ enthalten. (Ein Polyeder ist nach Definition in § 2 eine beschränkte Punktmenge, M sei also auch beschränkt.) $\boldsymbol{A}$ sei dabei eine $q \times n$-Matrix, $\boldsymbol{b} \in R^q$ (mit $q > n$).

(B) Auf der Menge S_0 seien die Funktionen $f_j(\boldsymbol{x})$ konvex und differenzierbar. Die partiellen Ableitungen der Funktionen $f_j(\boldsymbol{x})$ seien auf S_0 beschränkt:

$$\|\operatorname{grad} f_j(\boldsymbol{x})\| \leqq K \qquad (\boldsymbol{x} \in S_0; j = 1, \ldots, m). \tag{10.2}$$

(Zur numerischen Durchführung des Verfahrens ist die Kenntnis der Schranke K nicht erforderlich.) Durch die folgenden Vorschriften wird eine Folge von Mengen $S_t \subset R^n$ und eine Folge von Punkten $\boldsymbol{x}^t \in S_t$ für $t = 0, 1, 2, \ldots$ erzeugt:

(I) Für $t = 0, 1, 2, \ldots$ sei $\boldsymbol{x}^t$ eine Minimallösung der linearen Optimierungsaufgabe

$$F(\boldsymbol{x}) = \boldsymbol{p}'\boldsymbol{x} = \text{Min!}, \quad \boldsymbol{x} \in S_t. \tag{10.3}$$

(II) Ist k ein Index mit $f_k(\boldsymbol{x}^t) = \underset{j=1,\ldots,m}{\text{Max}} f_j(\boldsymbol{x}^t)$, so sei S_{t+1} der Durchschnitt der Menge S_t mit der Menge der Punkte $\boldsymbol{x} \in R^n$, die der linearen Ungleichung

$$f_k(\boldsymbol{x}^t) + (\boldsymbol{x} - \boldsymbol{x}^t)' \operatorname{grad} f_k(\boldsymbol{x}^t) \leqq 0 \tag{10.4}$$

genügen.

Die Vorschrift (II) besagt, daß S_{t+1} dadurch entsteht, daß durch eine Hyperebene ein Teil von S_t abgeschnitten wird; daher die Bezeichnung „Methode der Schnittebenen“. Diese Hyperebene erhält man, wenn man im R^{n+1} an die Fläche $z = f_k(\boldsymbol{x})$ die Tangentialhyperebene im Punkte $\boldsymbol{x}^t$ legt und deren Durchschnitt mit der Hyperebene $z = 0$ bildet. Insofern besteht eine Ähnlichkeit mit dem Newtonschen Iterationsverfahren. Gibt es mehrere Indizes j, für die in Vorschrift (II) das Maximum angenommen wird, so wähle man einen beliebigen von diesen als k. Die Menge S_t wird durch q lineare Ungleichungen $\boldsymbol{A}\boldsymbol{x} \leqq \boldsymbol{b}$ und t lineare Ungleichungen (10.4) beschrieben; (10.3) ist also tatsächlich eine lineare Optimierungsaufgabe. Aus der Vorschrift (II) entnimmt man, daß S_{t+1} in S_t enthalten ist, daß also die Menge der zulässigen Punkte bei allen diesen linearen Optimierungsaufgaben beschränkt, nämlich in der beschränkten Menge S_0 enthalten ist. Falls S_t nicht leer ist, existiert also mindestens eine Minimallösung $\boldsymbol{x}^t$. Gibt es mehrere Minimallösungen, so wähle man eine beliebige von ihnen als $\boldsymbol{x}^t$. Falls eine der Mengen S_t leer ist, wird sich zeigen, daß dann auch die Menge M leer ist, die Aufgabe (10.1) also keine Lösung besitzt. Falls keine der Mengen S_t leer ist, erhält man durch die Vorschriften (I) und (II) für alle ganzen Zahlen $t \geqq 0$ Mengen S_t und Punkte $\boldsymbol{x}^t$, für die dann die folgenden Aussagen gelten:

(a) $M \subset S_t$.

(b) Entweder ist $\boldsymbol{x}^t$ Minimallösung von (10.1), oder es gilt $\boldsymbol{x}^t \notin M$ und S_{t+1} ist eine echte Teilmenge von S_t.

Die Aussagen (a) und (b) werden durch vollständige Induktion nach t bewiesen. Für $t = 0$ ist (a) auf Grund der Wahl von S_0 erfüllt. $\boldsymbol{x}^0$ ist Minimallösung von (10.3) für $t = 0$. Ist $\boldsymbol{x}^0 \in M$, so ist $\boldsymbol{x}^0$ wegen $M \subset S_0$ auch Minimallösung von (10.1). Ist $\boldsymbol{x}^0 \notin M$, so wird in (II) $f_k(\boldsymbol{x}^0) > 0$, und $\boldsymbol{x}^0$ genügt nicht der Ungleichung (10.4) für $t = 0$, liegt also nicht in S_1. Demnach gilt (b) für $t = 0$. In Abb. 10.1 sind für den Fall $n = 2$ einige Schritte des Verfahrens veranschaulicht. Als S_0 ist ein Quadrat gewählt worden.

Nun seien die Aussagen (a) und (b) für eine ganze Zahl $t \geqq 0$ gültig (Induktionsannahme). Ist $\boldsymbol{x}^t$ Minimallösung von (10.1), so gilt in (II) $f_k(\boldsymbol{x}^t) = 0$ (das Minimum wird bei linearer Zielfunktion auf dem Rande von M angenommen); ist $\boldsymbol{x}^t \notin M$, so gilt $f_k(\boldsymbol{x}^t) > 0$, jedenfalls also $f_k(\boldsymbol{x}^t) \geqq 0$. Für $\boldsymbol{x} \in M$ ist dann nach Induktionsannahme $\boldsymbol{x} \in S_t$, aber auch, da $f_k(\boldsymbol{x})$ konvex ist, nach § 6.2, Satz 4, $f_k(\boldsymbol{x}^t) + (\boldsymbol{x} - \boldsymbol{x}^t)' \operatorname{grad} f_k(\boldsymbol{x}^t) \leqq f_k(\boldsymbol{x}) \leqq 0$. Es ist also $\boldsymbol{x} \in S_{t+1}$ und daher (a) für $t + 1$ erfüllt. Daß auch (b) für $t + 1$ gilt, zeigt man wie oben für $t = 0$.

Es können die folgenden drei Fälle eintreten:

(1) Ein S_t ist leer. Auch dann gilt ersichtlich die Aussage (a), und

daher ist die Menge M ebenfalls leer. Das Verfahren ist abzubrechen, da (10.1) keine Lösung besitzt.

(2) Ein $\boldsymbol{x}^t$ liegt in M und ist daher nach (b) Minimallösung von (10.1). Das Verfahren kann ebenfalls abgebrochen werden.

(3) Man erhält eine unendliche Folge von Punkten $\boldsymbol{x}^t$ und ebenso eine Folge von Mengen S_t, von denen jede in der vorhergehenden enthalten ist.

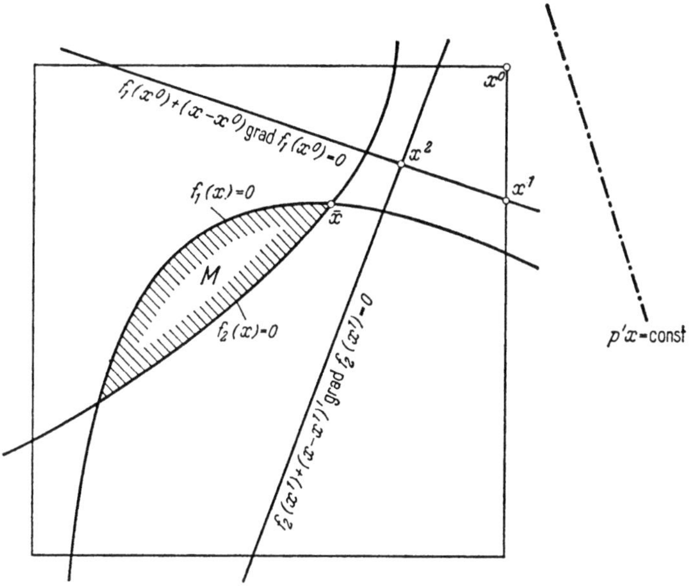

Abb. 10.1. Methode der Schnittebenen

Im Fall (3) liegen alle Punkte $\boldsymbol{x}^t$ der Folge in der beschränkten Menge S_0. Es gibt also eine konvergente Teilfolge, deren Limes $\bar{\boldsymbol{x}}$ sei. $\bar{\boldsymbol{x}}$ liegt im Durchschnitt S aller Mengen S_t, und diese Menge S ist als Durchschnitt von abgeschlossenen Mengen selbst abgeschlossen. Es wird sich zeigen, daß $\bar{\boldsymbol{x}}$ Minimallösung von (10.1) ist. Zunächst sieht man, daß $\bar{\boldsymbol{x}} \in M$ ist. Nimmt man nämlich an, es sei $\bar{\boldsymbol{x}} \notin M$, so wird $\eta = \operatorname*{Max}_{j=1,\ldots,m} f_j(\bar{\boldsymbol{x}}) > 0$. Sei $\bar{k}$ ein Index mit $f_{\bar{k}}(\bar{\boldsymbol{x}}) = \eta$. Da $f_{\bar{k}}(\boldsymbol{x})$ stetig ist, gibt es einen Punkt $\boldsymbol{x}^t$ aus der konstruierten Folge mit

$$\| \boldsymbol{x}^t - \bar{\boldsymbol{x}} \| < \frac{\eta}{2K} \quad \text{und} \quad f_{\bar{k}}(\boldsymbol{x}^t) > \frac{\eta}{2}$$

(dabei ist $\| \boldsymbol{x}^t - \bar{\boldsymbol{x}} \|$ die euklidische Länge des Vektors $\boldsymbol{x}^t - \bar{\boldsymbol{x}}$ und K die in (10.2) angegebene Schranke). Ist k ein nach Vorschrift (II) zu x^t bestimmter Index, so wird auch $f_k(x^t) > \eta/2$ und daher

$$f_k(x^t) + (\bar{x} - x^t)' \operatorname{grad} f_k(x^t) > \frac{\eta}{2} - \frac{\eta}{2K} \cdot K = 0 .$$

$\bar{x}$ liegt dann nicht in der Menge S_{t+1}, im Widerspruch zu $\bar{x} \in S$. Damit ist $\bar{x} \in M$ bewiesen.

Es bleibt zu zeigen, daß die Zielfunktion $p'x$ ihr Minimum bezüglich M in $\bar{x}$ annimmt. Das ist richtig, da sie ihr Minimum bezüglich S in $\bar{x}$ annimmt und $M \subset S$ ist.

Es sei noch bemerkt: Jeder Häufungspunkt der Folge der x^t ist Minimallösung von (10.1). Ist die Minimallösung $\bar{x}$ von (10.1) eindeutig bestimmt, so gibt es nur einen Häufungspunkt, die Folge der x^t konvergiert gegen $\bar{x}$. Im eindimensionalen Fall stimmt die Methode der Schnittebenen mit dem Newtonschen Iterationsverfahren zur Bestimmung von Nullstellen überein.

10.2. Zur numerischen Durchführung der Methode der Schnittebenen

Bei jedem Schritt des Verfahrens der Schnittebenen ist eine Aufgabe der linearen Optimierung zu lösen. Die Anzahl der Nebenbedingungen wächst bei jedem dieser Schritte um 1. Allerdings können im Lauf des Verfahrens gewisse Nebenbedingungen auch wieder entbehrlich werden. Der scheinbar erhebliche Rechenaufwand kann in erträglichen Grenzen gehalten werden durch den Übergang zur dualen linearen Optimierungsaufgabe. Die Aufgabe (10.3) lautet

$$\left.\begin{aligned} F(x) &= \sum_{l=1}^{n} p_l x_l = \text{Min!}, \\ \sum_{l=1}^{n} a_{il} x_l &\leqq b_i \qquad (i = 1, \ldots, q), \\ \sum_{l=1}^{n} g_{\tau l} x_l &\leqq d_\tau \qquad (\tau = 0, 1, \ldots, t-1). \end{aligned}\right\} \tag{10.5}$$

Dabei sind die a_{il} ($i = 1, \ldots, q$; $l = 1, \ldots, n$) die Elemente der Matrix A, die $g_{\tau l}$ ($\tau = 0, 1, \ldots, t-1$; $l = 1, \ldots, n$) sind die Komponenten des Vektors $\operatorname{grad} f_k(x^\tau)$, ferner ist

$$d_\tau = \sum_{l=1}^{n} g_{\tau l} x_l^\tau - f_k(x^\tau) \qquad (\tau = 0, 1, \ldots, t-1)$$

gesetzt. Man beachte, daß der Index k auch noch von τ abhängt. Es handelt sich um eine Minimumaufgabe mit Ungleichungen als Nebenbedingungen und ohne Vorzeichenbeschränkungen. Schreibt man sie mit der Zielfunktion $\sum(-p_l)x_l$ als Maximumaufgabe, so liegt gerade der Aufgabentyp D^1 von § 5.1 vor. Die duale Aufgabe D^0 lautet

$$\left.\begin{aligned}&\sum_{i=1}^{q} b_i u_i + \sum_{\tau=0}^{t-1} d_\tau v_\tau = \text{Min!}\\&\sum_{i=1}^{q} a_{il} u_i + \sum_{\tau=0}^{t-1} g_{\tau l} v_\tau = -p_l \qquad (l = 1, \ldots, n)\\&u_i \geqq 0 (i = 1, \ldots, q), \quad v_\tau \geqq 0 \qquad (\tau = 0, 1, \ldots, t-1).\end{aligned}\right\} \tag{10.6}$$

Das ist eine Aufgabe des Typs, für den in § 3 und § 4 das Simplexverfahren formuliert wurde. Diese Aufgabe ist für $t = 0, 1, 2, \ldots$ zu lösen. Für $t = 0$ treten keine v_τ auf. Die Anzahl der Nebenbedingungen bleibt jetzt gleich, es tritt nur bei jedem Schritt eine neue Variable v_τ hinzu.

Man kann dann mit dem in § 4.5 beschriebenen Verfahren arbeiten und das um eine Spalte erweiterte Endschema des Simplexverfahrens jeweils als Anfangsschema für den folgenden Schritt verwenden. Wählt man die das Polyeder S_0 beschreibenden Bedingungen $\boldsymbol{A}\boldsymbol{x} \leqq \boldsymbol{b}$ so, daß darunter die Ungleichungen $\boldsymbol{x} \leqq \boldsymbol{c}$ vorkommen, wählt man also etwa S_0 als den durch $\bar{\boldsymbol{c}} \leqq \boldsymbol{x} \leqq \boldsymbol{c}$ beschriebenen Quader, so enthält $\boldsymbol{A}$ eine Einheitsmatrix als Teilmatrix, und die in § 4.5 angegebene Vereinfachung bei der Ausfüllung der zusätzlichen Spalte des Simplexschemas ist möglich. Ebenso kann man dann leicht nach der in § 5.1 angegebenen Vorschrift die Lösung der zu (10.6) dualen Aufgabe (10.5), nämlich den Vektor $\boldsymbol{x}^t$ bestimmen.

Dieses auch gut für Rechenanlagen verwendbare Verfahren ist für den allgemeinen Fall von konvexen Optimierungsaufgaben geeignet. Beim Spezialfall der quadratischen Optimierungsaufgaben wird man die in § 14 beschriebenen Methoden benutzen.

Beispiel: Es soll ein Fahrzeug konstruiert und hergestellt werden; seine Höchstgeschwindigkeit sei x_1, seine Leistung x_2, die Entwicklungs- und Herstellungskosten x_3 (in entsprechenden Einheiten gemessen). Für x_1, x_2, x_3 mögen dabei die Restriktionen

$$x_2 \geqq \varphi(x_1)$$
$$x_3 \geqq \psi(x_2)$$

gelten, wobei $\varphi(x)$ und $\psi(x)$ konvexe Funktionen einer Veränderlichen sind. Außerdem sollen die Kosten einen Betrag a nicht übersteigen:

$$x_3 \leqq a.$$

Eine lineare Funktion

$$b x_3 - c x_2 - d x_1$$

mit (nichtnegativen) Konstanten b, c, d, also eine Bilanz aus den

Aufwendungen und dem durch die Leistungsfähigkeit des Fahrzeugs bestimmten Nutzen, soll zum Minimum gemacht werden. Die konvexe Optimierungsaufgabe

$$\begin{aligned} F(\boldsymbol{x}) &= bx_3 - cx_2 - dx_1 = \text{Min!} \\ \varphi(x_1) - x_2 &\leqq 0 \\ \psi(x_2) - x_3 &\leqq 0 \\ x_3 - a &\leqq 0 \\ x_i &\geqq 0 \qquad (i = 1, 2, 3) \end{aligned}$$

wurde für spezielles φ und ψ, nämlich $\varphi(x) = \psi(x) = e^x$ und $a = 10$ mit verschiedenen Werten von b, c und d nach dem Verfahren der Schnittebenen behandelt. Als S_0 wurde der durch $0 \leqq x_1 \leqq 2$, $0 \leqq x_2 \leqq 3$, $0 \leqq x_3 \leqq 10$ beschriebene Quader gewählt. Das Verfahren wurde programmiert. Die Rechenanlage lieferte u.a. folgende Ergebnisse:

$b = c = 0$, $d = 1$

t	x_1^t	x_2^t	x_3^t	$F(\boldsymbol{x}^t)$
0	2	3	0	− 2
1	2	2,498	10	− 2
2	1,338	2,498	10	− 1,338
3	1,314	2,320	10	− 1,314
4	0,938	2,320	10	− 0,938
5	0,846	2,320	10	− 0,846
6	0,839	2,303	10	− 0,839
7	0,834	2,303	10	− 0,834
8	0,834	2,303	10	− 0,834

Lösung: $x_1 = \log\log 10 = 0{,}83403$, $x_2 = \log 10 = 2{,}30259$, $x_3 = 10$.

$b = 0{,}2$, $c = 0$, $d = 0{,}8$

t	x_1^t	x_2^t	x_3^t	$F(\boldsymbol{x}^t)$
0	2	3	0	− 1,6
1	2	2	0	− 1,6
2	2	1	0	− 1,6
3	1,135	1	0	− 0,908
4	1	0	0	− 0,8
5	0	0	0	0
6	0,214	0,582	1,582	0,145
7	0,491	1,582	4,300	0,467
8	0,279	1,319	3,586	0,494
9	0,157	1,168	3,175	0,509
10	0,219	1,245	3,465	0,517
11	0,189	1,207	3,412	0,517
12	0,173	1,188	3,279	0,517
.	.	.	.	.
.	.	.	.	.
.	.	.	.	.

Lösung: $x_1 = 0{,}18413$, $x_2 = 1{,}20217$, $x_3 = 3{,}32733$ $(x_1 + e^{x_1} = \log 4)$.

III. Quadratische Optimierung

Die Optimierungsaufgaben, bei denen die Restriktionsfunktionen affin-linear sind und die Zielfunktion die Summe einer linearen Funktion und einer quadratischen Form mit positiv-semidefiniter Matrix ist, nehmen eine Zwischenstellung zwischen den Aufgaben der linearen Optimierung und der konvexen Optimierung ein. Einerseits gelten in diesem Spezialfall der konvexen Optimierung natürlich alle Sätze des II. Kapitels; andererseits findet man auch manche Eigenschaften wieder, die von der linearen Optimierung her bekannt sind und für die allgemeine konvexe Optimierung nicht mehr gelten.

Es gibt auch eine Reihe von Anwendungsbeispielen, die gerade auf solche quadratischen Optimierungen führen, z. B. das in § 6 behandelte Beispiel der Milchverwertung in den Niederlanden.

§ 11. Einführung

11.1. Definitionen

Gegeben sind:
Eine reelle $m \times n$-Matrix $\boldsymbol{A}$,
ein Vektor $\boldsymbol{b} \in R^m$,
ein Vektor $\boldsymbol{p} \in R^n$,
eine reelle, symmetrische, positiv semidefinite $n \times n$-Matrix $\boldsymbol{C}$.

Durch diese (endlich vielen) Daten ist eine *quadratische Optimierungsaufgabe* bestimmt:

Gesucht ist ein Vektor $\boldsymbol{x} \in R^n$ mit

$$Q(\boldsymbol{x}) = \boldsymbol{p}'\boldsymbol{x} + \boldsymbol{x}'\boldsymbol{C}\boldsymbol{x} = \text{Min!}, \quad \boldsymbol{A}\boldsymbol{x} \leqq \boldsymbol{b}, \quad \boldsymbol{x} \geqq \boldsymbol{0}\,. \tag{11.1}$$

Nach § 6, Satz 3 ist die Zielfunktion, die hier mit $Q(\boldsymbol{x})$ (nicht mehr $F(\boldsymbol{x})$) bezeichnet wird, konvex. Außerdem ist sie (sogar beliebig oft) differenzierbar.

Wir werden auch quadratische Optimierungsaufgaben behandeln, bei denen die Nebenbedingungen als Gleichungen $\boldsymbol{A}\boldsymbol{x} = \boldsymbol{b}$ geschrieben sind, ferner solche, bei denen die Vorzeichenbedingungen $\boldsymbol{x} \geqq \boldsymbol{0}$ fehlen. Aufgaben, bei denen die Restriktionsfunktionen nicht mehr affin-linear sind, sondern ebenfalls quadratische Formen enthalten, fallen nicht mehr unter den Begriff der quadratischen Optimierungsaufgaben.

11.2. Zuteilungen und quadratische Optimierung

Es gibt auch quadratische Optimierungsaufgaben, die nicht die in Nr. 11.1 genannten Zusatzvoraussetzungen (Matrix $\boldsymbol{C}$ positiv semidefinit) erfüllen. Ein Beispiel hierfür sind gewisse Zuteilungsaufgaben. Solche Aufgaben treten auf bei Aufstellung von Stundenplänen an Schulen und Hochschulen, von Prüfungsplänen u. a.; das sei an folgendem Beispiel erläutert:

Es sollen Prüflinge a, b, c ... von Prüfern A, B, C ... geprüft werden; in einem rechteckigen Schema kann durch ein Kreuz angegeben werden, welche Prüflinge jeder einzelne Prüfer zu prüfen hat, z.B.

	a	b	c	d	e	...
A	×	×	×			
B	×		×	×		
C	×	×			×	
.						
.						
.						

(11.2)

Es hat also z.B. B die Personen a, c, d zu prüfen.

Jede Prüfung wird so durch ein Paar, z. B. Bc, beschrieben, und diese Prüfungen werden nun als „Ereignisse" durchnumeriert: $x_1, x_2, \ldots, x_n$; es stehen q Prüfungstermine zur Verfügung, z.B. Montag 9—10 Uhr, 10—11 Uhr usw. Die Prüfungen sollen nun so auf die q Termine verteilt werden, daß möglichst wenig „Kollisionen" stattfinden. Eine Kollision tritt ein, wenn nach dem aufgestellten Plan ein Prüfling zwei Prüfungen zur gleichen Zeit ablegen oder ein Prüfer zwei verschiedene Prüflinge zur gleichen Zeit prüfen müßte, und sie erfordert, daß eine extra Prüfung zu einem neuen Termin angesetzt werden muß; wenn also die Ereignisse x_j und x_k kollidieren, so werde ihnen ein positiver „Widerstand" r_{jk} zugeordnet; wenn sie nicht kollidieren, sei $r_{jk} = 0$; die Ereignisse x_j, die zu demselben Prüfungstermin stattfinden und somit zu einer Klasse K_s zusammengefaßt werden können, rufen eine Widerstandssumme von der Größe

$$\sum_{x_j, x_k \in K_s} r_{jk}$$

hervor. Es sind also die Ereignisse $x_1, \ldots, x_n$ so auf q Klassen $K_1, \ldots, K_q$ zu verteilen, daß der Gesamtwiderstand

$$r = \sum_{s=1}^{q} \sum_{x_j, x_k \in K_s} r_{jk} \tag{11.3}$$

möglichst klein wird.

Man führt nun eine $n \times q$-Matrix $X = (x_{js})$ ein, die nur Nullen und Einsen enthält, und zwar sei

$$x_{js} = \begin{cases} 1, & \text{wenn } x_j \text{ zur Klasse } K_s \text{ gehört,} \\ 0, & \text{wenn } x_j \text{ nicht zur Klasse } K_s \text{ gehört.} \end{cases}$$

Natürlich muß jedes x_j zu genau einer Klasse gehören, d.h.

$$\sum_{s=1}^{q} x_{js} = 1 \qquad (j = 1, \ldots, n); \tag{11.4}$$

man kann dann den Gesamtwiderstand auf die übersichtliche Form bringen:

$$r = \sum_{j,k,s} r_{jk}\, x_{js}\, x_{ks}, \tag{11.5}$$

und man hat die quadratische Optimierungsaufgabe: Gegeben sind die Zahlen $r_{jk} \geqq 0$; gesucht sind die Zahlen x_{js}, die nur die Werte 0 oder 1 annehmen, unter der Nebenbedingung (11.4) so, daß die quadratische Funktion (11.5) möglichst klein wird. Diese Aufgabe fällt nicht unter die in § 11.1 betrachteten Probleme, i.a. ist (11.5) keine positiv definite quadratische Form. Eine Methode zur Behandlung solcher Aufgaben, die mit Erfolg bei Prüfungen mit vielen Hunderten von Prüflingen unter Einsatz von Groß-Rechenanlagen erprobt wurde, stellt KIRCHGÄSSNER, 1965 auf. Er verwendet Hilfsmittel der Graphentheorie; hier sei nur der Zusammenhang mit dem Färbungsproblem für Graphen genannt: Man zeichne einen Graphen mit den Ereignissen $x_1, \ldots, x_n$ als Knoten. Es sind x_j und x_k genau dann durch eine Kante verbunden, wenn sie kollidieren können, d.h. im Schema (11.2) in der gleichen Zeile oder Spalte stehen; z.B. bei dem in (11.2) gegebenen Anfang eines Schemas würde man als zugehörigen Teil des Graphen Abbildung 11.1 erhalten; nun kann man jedem endlichen Graphen eine „chromatische Zahl" γ zuordnen: γ ist die kleinste Zahl mit der Eigenschaft: Man kann jeden Knoten mit einer von insgesamt γ Farben so einfärben, daß die Endpunkte jeder Kante verschiedene Farben haben. Ist nun die chromatische Zahl des zum Zuteilungsproblem gehörigen Graphen $\gamma \leqq q$, so ist die Aufgabe ideal lösbar; es ist dann $r = 0$ erreichbar und jede Kollision vermeidbar, indem man jeder Farbe eine der Klassen $K_1, \ldots, K_q$ zuordnet. Ist dagegen $\gamma > q$, so sind Kollisionen nicht vermeidbar, und man muß durch Abbau von Kanten den Graphen so reduzieren, daß er die chromatische Zahl q erhält; welche Kanten man abbauen

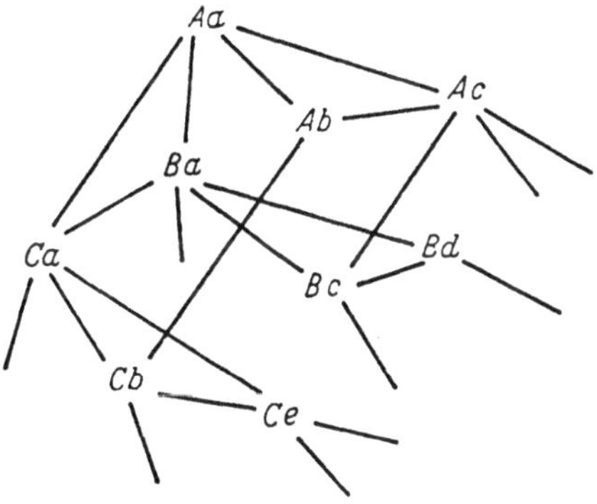

Abb. 11.1

muß, um r möglichst klein zu machen, hängt von den Zahlen r_{jk} ab. Für das zweckmäßige Vorgehen gibt KIRCHGÄSSNER, 1965 eine Theorie mit Hilfe der „kritischen" $(q+1)$-chromatischen Teilgraphen des gesamten Graphen.

§ 12. Kuhn-Tucker-Satz und Anwendungen

12.1. Spezialisierung des Kuhn-Tucker-Satzes auf quadratische Optimierungsaufgaben

Da bei der Aufgabe (11.1) die Zielfunktion und die Restriktionsfunktionen differenzierbar sind, ist Satz 1 aus § 8.1 anwendbar. Da die Restriktionsfunktionen affin-linear sind, ist die in jenem Satz enthaltene Voraussetzung (V) nach § 9 entbehrlich.

Im Falle der Aufgabe (11.1) lautet die in § 7 für konvexe Optimierungsaufgaben definierte Lagrange-Funktion

$$\Phi(\boldsymbol{x}, \boldsymbol{u}) = \boldsymbol{p}'\boldsymbol{x} + \boldsymbol{x}'C\boldsymbol{x} + \boldsymbol{u}'(A\boldsymbol{x} - \boldsymbol{b}) \tag{12.1}$$

mit einem Vektor $\boldsymbol{u} \in R^m$. Für die Gradienten Φ_x und Φ_u erhält man

$$\begin{aligned} \boldsymbol{v} &= \Phi_x = \boldsymbol{p} + 2C\boldsymbol{x} + A'\boldsymbol{u}, \\ \boldsymbol{y} &= -\Phi_u = -A\boldsymbol{x} + \boldsymbol{b}. \end{aligned}$$

Die Bedingungen (8.3) und (8.4) lauten dann

$$\begin{aligned} \boldsymbol{v}^0 &= \Phi_x(\boldsymbol{x}^0, \boldsymbol{u}^0) \geqq 0, \quad \boldsymbol{x}^{0\prime}\boldsymbol{v}^0 = 0, \\ \boldsymbol{y}^0 &= -\Phi_u(\boldsymbol{x}^0, \boldsymbol{u}^0) \geqq 0, \quad \boldsymbol{u}^{0\prime}\boldsymbol{y}^0 = 0. \end{aligned}$$

Die beiden Bedingungen $\boldsymbol{x}^{0\prime}\boldsymbol{v}^0 = \boldsymbol{u}^{0\prime}\boldsymbol{y}^0 = 0$ können zusammengefaßt werden zu $\boldsymbol{x}^{0\prime}\boldsymbol{v}^0 + \boldsymbol{u}^{0\prime}\boldsymbol{y}^0 = 0$, da alle Summanden in diesen inneren Produkten nichtnegativ werden.

Man erhält so den

Satz 1: Ein Vektor $\boldsymbol{x}^0 \geqq 0$ $(\boldsymbol{x}^0 \in R^n)$ *ist genau dann Minimallösung der quadratischen Optimierungsaufgabe* (11.1), *wenn es Vektoren* $\boldsymbol{u}^0 \in R^m$, $\boldsymbol{v}^0 \in R^n$, $\boldsymbol{y}^0 \in R^m$ *gibt mit*

$$\left.\begin{aligned} A\boldsymbol{x}^0 + \boldsymbol{y}^0 = \boldsymbol{b}, \quad \boldsymbol{v}^0 - 2C\boldsymbol{x}^0 - A'\boldsymbol{u}^0 = \boldsymbol{p}, \\ \boldsymbol{u}^0 \geqq 0, \quad \boldsymbol{v}^0 \geqq 0, \quad \boldsymbol{y}^0 \geqq 0, \end{aligned}\right\} \tag{12.2}$$

$$\boldsymbol{x}^{0\prime}\boldsymbol{v}^0 + \boldsymbol{u}^{0\prime}\boldsymbol{y}^0 = 0. \tag{12.3}$$

Anmerkung: (12.2) enthält nur affin-lineare Bedingungen, (12.3) ist die einzige nichtlineare Bedingung.

12.2. Existenz einer Lösung und Einschließungssatz

Es sei zur Ergänzung noch folgender Satz über die Existenz einer Lösung der quadratischen Optimierungsaufgabe (11.1) genannt.

Satz 2: Die quadratische Optimierungsaufgabe (11.1) *hat genau dann eine Minimallösung, wenn* (12.2) *durch Vektoren* $\boldsymbol{x}^0, \boldsymbol{v}^0 \in R^n$. $\boldsymbol{u}^0, \boldsymbol{y}^0 \in R^m$ *mit* $\boldsymbol{x}^0 \geqq 0$ *lösbar ist.*

Beweis: I. $\boldsymbol{x}^0$ sei Minimallösung von (11.1). Nach Satz 1 ist dann (12.2) lösbar.

II. Durch $\boldsymbol{x}^0 \geqq 0$, $\boldsymbol{v}^0$, $\boldsymbol{u}^0$, $\boldsymbol{y}^0$ sei eine Lösung von (12.2) gegeben. Wegen $\boldsymbol{y}^0 \geqq 0$ ist $A\boldsymbol{x}^0 \leqq \boldsymbol{b}$, $\boldsymbol{x}^0$ ist also zulässiger Vektor und damit die Menge der zulässigen Vektoren nicht leer. Da $Q(\boldsymbol{x})$ konvex ist, wird für zulässiges $\boldsymbol{x}$

$$\begin{aligned} Q(\boldsymbol{x}) - Q(\boldsymbol{x}^0) &\geqq (\boldsymbol{x} - \boldsymbol{x}^0)' \operatorname{grad} Q(\boldsymbol{x}^0) = (\boldsymbol{x} - \boldsymbol{x}^0)'(\boldsymbol{p} + 2C\boldsymbol{x}^0) \\ &= (\boldsymbol{x} - \boldsymbol{x}^0)'(\boldsymbol{v}^0 - A'\boldsymbol{u}^0) \\ &= \boldsymbol{x}'\boldsymbol{v}^0 - \boldsymbol{x}^{0\prime}\boldsymbol{v}^0 - (A\boldsymbol{x} - \boldsymbol{b})'\boldsymbol{u}^0 + (A\boldsymbol{x}^0 - \boldsymbol{b})'\boldsymbol{u}^0 \\ &\geqq -\boldsymbol{x}^{0\prime}\boldsymbol{v}^0 - \boldsymbol{y}^{0\prime}\boldsymbol{u}^0. \end{aligned}$$

$Q(\boldsymbol{x})$ ist also auf der Menge M der zulässigen Vektoren nach unten beschränkt. Daraus folgt nach einem auf BARANKIN und DORFMAN, 1958 zurückgehenden, hier im Anhang bewiesenen Satz, daß $Q(\boldsymbol{x})$ auf M sein Minimum annimmt.

Korollar: $\boldsymbol{x}^0 \geqq 0$, $\boldsymbol{v}^0$, $\boldsymbol{u}^0$, $\boldsymbol{y}^0$ *sei Lösung von* (12.2). $\boldsymbol{x}^1$ *sei Minimallösung der Aufgabe* (11.1). *Dann gilt*

$$Q(\boldsymbol{x}^0) - (\boldsymbol{x}^{0\prime}\boldsymbol{v}^0 + \boldsymbol{y}^{0\prime}\boldsymbol{u}^0) \leqq Q(\boldsymbol{x}^1) \leqq Q(\boldsymbol{x}^0). \tag{12.4}$$

Mit diesem Korollar hat man einen Einschließungssatz für den Minimalwert der quadratischen Optimierungsaufgabe (11.1). Der Ausdruck $\boldsymbol{x}^{0\prime}\boldsymbol{v}^0 + \boldsymbol{y}^{0\prime}\boldsymbol{u}^0$, der die Güte der Einschließung bestimmt, ist gerade derjenige, der bei Vorliegen einer Minimallösung $\boldsymbol{x}^0$ und bei passender Wahl von $\boldsymbol{v}^0, \boldsymbol{y}^0, \boldsymbol{u}^0$ nach Satz 1 verschwindet. Der Einschließungssatz ist auch numerisch brauchbar, wie das folgende Beispiel zeigt.

Beispiel: Gesucht ist $\boldsymbol{x} = \begin{pmatrix} x_1 \\ x_2 \end{pmatrix} \in R_2$ mit

$$\begin{aligned} &x_1 + x_2 \leqq 8, \qquad x_1 \geqq 0, \quad x_2 \geqq 0, \\ &x_1 \leqq 6, \\ &x_1 + 3x_2 \leqq 18, \\ &Q(\boldsymbol{x}) = 2x_1^2 + x_2^2 - 48x_1 - 40x_2 = \text{Min!} \end{aligned}$$

Mit den in § 11 eingeführten Bezeichnungen wird

$$A = \begin{pmatrix} 1 & 1 \\ 1 & 0 \\ 1 & 3 \end{pmatrix}, \quad C = \begin{pmatrix} 2 & 0 \\ 0 & 1 \end{pmatrix}, \quad \boldsymbol{b} = \begin{pmatrix} 8 \\ 6 \\ 18 \end{pmatrix}, \quad \boldsymbol{p} = \begin{pmatrix} -48 \\ -40 \end{pmatrix}.$$

Wählt man $\boldsymbol{x}^0 = \begin{pmatrix} 3 \\ 5 \end{pmatrix}$ (eine Ecke von M, Abb. 12.1), so wird $\boldsymbol{y}^0 = \boldsymbol{b} - A\boldsymbol{x}^0 = (0, 3, 0)'$. Mit $\boldsymbol{v}^0 = 0$ findet man als eine nichtnegative Lösung von $\boldsymbol{v}^0 - 2C\boldsymbol{x}^0 - A'\boldsymbol{u}^0 = \boldsymbol{p}$ den Vektor

$u^0 = (30, 6, 0)'$, und wegen $Q(x^0) = -301$ erhält man folgende Einschließung für den Minimalwert $Q(x^1)$:

$$-301 - 3 \cdot 6 = -319 \leqq Q(x^1) \leqq -301\,.$$

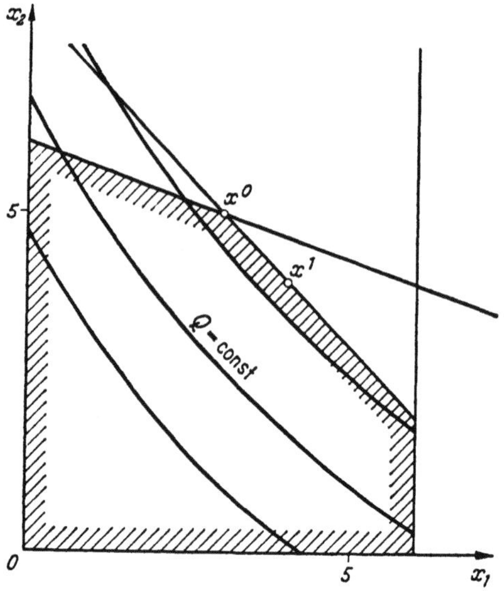

Abb. 12.1.

Minimallösung ist, wovon man sich nach Satz 1 leicht überzeugen kann, $x^1 = \binom{4}{4}$ mit $Q(x^1) = -304$.

Mit Hilfe von Satz 3 aus § 8.2 kann man sich einen Überblick über die Gesamtheit der Lösungen einer quadratischen Optimierungsaufgabe verschaffen. x^0 sei eine Minimallösung. Da der Gradient der Zielfunktion jetzt

$$\operatorname{grad} Q(x) = p + 2\,Cx$$

ist, wird ein zulässiger Punkt $x^0 + y$ genau dann Minimallösung, wenn $\operatorname{grad} Q(x^0) = \operatorname{grad} Q(x^0 + y)$, also $Cy = 0$ ist, ferner $y' \operatorname{grad} Q(x^0) = 0$, also $y'p + 2y'Cx^0 = 0$. Da die Matrix C symmetrisch ist, wird $y'C = 0$. Damit hat man

Satz 3: Mit x^0 ist ein zulässiger Punkt $x^0 + y$ genau dann Minimallösung, wenn $Cy = 0$ und $p'y = 0$ gilt.

Die Menge der Minimallösungen ist also der Durchschnitt einer linearen Mannigfaltigkeit mit der Menge der zulässigen Punkte.

Ist die Matrix C positiv definit, so gilt $Cy = 0$ nur für $y = 0$. In diesem Falle gibt es höchstens eine Minimallösung. Das folgt übrigens auch daraus, daß dann die Zielfunktion streng konvex ist.

12.3. Der Kuhn-Tucker-Satz für quadratische Optimierungsaufgaben mit verschiedenen Typen von Restriktionen

A. **Nebenbedingungen in Form von Gleichungen.** Mit den Bezeichnungen von § 11 gilt für die Aufgabe

$$Q(\boldsymbol{x}) = \boldsymbol{p}'\boldsymbol{x} + \boldsymbol{x}'\boldsymbol{C}\boldsymbol{x} = \text{Min!}, \quad \boldsymbol{A}\boldsymbol{x} = \boldsymbol{b}, \quad \boldsymbol{x} \geqq 0 \qquad (12.5)$$

der folgende

Satz 4: Ein Vektor $\boldsymbol{x}^0 \geqq 0$ $(\boldsymbol{x}^0 \in R^n)$ *ist genau dann Minimallösung von* (12.5), *wenn* $\boldsymbol{A}\boldsymbol{x}^0 = \boldsymbol{b}$ *gilt und es Vektoren* $\boldsymbol{u}^0 \in R^m$, $\boldsymbol{v}^0 \in R^n$ *gibt mit*

$$\boldsymbol{v}^0 - 2\boldsymbol{C}\boldsymbol{x}^0 - \boldsymbol{A}'\boldsymbol{u}^0 = \boldsymbol{p}, \quad \boldsymbol{v}^0 \geqq 0, \qquad (12.6)$$

$$\boldsymbol{x}^{0\prime}\boldsymbol{v}^0 = 0 \qquad (12.7)$$

($\boldsymbol{u}^0$ *ist nicht vorzeichenbeschränkt!).*

Beweis: Schreibt man für $\boldsymbol{A}\boldsymbol{x} = \boldsymbol{b}$ die Ungleichungen $\boldsymbol{A}\boldsymbol{x} \leqq \boldsymbol{b}$ und $-\boldsymbol{A}\boldsymbol{x} \leqq -\boldsymbol{b}$, so besagt Satz 1 aus § 12.1: $\boldsymbol{x}^0$ ist genau dann Minimallösung, wenn es Vektoren $\overline{\boldsymbol{u}}^0, \overline{\overline{\boldsymbol{u}}}^0, \overline{\boldsymbol{y}}^0, \overline{\overline{\boldsymbol{y}}}^0 \in R^m$, $\boldsymbol{v}^0 \in R^n$ gibt mit

$$\begin{aligned}
&\boldsymbol{A}\boldsymbol{x}^0 + \overline{\boldsymbol{y}}^0 = \boldsymbol{b}, \quad -\boldsymbol{A}\boldsymbol{x}^0 + \overline{\overline{\boldsymbol{y}}}^0 = -\boldsymbol{b},\\
&\boldsymbol{v}^0 - 2\boldsymbol{C}\boldsymbol{x}^0 - \boldsymbol{A}'\overline{\boldsymbol{u}}^0 + \boldsymbol{A}'\overline{\overline{\boldsymbol{u}}}^0 = \boldsymbol{p},\\
&\overline{\boldsymbol{u}}^0 \geqq 0, \quad \overline{\overline{\boldsymbol{u}}}^0 \geqq 0, \quad \boldsymbol{v}^0 \geqq 0, \quad \overline{\boldsymbol{y}}^0 \geqq 0, \quad \overline{\overline{\boldsymbol{y}}}^0 \geqq 0,\\
&\boldsymbol{x}^{0\prime}\boldsymbol{v}^0 + \overline{\boldsymbol{u}}^{0\prime}\overline{\boldsymbol{y}}^0 + \overline{\overline{\boldsymbol{u}}}^{0\prime}\overline{\overline{\boldsymbol{y}}}^0 = 0.
\end{aligned}$$

Diese Bedingungen gelten genau dann, wenn $\overline{\boldsymbol{y}}^0 = \overline{\overline{\boldsymbol{y}}}^0 = 0$ ist und mit $\boldsymbol{u}^0 = \overline{\boldsymbol{u}}^0 - \overline{\overline{\boldsymbol{u}}}^0$ die Bedingungen (12.6) und (12.7) gelten.

B. **Nicht vorzeichenbeschränkte Variable.** Für die Aufgabe

$$Q(\boldsymbol{x}) = \boldsymbol{p}'\boldsymbol{x} + \boldsymbol{x}'\boldsymbol{C}\boldsymbol{x} = \text{Min!}, \quad \boldsymbol{A}\boldsymbol{x} \leqq \boldsymbol{b}, \qquad (12.8)$$

bei der für $\boldsymbol{x}$ keine Vorzeichenbedingung gefordert ist, gilt der

Satz 5: Ein Vektor $\boldsymbol{x}^0 \in R^n$ *ist genau dann Minimallösung von* (12.8), *wenn es Vektoren* $\boldsymbol{u}^0, \boldsymbol{y}^0 \in R^m$ *gibt mit*

$$\begin{aligned}
&\boldsymbol{A}\boldsymbol{x}^0 + \boldsymbol{y}^0 = \boldsymbol{b}, \quad -2\boldsymbol{C}\boldsymbol{x}^0 - \boldsymbol{A}'\boldsymbol{u}^0 = \boldsymbol{p},\\
&\boldsymbol{u}^0 \geqq 0, \quad \boldsymbol{y}^0 \geqq 0, \quad \boldsymbol{u}^{0\prime}\boldsymbol{y}^0 = 0.
\end{aligned} \qquad (12.9)$$

Der Beweis dieses Satzes verläuft ähnlich wie der des Satzes 1. Man setzt $\boldsymbol{x} = \overline{\boldsymbol{x}} - \overline{\overline{\boldsymbol{x}}}$ mit $\overline{\boldsymbol{x}} \geqq 0$, $\overline{\overline{\boldsymbol{x}}} \geqq 0$. Auf die Einzelheiten der Beweisführung sei hier verzichtet.

§ 13. Dualität bei quadratischer Optimierung

Auch zu einer quadratischen Optimierungsaufgabe kann man eine duale, wiederum quadratische Optimierungsaufgabe formulieren. Über das Lösungsverhalten beider Aufgaben können ähnliche Sätze hergeleitet werden wie in § 5 für duale Aufgaben der linearen Optimierung. Man hat hier jedoch nicht die Erscheinung, daß sich durch zweimalige Dualisierung wieder die ursprüngliche Aufgabe ergibt.

Doch wird in Satz 5 eine symmetrische Form hergestellt. Der Dualitätssatz hat bei quadratischer Optimierung noch nicht so viele Anwendungen gefunden wie der entsprechende Satz bei linearen Aufgaben; doch hat er mit dem Satz bei linearen Aufgaben gemeinsam die bequeme Möglichkeit der auch für numerische Zwecke bedeutsamen Eingrenzung des Extremalwertes von oben und unten, die in § 12.2 angegeben wurde und auch aus dem Dualitätssatz 3 dieses Paragraphen folgt.

13.1. Formulierung des dualen Problems

Vorgelegt sei wie in § 11 das Problem

D^0: Gesucht ist $\boldsymbol{x} \in R^n$ mit

$$Q(\boldsymbol{x}) = \boldsymbol{p}'\boldsymbol{x} + \boldsymbol{x}'C\boldsymbol{x} = \text{Min!}, \quad \boldsymbol{f}(\boldsymbol{x}) = A\boldsymbol{x} - \boldsymbol{b} \leqq \boldsymbol{0}.$$

Die Lagrange-Funktion dieses Problems ist

$$\Phi(\boldsymbol{x}, \boldsymbol{u}) = \boldsymbol{p}'\boldsymbol{x} + \boldsymbol{x}'C\boldsymbol{x} + \boldsymbol{u}'(A\boldsymbol{x} - \boldsymbol{b}).$$

Wie in § 12.1 sei Φ_x erklärt. Das duale Problem wird

D^1: Gesucht sind $\boldsymbol{w} \in R^n$, $\boldsymbol{u} \in R^m$ (kurz: Gesucht ist $(\boldsymbol{w}, \boldsymbol{u})$) mit

$$\Phi(\boldsymbol{w}, \boldsymbol{u}) = \boldsymbol{p}'\boldsymbol{w} + \boldsymbol{w}'C\boldsymbol{w} + \boldsymbol{u}'(A\boldsymbol{w} - \boldsymbol{b}) = \text{Max!},$$
$$\Phi_x(\boldsymbol{w}, \boldsymbol{u}) = 2C\boldsymbol{w} + A'\boldsymbol{u} + \boldsymbol{p} = \boldsymbol{0}, \quad \boldsymbol{u} \geqq \boldsymbol{0}.$$

Bei einer Maximumaufgabe der quadratischen Optimierung wird man, um im Rahmen der bisher aufgestellten Theorie zu bleiben, verlangen, daß die Zielfunktion *konkav*, d.h. das Negative einer konvexen Funktion, ist. Es sieht zunächst so aus, als sei die Zielfunktion $\Phi(\boldsymbol{w}, \boldsymbol{u})$ von D^1 nicht konkav. Nach der Umformung in die äquivalente Aufgabe $\widetilde{D}^1$ beim Beweis des Satzes 3 erkennt man, daß die Zielfunktion von D^1 wenigstens auf der durch die Nebenbedingungen $\Phi_x(\boldsymbol{w}, \boldsymbol{u}) = \boldsymbol{0}$ beschriebenen linearen Mannigfaltigkeit konkav ist, wenn auch im allgemeinen nicht im ganzen R^{n+m}.

Satz 1: D^0 und D^1 mögen beide mindestens einen zulässigen Vektor besitzen. Ist $\boldsymbol{x}$ zulässig für D^0 und $(\boldsymbol{w}, \boldsymbol{u})$ zulässig für D^1, so ist

$$Q(\boldsymbol{x}) \geqq \Phi(\boldsymbol{w}, \boldsymbol{u}).$$

(Analogon zu Satz 1 in § 5.1).

Beweis: Seien $\boldsymbol{x}$ und $(\boldsymbol{w}, \boldsymbol{u})$ zulässig für D^0 bzw. D^1. Es ist $\Phi(\boldsymbol{t}, \boldsymbol{u})$ eine konvexe Funktion von $\boldsymbol{t} \in R^n$. Aus $\Phi_x(\boldsymbol{w}, \boldsymbol{u}) = \boldsymbol{0}$ folgt deshalb

$$\Phi(\boldsymbol{w}, \boldsymbol{u}) = \min_{\boldsymbol{t} \in R^n} \Phi(\boldsymbol{t}, \boldsymbol{u}). \tag{13.1}$$

Daher ist

$$\Phi(w, u) \leqq \Phi(x, u) = Q(x) + u'(Ax - b) \leqq Q(x).$$

Als unmittelbare Folgerung aus Satz 1 erhält man

Satz 2: Sind x^0 und (w^0, u^0) zulässig für D^0 bzw. D^1 und gilt

$$Q(x^0) = \Phi(w^0, u^0),$$

so ist x^0 eine Lösung von D^0 und (w^0, u^0) eine Lösung von D^1 (die Extremwerte der beiden dualen Aufgaben stimmen dann also überein).

13.2. Der Dualitätssatz

Der folgende Satz enthält (wie Satz 2 in § 5) das Hauptergebnis:

Satz 3: D^0 besitzt genau dann eine endliche Minimallösung, wenn D^1 eine endliche Maximallösung besitzt. Ferner sind die Extremwerte beider Probleme (wenn sie existieren) einander gleich.

Beweis: I. D^0 besitze eine endliche Minimallösung x^0. Nach Satz 5 aus § 12.3 gibt es dann Vektoren $u^0, y^0 \in R^m$ mit

$$Ax^0 + y^0 = b, \quad 2Cx^0 + A'u^0 + p = 0, \quad u^0 \geqq 0, \quad y^0 \geqq 0, \tag{13.2}$$

$$u^{0\prime} y^0 = 0. \tag{13.3}$$

Setzt man $w^0 = x^0$, so folgt aus (13.2), daß (w^0, u^0) zulässig für D^1 ist. Wegen $y^0 = b - Aw^0$ und (13.3) ist

$$\Phi(w^0, u^0) = Q(w^0) + u^{0\prime}(Aw^0 - b) = Q(w^0) = Q(x^0). \tag{13.4}$$

Hieraus folgt nach Satz 2, daß (w^0, u^0) Lösung von D^1 ist.

II. D^1 besitze eine endliche Maximallösung (w^0, u^0). Ist (w, u) zulässig für D^1, so ist $A'u = -p - 2Cw$ und daher

$$\Phi(w, u) = p'w + w'Cw - p'w - 2w'Cw - u'b = -b'u - w'Cw.$$

D^1 kann deshalb durch das folgende äquivalente Problem ersetzt werden.

$\tilde{D}^1$: Gesucht ist (w, u) mit

$$-\Phi(w, u) = b'u + w'Cw = \text{Min!},$$
$$2Cw + A'u + p = 0, \quad u \geqq 0.$$

Setzt man $w = w^+ - w^-$ mit $w^+ \geqq 0$, $w^- \geqq 0$, so ist $\tilde{D}^1$ äquivalent der folgenden Aufgabe:

$\hat{D}_1$: Gesucht sind $w^+, w^- \in R^n$, $u \in R^m$ mit

$$\begin{pmatrix} 0 \\ 0 \\ b \end{pmatrix}' \begin{pmatrix} w^+ \\ w^- \\ u \end{pmatrix} + \begin{pmatrix} w^+ \\ w^- \\ u \end{pmatrix}' \begin{pmatrix} C & -C & 0 \\ -C & C & 0 \\ 0 & 0 & 0 \end{pmatrix} \begin{pmatrix} w^+ \\ w^- \\ u \end{pmatrix} = \text{Min!}$$

$$(2C/-2C/A')\begin{pmatrix} w^+ \\ w^- \\ u \end{pmatrix} = -p\,, \quad \begin{pmatrix} w^+ \\ w^- \\ u \end{pmatrix} \geqq 0\,.$$

In der hier auftretenden, aus neun Teilmatrizen aufgebauten Matrix ist 0 eine Nullmatrix jeweils passender Größe.

Mit $\hat{D}^1$ hat man eine Aufgabe des in § 12.3.A behandelten Typs. Nach dem dort angegebenen Satz 4 ist der Vektor

$$\begin{pmatrix} w^{+0} \\ w^{-0} \\ u^0 \end{pmatrix} \geqq 0 \tag{13.5}$$

des R^{2n+m} genau dann Minimallösung von $\hat{D}^1$, wenn es Vektoren

$$z^0 \in R^n\,, \begin{pmatrix} v^{+0} \\ v^{-0} \\ y^0 \end{pmatrix} \in R^{2n+m} \qquad (v^{+0},\, v^{-0} \in R^n,\; y^0 \in R^m)$$

gibt und für diese Vektoren

$$(2C/-2C/A')\begin{pmatrix} w^{+0} \\ w^{-0} \\ u^0 \end{pmatrix} = -p\,, \quad \begin{pmatrix} v^{+0} \\ v^{-0} \\ y^0 \end{pmatrix} \geqq 0\,, \tag{13.6}$$

$$\begin{pmatrix} v^{+0} \\ v^{-0} \\ y^0 \end{pmatrix} - 2\begin{pmatrix} C & -C & 0 \\ -C & C & 0 \\ 0 & 0 & 0 \end{pmatrix}\begin{pmatrix} w^{+0} \\ w^{-0} \\ u^0 \end{pmatrix} - \begin{pmatrix} 2C \\ -2C \\ A \end{pmatrix} z^0 = \begin{pmatrix} 0 \\ 0 \\ b \end{pmatrix} \tag{13.7}$$

$$w^{+0\prime} v^{+0} + w^{-0\prime} v^{-0} + u^{0\prime} y^0 = 0 \tag{13.8}$$

gilt. Schreibt man (13.7) als drei Gleichungen (für v^{+0}, v^{-0} und y^0) und addiert die Gleichungen für v^{+0} und v^{-0}, so ergibt sich $v^{+0} + v^{-0} = 0$, und mit $v^{+0} \geqq 0$, $v^{-0} \geqq 0$ folgt hieraus $v^{+0} = v^{-0} = 0$; die Bedingung (13.8) geht also über in $u^{0\prime} y^0 = 0$.

Da $\tilde{D}^1$ und $\hat{D}^1$ äquivalente Probleme sind, ist der durch (13.5) gegebene Vektor genau dann Lösung von $\hat{D}^1$, wenn mit $w^0 = w^{+0} - w^{-0}$ der Vektor (w^0, u^0) Lösung von $\tilde{D}^1$ ist. Die Bedingungen (13.6) bis (13.8) gehen dann über in

$$2Cw^0 + A'u^0 + p = 0\,, \quad y^0 \geqq 0\,, \tag{13.6'}$$

$$2Cw^0 + 2Cz^0 = 0\,, \quad Az^0 - y^0 + b = 0\,, \tag{13.7'}$$

$$u^{0\prime} y^0 = 0\,. \tag{13.8'}$$

Aus der Annahme, (w^0, u^0) sei Minimallösung von D^1, folgt wegen der Äquivalenz der Aufgaben D^1, $\tilde{D}^1$ und $\hat{D}^1$, daß es Vektoren $z^0 \in R^n$, $y^0 \in R^m$ gibt, für die (13.6′) bis (13.8′) gilt. Man setze $x^0 = -z^0$; aus (13.7′) folgt dann $Ax^0 - b = -y^0 \leqq 0$, also ist

$\boldsymbol{x}^0$ zulässiger Vektor von D^0. Aus (13.7') folgt weiterhin

$$\boldsymbol{C}\boldsymbol{w}^0 = -\boldsymbol{C}\boldsymbol{z}^0 = \boldsymbol{C}\boldsymbol{x}^0 . \tag{13.9}$$

Deshalb ist

$$\Phi_x(\boldsymbol{x}^0, \boldsymbol{u}^0) = 2\boldsymbol{C}\boldsymbol{x}^0 + A'\boldsymbol{u}^0 + \boldsymbol{p} = 2\boldsymbol{C}\boldsymbol{w}^0 + A'\boldsymbol{u}^0 + \boldsymbol{p} = 0$$

nach (13.6'), also $(\boldsymbol{x}^0, \boldsymbol{u}^0)$ zulässiger Vektor von D^1. Schließlich ist wegen (13.7') und (13.8')

$$\Phi(\boldsymbol{x}^0, \boldsymbol{u}^0) = Q(\boldsymbol{x}^0) + \boldsymbol{u}^{0\prime}(A\boldsymbol{x}^0 - \boldsymbol{b}) = Q(\boldsymbol{x}^0) - \boldsymbol{u}^{0\prime}\boldsymbol{y}^0 = Q(\boldsymbol{x}^0) .$$

Nach Satz 2 ist $\boldsymbol{x}^0$ Minimallösung von D^0 (und neben $(\boldsymbol{w}^0, \boldsymbol{u}^0)$ auch $(\boldsymbol{x}^0, \boldsymbol{u}^0)$ Maximallösung von D^1).

Korollar: Sei $\boldsymbol{C}$ *positiv definit. Ist dann* $(\boldsymbol{w}^0, \boldsymbol{u}^0)$ *eine Lösung von* D^1, *so ist* $\boldsymbol{w}^0$ *eine Lösung von* D^0.

Beweis: Eine positiv definite Matrix ist nichtsingulär. Aus (13.9) folgt damit die Behauptung.

Satz 4: D^0 *habe keinen zulässigen Vektor. Dann sind zwei Fälle möglich:*

1) D^1 *hat auch keinen zulässigen Vektor.*

2) Φ *ist auf der Menge* M^1 *der zulässigen Vektoren* $(\boldsymbol{w}, \boldsymbol{u})$ *von* D^1 *nach oben unbeschränkt.*

Beweis: Ist M^1 nicht leer und Φ auf M^1 nach oben beschränkt, so kann man nach dem bereits in § 12.2 benutzten und im Anhang bewiesenen Satz schließen, daß Φ sein Maximum auf M^1 annimmt. Nach Satz 3 hat dann auch D^0 eine Lösung und damit einen zulässigen Vektor.

Anmerkung: Die Dualitätsaussagen für lineare Optimierungsaufgaben ergeben sich durch Spezialisierung der hier hergeleiteten Ergebnisse. Wählt man $\boldsymbol{C}$ als Nullmatrix, so gehen die Aufgabe D^0 und die zu D^1 äquivalente Aufgabe $\tilde{D}^1$ in ein nach § 5.1 zueinander duales Paar von linearen Optimierungsaufgaben über.

Auch die Umkehrung des Satzes 4 gilt: Hat D^1 keinen zulässigen Vektor, so hat entweder auch D^0 keinen zulässigen Vektor oder die Zielfunktion $Q(\boldsymbol{x})$ von D^0 ist auf der Menge der zulässigen Vektoren von D^0 nicht nach unten beschränkt.

13.3. Symmetrische Form des Dualitätssatzes

Eine symmetrische Form des Dualitätssatzes 3 im Unterschied zu der unsymmetrischen Form, bei der die Aufgaben D^0 und D^1 zugrunde gelegt werden, erhält man im Anschluß an Stoer, 1963, 1964, wo auch die Dualität bei allgemeinen konvexen Optimierungsaufgaben behandelt wird.

Satz 5: Die Aussage des Dualitätssatzes 3 ist gleichbedeutend mit der Aussage

$$\operatorname*{Max}_{u \geqq 0} \operatorname*{Min}_{x \in R^n} \Phi(x, u) = \operatorname*{Min}_{x \in R^n} \operatorname*{Max}_{u \geqq 0} \Phi(x, u).$$

Beweis. I. Wegen (13.1) ist D^1 äquivalent dem Problem:
Gesucht ist (w^0, u^0) mit

$$\Phi(w^0, u^0) = \operatorname*{Max}_{u \geqq 0} \operatorname*{Min}_{x \in R^n} \Phi(x, u).$$

II. Ist $\bar{x} \in R^n$ ein Vektor, für den nicht $A\bar{x} - b \leqq 0$ gilt, für den also mindestens eine Komponente von $A\bar{x} - b$ positiv ist, so kann durch passende Wahl von $u \geqq 0$ der Ausdruck $u'(A\bar{x} - b)$ beliebig groß gemacht werden. Ist die Menge der zulässigen Vektoren von D^0 nicht leer, gibt es also $x \in R^n$ mit $Ax - b \leqq 0$, so genügt es daher, in

$$\operatorname*{Min}_{x \in R^n} \operatorname*{Max}_{u \geqq 0} \Phi(x, u)$$

nach dem Minimum bezüglich der $x \in R^n$ zu fragen, für die $Ax - b \leqq 0$ gilt. Für diese x wird das Maximum bezüglich $u \geqq 0$ stets für $u = 0$ angenommen; es ist also

$$\operatorname*{Min}_{x \in R^n} \operatorname*{Max}_{u \geqq 0} \Phi(x, u) = \operatorname*{Min}_{Ax - b \leqq 0} Q(x).$$

Daher ist D^0 äquivalent dem Problem: Gesucht ist (x^0, u^0) mit

$$\Phi(x^0, u^0) = \operatorname*{Min}_{x \in R^n} \operatorname*{Max}_{u \geqq 0} \Phi(x, u).$$

§ 14. Numerische Behandlung von quadratischen Optimierungsaufgaben

Aus der Fülle der von verschiedenen Autoren vorgeschlagenen numerischen Verfahren für quadratische Optimierungsaufgaben soll hier nur ein kleiner Ausschnitt gebracht werden. Einen umfassenderen Überblick über solche Verfahren findet der Leser bei Künzi und Krelle, 1962 und bei Wolfe, 1963. Hier soll zunächst das schon in § 10 behandelte Verfahren der Schnittebenen von Kelley auf den Fall der quadratischen Optimierung spezialisiert werden. Es führt dann im allgemeinen in endlich vielen Schritten zur Lösung. Das zweite hier beschriebene Verfahren stammt von Wolfe. Eine Modifikation der Simplexmethode liefert eine Lösung der Kuhn-Tucker-Bedingungen und damit auch der quadratischen Optimierungsaufgabe, falls eine solche existiert. Das Verfahren endet in jedem Fall nach endlich vielen Schritten.

14.1. Das Verfahren der Schnittebenen bei quadratischen Optimierungsaufgaben

Der folgende Aufgabentyp soll zugrunde gelegt werden: Gesucht ist $\boldsymbol{x} \in R^n$ mit

$$Q(\boldsymbol{x}) = \boldsymbol{p}'\boldsymbol{x} + \boldsymbol{x}'\boldsymbol{C}\boldsymbol{x} = \text{Min!}, \quad \boldsymbol{A}\boldsymbol{x} \leqq \boldsymbol{b}; \tag{14.1}$$

also eine quadratische Optimierungsaufgabe des in § 12.3.B. behandelten Typs mit Ungleichungen als Nebenbedingungen und ohne Vorzeichenbeschränkungen. Die folgende Voraussetzung sei erfüllt:

(A) Die durch $\boldsymbol{A}\boldsymbol{x} \leqq \boldsymbol{b}$ beschriebene Teilmenge M des R^n ist beschränkt und nicht leer (für die $m \times n$-Matrix $\boldsymbol{A}$ gilt dann $m > n$).

Wie in § 10 wird die Aufgabe durch Einführung einer reellen Variablen z so umgeformt, daß die Zielfunktion linear ist:

$$z = \text{Min!}, \quad f(\boldsymbol{x}, z) = \boldsymbol{p}'\boldsymbol{x} + \boldsymbol{x}'\boldsymbol{C}\boldsymbol{x} - z \leqq 0, \quad \boldsymbol{A}\boldsymbol{x} \leqq \boldsymbol{b}. \tag{14.2}$$

Die Menge der zulässigen Punkte dieser Aufgabe ist nicht beschränkt. z kann im Rahmen der Nebenbedingungen beliebig große Werte annehmen. Man kann aber, da die Funktion $Q(\boldsymbol{x}) = \boldsymbol{p}'\boldsymbol{x} + \boldsymbol{x}'\boldsymbol{C}\boldsymbol{x}$ auf der beschränkten Menge M beschränkt ist, zu den Nebenbedingungen der Aufgabe (14.2) die Ungleichung $z \leqq \bar{z}$ mit hinreichend großem $\bar{z}$ hinzufügen, ohne am Lösungsverhalten der Aufgabe etwas zu ändern. Als Ausgangsmenge S_0 für das Verfahren der Schnittebenen könnte man die durch $\boldsymbol{A}\boldsymbol{x} \leqq \boldsymbol{b}$, $z \leqq \bar{z}$, $z \geqq \bar{\bar{z}}$ mit hinreichend kleinem $\bar{\bar{z}}$ beschriebene Teilmenge des R^{n+1} mit den Punkten $(\boldsymbol{x}, z)$ wählen. Da aber die Nebenbedingungen $z \leqq \bar{z}$ und $z \geqq \bar{\bar{z}}$ (falls nur $\bar{\bar{z}}$ hinreichend klein gewählt ist) im Laufe des Verfahrens niemals wirksam werden, kann man bei der Durchführung der Methode der Schnittebenen auf diese Nebenbedingungen verzichten. Der Konvergenzbeweis von § 10 bleibt gültig, weil diese Nebenbedingungen stets erfüllt sind.

Man modifiziert das Verfahren so, daß man $(\boldsymbol{x}^0, z_0)$ folgendermaßen wählt: $\boldsymbol{x}^0$ sei ein Punkt mit $\boldsymbol{A}\boldsymbol{x}^0 \leqq \boldsymbol{b}$ und $z_0 = \boldsymbol{p}'\boldsymbol{x}^0 + \boldsymbol{x}^{0\prime}\boldsymbol{C}\boldsymbol{x}^0$. Dann wird nach Vorschrift (II) aus § 10 die Menge S_1 beschrieben durch

$$\begin{aligned} &\boldsymbol{A}\boldsymbol{x} \leqq \boldsymbol{b}, \\ &f(\boldsymbol{x}^0, z_0) + (\boldsymbol{x} - \boldsymbol{x}^0)'(\boldsymbol{p} + 2\boldsymbol{C}\boldsymbol{x}^0) - (z - z_0) \\ &= (\boldsymbol{p} + 2\boldsymbol{C}\boldsymbol{x}^0)'\boldsymbol{x} - z - \boldsymbol{x}^{0\prime}\boldsymbol{C}\boldsymbol{x}^0 \leqq 0. \end{aligned}$$

Führt man nun das Verfahren weiterhin durch, so ist $f(\boldsymbol{x}, z) \leqq 0$ die einzige Nebenbedingung in (14.2), die durch einen Punkt $(\boldsymbol{x}^t, z_t)$ verletzt sein kann; denn die übrigen Nebenbedingungen $\boldsymbol{A}\boldsymbol{x} \leqq \boldsymbol{b}$ werden von allen Punkten aller Mengen S_t erfüllt.

Wird einmal für ein $t > 0$ auch $f(\boldsymbol{x}^t, z_t) \leqq 0$, so ist $(\boldsymbol{x}^t, z_t)$ Lösung der Aufgabe (14.2) und damit $\boldsymbol{x}^t$ Lösung von (14.1). Ist dagegen

$f(\boldsymbol{x}^t, z_t) > 0$, so ist die Vorschrift (II) von § 10 mit der Funktion $f(\boldsymbol{x}, z)$ anstelle des dortigen $f_k(\boldsymbol{x})$ anzuwenden. Allgemein wird dann die Menge S_t für $t = 1, 2, \ldots$ beschrieben durch die Ungleichungen

$$\begin{aligned}&\boldsymbol{A}\boldsymbol{x} \leqq \boldsymbol{b},\\ &(\boldsymbol{p} + 2\boldsymbol{C}\boldsymbol{x}^\tau)'\boldsymbol{x} - z \leqq \boldsymbol{x}^{\tau\prime}\boldsymbol{C}\boldsymbol{x}^\tau \qquad (\tau = 0, 1, \ldots, t-1).\end{aligned} \tag{14.3}$$

Zu suchen ist ein Punkt $(\boldsymbol{x}^t, z_t)$, für den die Zielfunktion z ihr Minimum unter den Nebenbedingungen (14.3) annimmt. Es empfiehlt sich wieder, jeweils die duale Aufgabe zu lösen

$$\left.\begin{aligned}&\boldsymbol{b}'\boldsymbol{u} + \sum_{\tau=0}^{t-1}(\boldsymbol{x}^{\tau\prime}\boldsymbol{C}\boldsymbol{x}^\tau)v_\tau = \text{Min!}\\ &\boldsymbol{A}'\boldsymbol{u} + \sum_{\tau=0}^{t-1}(\boldsymbol{p} + 2\boldsymbol{C}\boldsymbol{x}^\tau)v_\tau = \boldsymbol{0},\\ &\qquad\qquad\sum_{\tau=0}^{t-1} v_\tau = 1,\\ &v_\tau \geqq 0, \quad \boldsymbol{u} \geqq \boldsymbol{0}.\end{aligned}\right\} \tag{14.4}$$

Die Konvergenzaussage kann aus § 10 übernommen werden: Die Folge der $\boldsymbol{x}^t$ enthält eine konvergente Teilfolge, deren Grenzwert dann eine Lösung der Aufgabe (14.1) ist. Ist die Lösung von (14.1) eindeutig bestimmt, so konvergiert die Folge der $\boldsymbol{x}^t$ gegen diese Lösung.

Wolfe, 1961 zeigt, daß unter einigen zusätzlichen Voraussetzungen das Verfahren der Schnittebenen bei quadratischen Optimierungsaufgaben sogar in endlich vielen Schritten zum Ziel führt. Man bilde für $t = 1, 2, \ldots$ mit den durch (14.4) gegebenen Zahlen v_τ den Vektor

$$\boldsymbol{w}^t = \sum_{\tau=0}^{t-1} v_\tau \boldsymbol{x}^\tau. \tag{14.5}$$

Dann gibt es ein t, für das $\boldsymbol{x}^t$ oder $\boldsymbol{w}^t$ Lösung von (14.1) ist, falls außer (A) noch folgende Voraussetzungen erfüllt sind:

(B) Die Matrix $\boldsymbol{C}$ ist positiv definit (es gibt also genau eine Lösung $\bar{\boldsymbol{x}}$).

(C) Das durch $\boldsymbol{A}\boldsymbol{x} \leqq \boldsymbol{b}$ beschriebene Polyeder hat keine entarteten Ecken.

(D) Ist $\bar{\boldsymbol{x}}$ die eindeutig bestimmte Lösung von (14.1), sind $\bar{\boldsymbol{u}}$ und $\bar{\boldsymbol{y}}$ Vektoren, mit denen die Kuhn-Tucker-Bedingungen (12.9) erfüllt sind (dort wurden sie mit $\boldsymbol{u}^0$ und $\boldsymbol{y}^0$ bezeichnet), so wird für $j = 1, \ldots, m$ niemals $\bar{u}_j = \bar{y}_j = 0$; es gilt also entweder

$$\bar{u}_j = 0,\ \bar{y}_j > 0 \quad \text{oder} \quad \bar{u}_j > 0,\ \bar{y}_j = 0.$$

Der von WOLFE geführte Beweis für diese Aussage soll hier nicht wiedergegeben werden.

14.2. Beispiel zum Verfahren der Schnittebenen

Die schon in § 12.2 als Beispiel für den Einschließungssatz behandelte Aufgabe soll gelöst werden. In der Schreibweise von (14.1) lautet sie

$$\begin{aligned} x_1 + x_2 &\leqq 8\,, \\ x_1 \phantom{{}+3x_2} &\leqq 6\,, \\ x_1 + 3x_2 &\leqq 18\,, \\ -x_1 \phantom{{}+3x_2} &\leqq 0\,, \\ -x_2 &\leqq 0\,, \end{aligned}$$
$$Q(\boldsymbol{x}) = -48x_1 - 40x_2 + 2x_1^2 + x_2^2 = \text{Min!}$$

Als Ausgangspunkt kann man $\boldsymbol{x}^0 = \binom{0}{0}$ wählen. Die Aufgabe (14.4) lautet dann für $t = 1$

$$\begin{aligned} &8\,u_1 + 6\,u_2 + 18\,u_3 & &- 0 \cdot v_0 = \text{Min!} \\ &u_1 + u_2 + u_3 - u_4 & &- 48\,v_0 = 0 \\ &u_1 + 3\,u_3 - u_5 & &- 40\,v_0 = 0 \\ & & &v_0 = 1\,, \\ &u_i \geqq 0\,(i = 1, 2, \ldots, 5). \end{aligned}$$

Wählt man hier als Basisvektoren diejenigen zu u_1, u_2, v_0, so erhält man das Schema (leere Felder bedeuten dabei Nullen).

	u_3	u_4	u_5	
u_1	3		−1	40
u_2	−2	−1	1	8
v_0				1
	−6	|−6|	|−2|	368
	6	8	3	−416

Damit ist (14.4) für $t = 1$ schon gelöst. Wegen $u_1 > 0$, $u_2 > 0$ sind für die Lösung von (14.3) folgende Nebenbedingungen mit dem Gleichheitszeichen erfüllt:

$$\begin{aligned} x_1 + x_2 &= 8 \\ x_1 \phantom{{}+x_2} &= 6\,. \end{aligned}$$

Es wird also $\boldsymbol{x}^1 = \binom{6}{2}$ und daher $\boldsymbol{x}^{1\prime}\boldsymbol{C}\boldsymbol{x}^1 = 76$, $\boldsymbol{p} + 2\boldsymbol{C}\boldsymbol{x}^1 = \binom{-24}{-36}$ Man kann übrigens nach § 5.1 auch $\boldsymbol{x}^1$ unmittelbar aus dem Schema ablesen (die eingerahmten Zahlen).

Das obige Schema ist durch eine Spalte zu ergänzen (Aufgabe

(14.4) für $t = 2$):

	u_3	u_4	u_5	v_1		
u_1	3		−1	4	40	10
u_2	−2	−1	1	[20]	8	0,4
v_0				1	1	1
	−6	−6	−2	76	368	
	6	8	3	−100	−416	

Nach den beiden Simplexschritten

	u_3	u_4	u_5	u_2		
u_1	3,4	0,2	−1,2	−0,2	38,4	11,3
v_1	−0,1	−0,05	0,05	0,05	0,4	—
v_0	[0,1]	0,05	−0,05	−0,05	0,6	6
	1,6	−2,2	−5,8	−3,8	337,6	
	−4	3	8	5	−376	

	v_0	u_4	u_5	u_2	
u_1	−34	−1,5	0,5	1,5	18
v_1	1				1
u_3	10	0,5	−0,5	−0,5	6
	−16	[−3]	[−5]	−3	328
	40	5	6	3	−352

erhält man die Lösung $x^2 = \binom{3}{5}$. Nun wird wieder eine Spalte hinzugefügt:

	v_0	u_4	u_5	u_2	v_2		
u_1	−34	−1,5	0,5	1,5	−21	18	—
v_1	1				[1]	1	1
u_3	10	0,5	−0,5	−0,5	9	6	2/3
	−16	−3	−5	−3	27	328	
	40	5	6	3	−15	−352	

	v_0	u_4	u_5	u_2	u_3	
u_1	$-32/3$	$-1/3$	$-2/3$	$1/3$	$7/3$	32
v_1	$-1/9$	$-1/18$	$1/18$	$1/18$	$-1/9$	1/3
v_2	$10/9$	$1/18$	$-1/18$	$-1/18$	$1/9$	2/3
	-46	$-9/2$	$-7/2$	$-3/2$	-3	310
	$170/3$	$35/6$	$31/6$	$13/6$	$5/3$	-342

Es ist also $\boldsymbol{x}^3 = \begin{pmatrix} 9/2 \\ 7/2 \end{pmatrix}$. Nach (14.5) wird $\boldsymbol{w}^3 = \frac{1}{3} \cdot \begin{pmatrix} 6 \\ 2 \end{pmatrix} + \frac{2}{3} \begin{pmatrix} 3 \\ 5 \end{pmatrix} = \begin{pmatrix} 4 \\ 4 \end{pmatrix}$ und damit $Q(\boldsymbol{w}^3) = -304$. Das ist (s. § 12.2) die Lösung der quadratischen Optimierungsaufgabe.

14.3. Das Verfahren von Wolfe

Bei dem von Wolfe, 1959 angegebenen und im folgenden in etwas abgeänderter Form beschriebenen Verfahren wird der Aufgabentyp

$$Q(\boldsymbol{x}) = \boldsymbol{p}'\boldsymbol{x} + \boldsymbol{x}'\boldsymbol{C}\boldsymbol{x} = \text{Min!}, \quad \boldsymbol{A}\boldsymbol{x} = \boldsymbol{b}, \ \boldsymbol{x} \geqq 0 \tag{14.6}$$

zugrunde gelegt; man hat also Gleichungen als Nebenbedingungen und vorzeichenbeschränkte Variable. Die $m \times n$-Matrix $\boldsymbol{A}$ (mit $m < n$) habe den Rang m. Die $n \times n$-Matrix $\boldsymbol{C}$ sei symmetrisch und positiv definit (auch im Fall einer positiv semidefiniten Matrix $\boldsymbol{C}$ ist das Verfahren anwendbar, bei seiner Begründung muß man dann jedoch weitergehende, praktisch oft schwer nachprüfbare Voraussetzungen treffen, die Entartungsfälle ausschließen).

In § 12.3 wurden die Kuhn-Tucker-Bedingungen für den Aufgabentyp (14.6) hergeleitet. Ein Vektor $\boldsymbol{x} \in R^n$ ist genau dann Minimallösung von (14.6), wenn es Vektoren $\boldsymbol{u} \in R^m$, $\boldsymbol{v} \in R^n$ gibt, mit denen die Bedingungen

$$\left.\begin{aligned} \boldsymbol{A}\boldsymbol{x} \qquad\qquad &= \boldsymbol{b} \\ -2\boldsymbol{C}\boldsymbol{x} + \boldsymbol{v} - \boldsymbol{A}'\boldsymbol{u} &= \boldsymbol{p} \\ \boldsymbol{x} \geqq 0, \quad \boldsymbol{v} \geqq 0 & \\ \boldsymbol{x}'\boldsymbol{v} = 0 & \end{aligned}\right\} \tag{14.7}$$

erfüllt sind; die in § 12.3 mitgeführten Indizes bei $\boldsymbol{x}, \boldsymbol{u}, \boldsymbol{v}$ werden hier weggelassen. Das Verfahren von Wolfe besteht in einer Modifizierung des Simplexverfahrens zur Bestimmung einer Lösung von (14.7). Zunächst ist ein zulässiger Vektor $\bar{\boldsymbol{x}}$ der Aufgabe (14.6) zu suchen, also ein Vektor $\bar{\boldsymbol{x}}$ mit $\boldsymbol{A}\bar{\boldsymbol{x}} = \boldsymbol{b}$, $\bar{\boldsymbol{x}} \geqq 0$. Dazu kann man das in § 3.4 und § 4.4 beschriebene Verfahren benutzen. Gibt es keinen solchen Vektor, so ist die Aufgabe (14.6) nicht lösbar. Andernfalls erhält man nach dem angegebenen Verfahren einen Vektor $\bar{\boldsymbol{x}}$, der eine Ecke der Menge der zulässigen Vektoren von (14.6) ist, damit also auch eine Basis, bestehend aus m linear unabhängigen Spaltenvektoren $\boldsymbol{a}^k\,(k \in Z)$ von $\boldsymbol{A}$. Da die Matrix $\boldsymbol{C}$ als positiv definit vorausgesetzt ist (für jede vorgegebene Schranke M wird der Wert der Zielfunktion $Q(\boldsymbol{x}) > M$ außerhalb einer hinreichend großen Kugel), existiert dann eine Lösung von (14.6) und daher auch eine Lösung von (14.7).

Um eine solche zu bestimmen, löst man die Aufgabe

$$\text{(I)} \qquad \left.\begin{aligned} \boldsymbol{A}\boldsymbol{x} \qquad\qquad\qquad &= \boldsymbol{b}, \\ -2\boldsymbol{C}\boldsymbol{x} + \boldsymbol{v} - \boldsymbol{A}'\boldsymbol{u} + \boldsymbol{h}\zeta &= \boldsymbol{p}, \\ \boldsymbol{x} \geqq 0, \quad \boldsymbol{v} \geqq 0, \quad \zeta \geqq 0, & \end{aligned}\right\} \tag{14.8}$$

$$\boldsymbol{x}'\boldsymbol{v} = 0, \tag{14.9}$$

$$\zeta = \text{Min!} \tag{14.10}$$

Dabei ist $\boldsymbol{h} = \boldsymbol{p} + 2\boldsymbol{C}\,\bar{\boldsymbol{x}}$ gesetzt. Wegen der nichtlinearen Bedingung (14.9) ist dies keine lineare Optimierungsaufgabe. Es ist jedoch möglich, das Simplexverfahren durch eine Zusatzvorschrift so zu ergänzen, daß damit die Aufgabe (I) gelöst werden kann.

Ein Punkt, der den Bedingungen (14.8) und (14.9) genügt, ist durch $\boldsymbol{x} = \bar{\boldsymbol{x}}$, $\boldsymbol{v} = 0$, $\boldsymbol{u} = 0$, $\zeta = 1$ gegeben. Als Basis zu diesem Punkt ist ein passendes System von $n + m$ linear unabhängigen Spaltenvektoren der Matrix

$$\begin{pmatrix} \boldsymbol{A} & 0 & 0 & 0 \\ -2\boldsymbol{C} & \boldsymbol{E} & -\boldsymbol{A}' & \boldsymbol{h} \end{pmatrix} \tag{14.11}$$

zu wählen. Zunächst sieht man, daß folgende $n + m$ Spaltenvektoren linear unabhängig sind.

1. Die durch die entsprechenden Spalten von $-2\boldsymbol{C}$ ergänzten m Basisvektoren $\boldsymbol{a}^k$ $(k \in Z)$ von $\boldsymbol{A}$.

2. Die $n - m$ Spaltenvektoren von $\begin{pmatrix} 0 \\ \boldsymbol{E} \end{pmatrix}$ zu Komponenten v_i $(i \notin Z)$.

3. Sämtliche m Spaltenvektoren von $\begin{pmatrix} 0 \\ -\boldsymbol{A}' \end{pmatrix}$

Dieses System von $n + m$ Vektoren ist jedoch noch nicht als Basis geeignet, da am Ausgangspunkt $\zeta = 1$ ist und daher der Spaltenvektor $\begin{pmatrix} 0 \\ \boldsymbol{h} \end{pmatrix}$ zur Variablen ζ in der Basis enthalten sein muß. Man kann annehmen, daß $\boldsymbol{h} \neq 0$ ist; andernfalls hätte man schon eine Lösung von (14.7). Dann kann $\begin{pmatrix} 0 \\ \boldsymbol{h} \end{pmatrix}$ so gegen einen unter 2. oder 3. angegebenen Vektor ausgetauscht werden, daß sich wieder ein System von $n + m$ linear unabhängigen Vektoren ergibt; damit hat man eine Basis.

Man behandelt nun die durch (14.8) und (14.10) gegebene Aufgabe mit dem Simplexverfahren unter Beachtung der Zusatzvorschrift: Verbleibt bei einem Austauschschritt der Spaltenvektor zur Komponente x_i ($i = 1, \ldots, n$) in der Basis, so darf der Spaltenvektor zur Komponente v_i nicht in die Basis aufgenommen werden und umgekehrt.

Dann erfüllen alle Vektoren, die man im Laufe des Simplexverfahrens erhält, die Bedingung $\boldsymbol{x}'\boldsymbol{v} = 0$. Bei positiv definiter Matrix $\boldsymbol{C}$ führt das durch die Zusatzvorschrift ergänzte Simplexverfahren zu einer Lösung der Aufgabe (I) mit dem Minimalwert 0 der Zielfunktion ζ. Die Annahme, das Verfahren breche an einem Punkt $\hat{\boldsymbol{x}}, \hat{\boldsymbol{v}}, \hat{\boldsymbol{u}}, \hat{\zeta}$ mit $\hat{\zeta} > 0$ ab, führt auf einen Widerspruch. Man hätte dann nämlich eine Lösung der linearen Optimierungsaufgabe

(II)
$$\begin{aligned} &\boldsymbol{A}\boldsymbol{x} &&= \boldsymbol{b}\,, \\ -&2\boldsymbol{C}\boldsymbol{x} + \boldsymbol{v} - \boldsymbol{A}'\boldsymbol{u} + \boldsymbol{h}\zeta &&= \boldsymbol{p}\,, \\ &\hat{\boldsymbol{v}}'\boldsymbol{x} + \hat{\boldsymbol{x}}'\boldsymbol{v} &&= 0\,, \\ &\boldsymbol{x} \geqq 0, \quad \boldsymbol{v} \geqq 0, \quad \zeta \geqq 0\,, \\ &\zeta = \text{Min!} \end{aligned}$$

mit $\hat{\zeta} > 0$. Die nach § 5.3 zu (II) duale Aufgabe

(II*)
$$\begin{aligned} \boldsymbol{A}'\boldsymbol{y} - 2\boldsymbol{C}\boldsymbol{w} + \hat{\boldsymbol{v}}\xi &\leqq 0\,, \\ \boldsymbol{w} + \hat{\boldsymbol{x}}\xi &\leqq 0\,, \\ \boldsymbol{A}\boldsymbol{w} &= 0\,, \\ \boldsymbol{h}'\boldsymbol{w} &\leqq 1\,, \\ \boldsymbol{b}'\boldsymbol{y} + \boldsymbol{p}'\boldsymbol{w} &= \text{Max!} \end{aligned}$$

hätte dann ebenfalls eine Lösung $\hat{\boldsymbol{y}}, \hat{\boldsymbol{w}}, \hat{\xi}$ mit

$$\boldsymbol{b}'\hat{\boldsymbol{y}} + \boldsymbol{p}'\hat{\boldsymbol{w}} = \hat{\zeta} > 0\,. \tag{14.12}$$

Die Nebenbedingungen in (II*), die positiven Komponenten der Lösung von (II) entsprechen, sind mit dem Gleichheitszeichen erfüllt. Wegen $\hat{\zeta} > 0$ ist also

$$\boldsymbol{h}'\hat{\boldsymbol{w}} = 1\,. \tag{14.13}$$

Für jedes i ($1 \leqq i \leqq n$) tritt genau einer der drei folgenden Fälle ein:

(α) $\hat{x}_i > 0$, $\hat{v}_i = 0$; dann ist $(\boldsymbol{A}'\hat{\boldsymbol{y}} - 2\boldsymbol{C}\hat{\boldsymbol{w}})_i = 0$

(β) $\hat{x}_i = 0$, $\hat{v}_i > 0$; dann ist $\hat{w}_i = 0$

(γ) $\hat{x}_i = \hat{v}_i = 0$; dann ist $(\boldsymbol{A}'\hat{\boldsymbol{y}} - 2\boldsymbol{C}\hat{\boldsymbol{w}})_i \leqq 0$ und $\hat{w}_i \leqq 0$.

Es ist also $\hat{\boldsymbol{w}}'(\boldsymbol{A}'\hat{\boldsymbol{y}} - 2\boldsymbol{C}\hat{\boldsymbol{w}}) \geqq 0$. Wegen $\boldsymbol{A}\hat{\boldsymbol{w}} = 0$ folgt hieraus $\hat{\boldsymbol{w}}'\boldsymbol{C}\hat{\boldsymbol{w}} \leqq 0$. Da aber $\boldsymbol{C}$ als positiv definit vorausgesetzt ist, wird dann $\hat{\boldsymbol{w}} = 0$ im Widerspruch zu (14.13).

(Wenn man nur voraussetzt, daß $\boldsymbol{C}$ positiv semidefinit ist, kann man aus $\hat{\zeta} > 0$ nur $\hat{\boldsymbol{w}}'\boldsymbol{C}\hat{\boldsymbol{w}} = 0$ und daraus nach der Bemerkung in § 6.2 über semidefinite Matrizen $\boldsymbol{C}\hat{\boldsymbol{w}} = \boldsymbol{0}$ folgern. Dann wird

$$1 = \boldsymbol{h}'\,\hat{\boldsymbol{w}} = (\boldsymbol{p} + 2\,\boldsymbol{C}\,\bar{\boldsymbol{x}})'\hat{\boldsymbol{w}} = \boldsymbol{p}'\,\hat{\boldsymbol{w}} + 2\,\bar{\boldsymbol{x}}'\,\boldsymbol{C}\,\hat{\boldsymbol{w}} = \boldsymbol{p}'\,\hat{\boldsymbol{w}}\,,$$

ferner $\boldsymbol{b}'\hat{\boldsymbol{y}} = \hat{\boldsymbol{x}}'\,\boldsymbol{A}'\hat{\boldsymbol{y}} = 0$, da nach ($\alpha$) aus $\hat{x}_i > 0$ jetzt $(\boldsymbol{A}'\hat{\boldsymbol{y}})_i = 0$ folgt. Aus (14.12) ergibt sich dann $\hat{\zeta} = 1$. Wenn man also bei positiv semidefiniter Matrix $\boldsymbol{C}$ nicht eine Lösung von (I) mit $\hat{\zeta} = 0$ erhält, ist überhaupt keine Verkleinerung von ζ möglich (der Ausgangswert ist $\zeta = 1$). Dieser Fall tritt ein, wenn in (14.6) die Zielfunktion $Q(\boldsymbol{x})$ auf der Menge der zulässigen Punkte nicht nach unten beschränkt ist.)

14.4. Beispiel zum Verfahren von Wolfe

Die schon in § 12.2 und § 14.2 behandelte Aufgabe wird durch Einführung von Schlupfvariablen x_3, x_4, x_5 auf die Form (14.6) gebracht:

$$\left.\begin{aligned} x_1 + x_2 + x_3 &= 8\,, \\ x_1 + x_4 &= 6\,, \\ x_1 + 3x_2 + x_5 &= 18\,, \\ x_i \geqq 0 \qquad (i &= 1, \ldots, 5) \end{aligned}\right\} \tag{14.14}$$

$$2x_1^2 + x_2^2 - 48x_1 - 40x_2 = \text{Min!} \tag{14.15}$$

Als Ausgangsecke sei $\bar{\boldsymbol{x}}$ mit $\bar{x}_1 = \bar{x}_2 = 0$, $\bar{x}_3 = 8$, $\bar{x}_4 = 6$, $\bar{x}_5 = 18$ gewählt. Dann ist $\boldsymbol{h} = \boldsymbol{p} + 2\boldsymbol{C}\bar{\boldsymbol{x}} = (-48, -40, 0, 0, 0)'$. Die Aufgabe (I) enthält außer (14.14) die Restriktionen

$$\left.\begin{aligned} -4x_1 + v_1 - u_1 - u_2 - u_3 - 48\zeta &= -48 \\ -2x_2 + v_2 - u_1 - 3u_3 - 40\zeta &= -40 \end{aligned}\right\} \tag{14.16}$$

$$\left.\begin{aligned} v_3 - u_1 &= 0 \\ v_4 - u_2 &= 0 \\ v_5 - u_3 &= 0 \end{aligned}\right\} \tag{14.17}$$

$$v_i \geqq 0 \quad (i = 1, \ldots, 5)\,, \qquad \zeta \geqq 0\,. \tag{14.18}$$

Man kann u_1, u_2, u_3 aus (14.17) in (14.16) einsetzen und braucht dann bei der Anwendung des Verfahrens von Wolfe die (nicht vorzeichenbeschränkten) Variablen u_i nicht mitzuführen. Wählt man nun zunächst gemäß den obigen Vorschriften 1., 2. und 3. als linear unabhängige Vektoren diejenigen zu den Variablen $x_3, x_4, x_5, v_1, v_2,$

so erhält man ein Simplexschema (leere Felder bedeuten Nullen)

	x_1	x_2	v_3	v_4	v_5	ζ	
x_3	1	1					8
x_4	1						6
x_5	1	3					18
v_1	− 4		− 1	− 1	− 1	− 48	− 48
v_2		− 2	− 1		− 3	− 40	− 40
	0	0	0	0	0	− 1	0
	2	− 1	3	2	5	90	57

Dieses Schema entspricht jedoch keinem zulässigen Punkt der Aufgabe (I). Man kann aber durch einen Austauschschritt mit dem (negativen) Pivotelement − 40 erreichen, daß der Spaltenvektor zur Variablen ζ in die Basis gelangt, und erhält das Schema

	x_1	x_2	v_3	v_4	v_5	v_2		
x_3	1	1					8	8
x_4	1						6	—
x_5	1	3					18	6
v_1	−4	12/5	1/5	−1	13/5	−6/5	0	0
ζ		1/20	1/40		3/40	−1/40	1	20
	0	1/20	1/40	0	3/40	−1/40	1	
	2	−11/2	3/4	2	−7/4	9/4	−33	

Da der Vektor zur Variablen v_2 nicht in der Basis ist, kann der Vektor zu x_2 durch einen Austauschschritt mit dem Pivot 12/5 in die Basis aufgenommen werden. Die weiteren Schritte bedürfen keiner Erläuterung.

	x_1	v_1	v_3	v_4	v_5	v_2		
x_3	8/3	−5/12	−1/12	5/12	−13/12	1/2	8	3
x_4	1						6	6
x_5	6	−5/4	−1/4	15/12	−39/12	3/2	18	3
x_2	−5/3	5/12	1/12	−5/12	13/12	−1/2	0	—
ζ	1/12	−1/48	1/48	1/48	1/48	0	1	12
	1/12	−1/48	1/48	1/48	1/48	0	1	
	−43/6	55/24	29/24	−7/24	101/24	−1/2	−33	

	x_3	v_1	v_3	v_4	v_5	v_2		
x_1	3/8	−5/32	−1/32	5/32	−13/32	3/16	3	—
x_4	−3/8	5/32	1/32	−5/32	13/32	−3/16	3	96
x_5	−9/4	−5/16	−1/16	5/16	−13/16	3/8	0	—
x_2	5/8	5/32	1/32	−5/32	13/32	−3/16	5	160
ζ	−1/32	−1/128	[3/128]	1/128	7/128	−1/64	3/4	32
	−1/32	−1/128	3/128	1/128	7/128	−1/64	3/4	
	43/16	75/64	63/64	53/64	83/64	27/32	−23/2	

	x_3	v_1	ζ	v_4	v_5	v_2	
x_1			4/3				[4]
x_4			−4/3				2
x_5			8/3				2
x_2			−4/3				[4]
v_3	−4/3	−1/3	128/3	1/3	7/3	−2/3	32
	0	0	−1	0	0	0	0
			−42				−43

Mit diesem letzten Schema, in dem die nicht mehr interessierenden Zahlen weggelassen sind, ist man wegen $\zeta = 0$ bei der Lösung der Aufgabe angelangt. Es wird $x_1 = 4$, $x_2 = 4$, $Q_{\min} = -304$.

IV. Tschebyscheff-Approximation und Optimierung

Drei große Gebiete der numerischen Analysis stehen in engem Zusammenhang: Optimierungsaufgaben, Approximation und Rand- und Anfangswertaufgaben bei Differentialgleichungen. Dieses Kapitel beschäftigt sich mit der Darstellung der Zusammenhänge, die auch die Möglichkeit bieten, die auf einem der genannten Gebiete entwickelten Methoden auf den anderen Gebieten zu verwenden. So sind unter anderem die hier beschriebenen Verfahren zur Lösung von Optimierungsaufgaben mit Erfolg zur Lösung von Randwertaufgaben bei gewöhnlichen und partiellen Differentialgleichungen auf Rechenanlagen benutzt worden.

§ 15. Einführung

15.1. Approximation als Optimierung

Zwischen Approximationsaufgaben und Optimierungsaufgaben besteht ein enger Zusammenhang. Bei Approximationsaufgaben handelt es sich um Probleme folgender Art: Gegeben sind

1. Eine auf einer Menge B stetige reellwertige Funktion $f(x)$ (kurz: $f(x) \in C\langle B\rangle$). B ist dabei eine gegebene Punktmenge, z.B. ein Bereich im m-dimensionalen Punktraum R^m und x steht für $x_1, x_2, \ldots, x_m$.

2. Eine Klasse $V = \{g(x, a_1, \ldots, a_n)\}$ von reellwertigen Funktionen, die bezüglich x ebenfalls stetig auf B sind und die von reellen Parametern $a_1, \ldots, a_n$ abhängen. Es sei $f \notin V$; im Falle $f \in V$ liegen andersartige Aufgaben vor („Darstellungsaufgaben").

3. Ein Maß $\varrho(f, g)$ für den Abstand zwischen zwei Funktionen $f, g \in C\langle B\rangle$. Ein solcher Abstand kann bei linearen Räumen wie $C\langle B\rangle$ auf dem Wege über die Definition einer Norm $\|g\|$ eingeführt werden. Es wird dann $\varrho(f, g) = \|f - g\|$. Verschiedene Möglichkeiten, eine Norm zu definieren, werden anschließend besprochen.

Gefragt ist nach einer Funktion $g \in V$, für welche der Abstand $\varrho(f, g)$ möglichst klein ausfällt. Es werde das Infimum

$$\varrho_0 = \inf_{g \in V} \varrho(f, g)$$

eingeführt, wobei g die Klasse V durchläuft; ϱ_0 heißt der *Minimalabstand* und ein Element $h \in V$, für welches der Abstand gleich dem Minimalabstand wird:

$$\varrho_0 = \varrho(f, h),$$

heißt *Minimallösung*. Während der Minimalabstand ϱ_0 stets existiert, braucht eine Minimallösung i.a. nicht vorhanden zu sein, vgl. MEINARDUS, 1964.

Approximationsaufgaben können so als Optimierungsaufgaben mit der Zielfunktion $\varrho(f, g)$ verstanden werden.

Ist B eine endliche Menge mit m Elementen, so können (bei diskreter Topologie) die stetigen reellwertigen Funktionen auf B mit den Vektoren $\boldsymbol{v} \in R^m$ identifiziert werden. Als Norm von $\boldsymbol{v}$ kann man für $1 \leqq p < \infty$ die *p-Vektornorm*

$$\|\boldsymbol{v}\|_p = [\sum_i |v_i|^p]^{1/p} \tag{15.1}$$

verwenden. Für $p = 2$ ergibt sich die euklidische Länge. Für $p \to \infty$ geht $\|\boldsymbol{v}\|_p$ in die *Maximalbetragsnorm*

$$\|\boldsymbol{v}\|_\infty = \operatorname*{Max}_i |v_i| \tag{15.2}$$

über. Ist B eine unendliche Menge, etwa eine abgeschlossene und beschränkte Teilmenge eines R^q von positivem Lebesgue-Maß, so kann für $1 \leqq p < \infty$ als Norm

$$\|g\|_p = [\int_B |g(x)|^p \, dx]^{1/p} \tag{15.3}$$

verwendet werden. Diese geht für $p \to \infty$ über in die *Tschebyscheff-Norm*

$$\|g\|_\infty = \operatorname*{Max}_{x \in B} |g(x)| . \quad (15.4)$$

15.2. Verschiedene Typen von Approximationsaufgaben

Von besonderer Bedeutung sind Approximationsaufgaben, bei denen der Abstand mittels der Normen $\|\boldsymbol{v}\|_2$ und $\|\boldsymbol{v}\|_\infty$ bzw. $\|g\|_2$ und $\|g\|_\infty$ gemessen wird. Bei $\|\boldsymbol{v}\|_2$ bzw. $\|g\|_2$ wird die Bezeichnung *Gauß-Approximation* oder *Approximation im Sinne der kleinsten Quadrate* gebraucht. Wenn aber die Norm $\|\boldsymbol{v}\|_\infty$ bzw. $\|g\|_\infty$ zugrunde gelegt wird, spricht man von *Tschebyscheff-Approximation.* Hierfür wird im folgenden kurz T-Approximation geschrieben.

Bei endlicher Menge B und Verwendung der Norm (15.1) oder (15.2) spricht man von *diskreter* Approximation, bei unendlicher Menge B wie in § 15.1 und Verwendung der Norm (15.3) oder (15.4) von *kontinuierlicher* Approximation.

Ist die Menge V der Funktionen, durch die $f(x)$ zu approximieren ist, ein endlichdimensionaler linearer Teilraum von $C\langle B\rangle$, also $V = \{\sum_{i=1}^{n} a_i v_i(x)\}$, so spricht man von *linearen* Approximationsaufgaben. Daneben treten häufig *nichtlineare* Approximationsaufgaben auf; V enthält dann z.B. rationale Funktionen der Parameter a_i oder Exponentialfunktionen:

$$V = \{a_1 e^{a_2 x_1 + a_3 x_2}\} . \quad (15.5)$$

In neuerer Zeit ist die T-Approximation zu besonderer Bedeutung gelangt. Ist z.B. eine komplizierte Funktion $f(x)$ in eine Rechenanlage einzugeben, so nähert man sie oft durch einen Ausdruck $g(x)$ an, der auf der Rechenanlage leicht zu berechnen ist, z.B. ein Polynom; man wünscht dann, daß in dem interessierenden Intervall $a \leqq x \leqq b$, welches hier der Bereich B ist, der maximale Fehlerbetrag

$$\|\varepsilon\|_\infty = \|g - f\|_\infty$$

unterhalb einer vorgeschriebenen Schranke, z.B. $\frac{1}{2} \cdot 10^{-10}$, bleibt. In der folgenden Nummer werden Klassen von Randwertaufgaben genannt, bei denen ebenfalls die T-Approximation den Vorzug vor der Gauß-Approximation verdient.

15.3. Randwertaufgaben bei elliptischen Differentialgleichungen und Tschebyscheff-Approximation

Bei der Randwertaufgabe für eine unbekannte Funktion $u(x) = u(x_1, \ldots, x_n)$ mit der Differentialgleichung

$$Lu \equiv -\sum_{j,k=1}^{n} a_{jk} \frac{\partial^2 u}{\partial x_j \partial x_k} - \sum_{j=1}^{n} b_j \frac{\partial u}{\partial x_j} + c u = r(x) \text{ in } D \quad (15.6)$$

und der Randbedingung

$$M u \equiv u - g \frac{\partial u}{\partial \sigma} = b(x) \text{ auf } \Gamma \tag{15.7}$$

sei D ein gegebenes offenes beschränktes Gebiet im R^n mit stückweise glattem Rand Γ, ferner seien a_{jk}, b_j, c, r, g, b gegebene stetige Ortsfunktionen. Die Matrix (a_{jk}) sei positiv definit in jedem Punkte von D, und es seien $c \geqq 0$, $g \geqq 0$. Es sei ν die innere Normale, die nicht in allen Punkten von Γ eindeutig erklärt zu sein braucht, und σ die sog. Konormale; im Fall der Potentialgleichung $Lu = -\Delta u = r(x)$ ist

$$a_{jk} = \delta_{jk} = \begin{cases} 1 & \text{für } j = k \\ 0 & \text{für } j \neq k, \end{cases}$$

und die Konormale stimmt mit der inneren Normalen überein. Hierüber und über alle Einzelheiten vergleiche z. B. Collatz, 1964, S. 98 und 303.

Man macht nun für eine Näherungslösung für u den Ansatz

$$v = v_0 + \sum_{\nu=1}^{p} a_\nu v_\nu \tag{15.8}$$

mit freien Konstanten a_ν. Im einfachsten Falle wählt man die Funktionen v_ν so, daß v die Differentialgleichung erfüllt:

$$L v_0 = r, \quad L v_\nu = 0 \qquad (\nu = 1, \ldots, p).$$

Dann besagt der *Satz vom Randmaximum:*

Wenn für den Defekt $d = Mv - b$ am ganzen Rand Γ gilt $|d| \leqq a$, so hat man die Fehlerabschätzung

$$|v - u| \leqq a \quad \text{in } B + \Gamma. \tag{15.9}$$

Mit der bekannten Funktion $d_0 = M v_0 - b$ hat man also die Konstanten a_ν so zu bestimmen, daß der Maximalbetrag von

$$d = \sum_{\nu=1}^{p} a_\nu M v_\nu + d_0$$

am Rand Γ möglichst klein wird. Mit der Norm $\|g\|_\infty$ hat man dann gerade das Problem der linearen Tschebyscheff-Approximation:

$$\varrho\left(-d_0, \sum_{\nu=1}^{p} a_\nu M v_\nu\right) = \text{Min!} \tag{15.10}$$

Es sei als bekanntester Spezialfall das Dirichletsche Problem, die erste Randwertaufgabe bei der Potentialgleichung,

$$\Delta u = 0 \quad \text{für} \quad r < 1$$

für einen Kreis in der Ebene (mit r und φ als Polarkoordinaten) bei gegebenen Randwerten

$$u = f(\varphi) \quad \text{für} \quad r = 1, \quad 0 \leqq \varphi \leqq 2\pi \quad (f(0) = f(2\pi))$$

betrachtet. Wählt man hier

$$v_0 = 0; \quad v_1, \ldots, v_p \text{ als } 1, \; r^n \cos n\varphi, \; r^n \sin n\varphi \; (n = 1, 2, \ldots, m)$$

im Falle $p = 2m + 1$, so hat man $f(\varphi)$ durch eine Linearkombination aus den Funktionen

$$1, \cos n\varphi, \sin n\varphi \qquad (n = 1, \ldots, m)$$

im Tschebyscheffschen Sinne möglichst gut anzunähern, d.h. man hat genau die *trigonometrische Tschebyscheff-Approximation.*

Die Tschebyscheffsche Approximation, welche die Norm $\|g\|_\infty$ verwendet, ist hier, wie auch im oben beschriebenen allgemeineren Fall, die natürliche und anderen Approximationen, etwa im Sinne der Methode der kleinsten Quadrate, vorzuziehen, weil sie unmittelbar zu der Fehlerabschätzung (15.9) führt.

Ebenso führt bei den parabolischen Gleichungen häufig die T-Approximation unmittelbar zu einer Fehlerabschätzung für Näherungslösungen (vgl. etwa Collatz, 1959 und Collatz, 1964, S. 309). Es sei hier nur ein Beispiel genannt, welches ebenfalls auf die trigonometrische T-Approximation führt. Bei der Wärmeleitungsgleichung

$$u_{xx} = k u_t \quad \text{für} \quad 0 < x < \pi, \quad 0 < t \tag{15.11}$$

seien die Anfangs- und Randwerte

$$\begin{aligned} u(x, 0) &= f(x) && \text{für} \quad 0 \leqq x \leqq \pi, f(0) = f(\pi) = 0 \\ u(0, t) &= u(\pi, t)t = 0 && \text{für} \quad 0 \leqq \end{aligned}$$

gegeben. Für eine Näherungslösung v macht man den Ansatz

$$v(x, t) = \sum_{n=1}^{m} b_n \sin nx \, e^{-\frac{n^2 t}{k}}.$$

Die Koeffizienten b_n sind so zu wählen, daß $v(x, 0)$ die Funktion $f(x)$ im Tschebyscheffschen Sinne möglichst gut annähert.

Aus

$$|v(x, 0) - f(x)| \leqq \delta \quad \text{für} \quad 0 \leqq x \leqq \pi$$

folgt nämlich die Fehlerabschätzung

$$|v - u| \leqq \delta \quad \text{für} \quad 0 < x < \pi, 0 < t$$

im ganzen Bereich. Daneben gibt es zahlreiche andere Approximationsaufgaben, die bei Randwertaufgaben partieller Differentialgleichungen auftreten.

15.4. Kontrahierende Abbildungen in pseudometrischen Räumen und einseitige Tschebyscheff-Approximation

Eine nichtlineare Randwertaufgabe sei gegeben durch die quasilineare Differentialgleichung

$$Lu = f(x_1, \ldots, x_n, u) \quad \text{in } D \tag{15.12}$$

und die Randbedingung (15.7). Lu sei wieder der durch (15.6) gegebene lineare Differentialausdruck (vgl. COLLATZ, 1964, S. 201).

Es sei bekannt, daß zu der Differentialgleichung (15.6) und der homogenen Randbedingung $Mu = 0$ eine nichtnegative Greensche Funktion existiert. Es kann hier nicht die Theorie der kontrahierenden Abbildungen in pseudometrischen Räumen (SCHRÖDER, 1956) wiedergegeben, sondern nur das Resultat der Theorie für den vorliegenden Fall genannt werden:

Man habe (etwa durch einen Iterationsschritt) ein Paar von Funktionen u_0, u_1 gefunden, welche

$$Lu_1 = f(x, u_0) \quad \text{in } D, \qquad Mu_1 = b(x) \quad \text{auf } \Gamma \tag{15.13}$$

befriedigen. In einem Teilbereich F des $x_1, \ldots, x_n$, u-Raumes, welcher u_0, u_1 und die Lösung u enthält und bezüglich u konvex ist, sei eine Schranke $N(x)$ für die partielle Ableitung von f nach u bekannt:

$$\left|\frac{\partial f}{\partial u}\right| \leqq N(x);$$

ferner ist eine Funktion $\sigma_0(x)$ angebbar mit

$$|u_1 - u_0| \leqq \sigma_0(x)\,.$$

Für eine Fehlerabschätzung der Funktion u_1

$$|u - u_1| \leqq \sigma(x)$$

benötigt man eine Funktion $\sigma(x)$, welche die linearen Bedingungen

$$\hat{L}\sigma \equiv L\sigma - N(x)\sigma \geqq N(x)\sigma_0 \text{ in } D, M\sigma = 0 \text{ auf } \Gamma \tag{15.14}$$

erfüllt, und zwar fällt die Fehlerschranke gut aus, wenn die Ungleichung „gerade eben" erfüllt ist. D. h., es soll

$$L\sigma - N\sigma - N\sigma_0 \geqq 0$$

gelten, aber die linke Seite „möglichst klein" sein. Dazu macht man für σ einen Ansatz

$$\sigma = \sum_{\nu=1}^{p} a_\nu \varphi_\nu(x)\,, \quad M\varphi_\nu = 0 \qquad (\nu = 1, \ldots, p)$$

mit Funktionen φ_ν, welche, wie angegeben, die homogene Randbedingung erfüllen. Die freien Parameter a_ν sind dabei so zu bestimmen, daß der Ausdruck

$$\Phi = \sum_{\nu=1}^{p} a_\nu \hat{L} \varphi_\nu$$

im Tschebyscheffschen Sinne die Funktion $N\sigma_0$ möglichst gut annähert, aber nur von oben her, d. h. es soll

$$\Phi - N\sigma_0 \geqq 0$$

gelten (einseitige Tschebyscheff-Approximation). Die zugehörige Optimierungsaufgabe wird auch in § 16.3 beschrieben, vergleiche den dortigen Zusatz.

15.5. Randwertaufgaben und Optimierung

Man kann vielfach lineare Randwertaufgaben direkt in Zusammenhang mit Optimierungsaufgaben bringen und damit die Verfahren der linearen Optimierung unmittelbar verwenden, um Näherungslösungen für die Randwertaufgaben zu erhalten; das sei am Beispiel der „Aufgaben monotoner Art" (Collatz, 1952) vorgeführt. In einem Bereich D wie in Nr. 15.3 sei eine lineare Differentialgleichung für eine gesuchte Funktion $u(x) = u(x_1, \ldots, x_n)$ vorgelegt:

$$Lu = r(x) \quad \text{in } D,$$

und auf dem Rand Γ (wieder wie in Nr. 15.3) sei die lineare Randbedingung vorgeschrieben

$$Mu = \gamma(x) \quad \text{auf} \quad \Gamma.$$

Die Aufgabe heißt *von monotoner Art*, wenn für jede Funktion $\varepsilon(x)$ aus

$$L\varepsilon \geqq 0 \quad \text{in } D, \quad M\varepsilon \geqq 0 \quad \text{auf } \Gamma \quad \text{folgt} \quad \varepsilon \geqq 0 \quad \text{in } D + \Gamma.$$

Bei diesen Aufgaben gilt ein einfaches Prinzip der Fehlerabschätzung: Wenn man weiß, daß eine Lösung u der Randwertaufgabe existiert, und wenn man zwei Näherungen $v(x)$ und $w(x)$ gefunden hat mit

$$Lv \leqq r(x) \leqq Lw, \quad Mv \leqq \gamma(x) \leqq Mw, \tag{15.15}$$

so gilt die Einschließungsaussage $v(x) \leqq u(x) \leqq w(x)$.

Bei weiten Klassen von Randwertaufgaben bei gewöhnlichen und partiellen Differentialgleichungen liegt monotone Art vor (vgl. z. B. Collatz, 1964, S. 300—316). Für die Aufstellung solcher Näherungen v und w kann man auf verschiedene Weise vorgehen; es seien zwei Arten genannt:

A) Man macht den Ansatz:

$$\left.\begin{aligned} v(x) &= \sum_{\nu=1}^{N} a_\nu v_\nu(x) \\ w(x) &= \sum_{\nu=1}^{N} b_\nu v_\nu(x) \end{aligned}\right\} \qquad (15.16)$$

mit festen Funktionen $v_\nu(x)$ und noch zu bestimmenden Konstanten a_ν, b_ν; (manchmal wird man ein Glied $v_0(x)$ hinzufügen, so daß entweder v und w bei beliebigen Konstanten a_ν, b_ν bereits die inhomogene Differentialgleichung oder die inhomogene Randbedingung erfüllen, dann entfällt in den folgenden Formeln (15.17) ein Satz von Ungleichungen). Man wählt nun eine Anzahl diskreter Punkte $P_\sigma (\sigma = 1, \ldots, s)$ im Bereich D und Randpunkte $Q_\tau (\tau = 1, \ldots, t)$ auf Γ, und schließlich einige Punkte $Z_\lambda (\lambda = 1, \ldots, l)$, in denen man eine möglichst gute Fehlerabschätzung erreichen will (im Falle von Punktsymmetrie wird es oft genügen, nur einen Punkt Z, etwa den Mittelpunkt des Bereiches, zu wählen). Deutet man durch tiefgestellte Indizes σ, τ, λ an, daß die betreffenden Funktionswerte an den Stellen P_σ, Q_τ, Z_λ zu nehmen sind, so erhält man die lineare Optimierungsaufgabe

$$\left.\begin{aligned} (Lv)_\sigma &\leqq r_\sigma \leqq (Lw)_\sigma & (\sigma &= 1, \ldots, s) \\ (Mv)_\tau &\leqq \gamma_\tau \leqq (Mw)_\tau & (\tau &= 1, \ldots, t) \end{aligned}\right\} \qquad (15.17)$$

$$\left.\begin{aligned} -\varphi &\leqq (w - v)_\lambda \leqq \varphi & (\lambda &= 1, \ldots, l) \\ \varphi &= \text{Min!} \end{aligned}\right\} \qquad (15.18)$$

B) Anstelle von (15.16) wird der etwas gröbere Ansatz gemacht

$$v(x) = \alpha_0 v_0(x) + \sum_{\nu=1}^{N} a_\nu v_\nu(x), \quad w(x) = \alpha_1 v_0(x) + \sum_{\nu=1}^{N} a_\nu v_\nu(x) \qquad (15.19)$$

mit denselben Konstanten a_ν bei $v(x)$ und $w(x)$; nur α_0 und α_1 sind verschieden. Hierbei soll $v_0(x)$ eine in D fest gewählte nichtnegative Funktion sein, $v_0(x) \geqq 0$. Die Optimierungsaufgabe lautet jetzt einfach:

$$\alpha_1 - \alpha_0 = \text{Min!}$$

mit den Nebenbedingungen (15.17).

Es ist zu beachten, daß bei dem unter A) und B) beschriebenen Vorgehen der Fall eintreten kann, daß die Ungleichungen (15.15) wohl in den Punkten P_σ und Q_τ nach (15.17), aber nicht in allen Punkten des Bereiches D und des Randes Γ erfüllt sind. Dann sind die Funktionen $v(x)$ und $w(x)$ auch nicht notwendig exakte Schranken für die Lösung $u(x)$. Wenn die Punkte P_σ und Q_τ nur genügend dicht in D und Γ gewählt sind, kann man sich meist mit den so erhaltenen angenäherten Schranken begnügen. Man kann aber auch iterativ vorgehen, nämlich nach einmaliger Anwendung des unter A) oder B) beschriebenen Verfahrens solche Punkte aufsuchen, in denen (15.15) am stärksten verletzt ist, diese zu den P_σ und Q_τ hinzunehmen und das Verfahren wiederholen, nötigenfalls mehrere Male, bis im Rahmen der Rechengenauigkeit (15.15) überall in D und Γ erfüllt ist. Im Fall B) genügt häufig auch eine Verkleinerung von α_0 bzw. Vergrößerung von α_1.

§ 16. Diskrete lineare Tschebyscheff-Approximation

16.1. Zurückführung auf lineare Optimierungsaufgaben

Nach § 15.1 liegt eine Aufgabe der diskreten linearen T-Approximation vor, wenn ein Vektor $\boldsymbol{v}^0 = (v_{01}, \ldots, v_{0m})' \in R^m$ durch eine Linearkombination

$$\sum_{i=1}^{n} a_i \boldsymbol{v}^i \quad \text{von Vektoren} \quad \boldsymbol{v}^i = (v_{i1}, \ldots, v_{im})' \in R^m$$

so zu approximieren ist, daß

$$\gamma = \operatorname*{Max}_{k=1,\ldots,m} \Big| v_{0k} - \sum_{i=1}^{n} a_i v_{ik} \Big| \quad \textit{möglichst klein} \tag{16.1}$$

wird. Hierfür kann man auch schreiben

$$\Big\| \boldsymbol{v}^0 - \sum_{i=1}^{n} a_i \boldsymbol{v}^i \Big\|_\infty = \text{Min!}. \tag{16.1'}$$

Folgende Voraussetzungen sollen erfüllt sein:

1. Die Vektoren $\boldsymbol{v}^1, \ldots, \boldsymbol{v}^n$ sind linear unabhängig (andernfalls könnte man zu einer Aufgabe mit kleinerem n übergehen).

2. $\boldsymbol{v}^0$ ist nicht Linearkombination von $\boldsymbol{v}^1, \ldots, \boldsymbol{v}^n$ (in Übereinstimmung mit der in § 15.1 unter Punkt 2 aufgestellten Forderung $f \notin V$).

Die Voraussetzung 1 bedingt $n \leqq m$ und beide Voraussetzungen zusammen sogar

$$n < m. \tag{16.2}$$

Aufgaben des Typs (16.1) treten z. B. bei der Behandlung überbestimmter linearer Gleichungssysteme $v_{0k} - \sum_{i=1}^{n} a_i v_{ik} = 0$ mit den Unbekannten a_i auf. Gibt es keine Lösung, so kann man sich die Aufgabe stellen, Zahlen a_i zu bestimmen, die dieses System „möglichst gut" im Sinne von (16.1) erfüllen.

Eine Aufgabe der kontinuierlichen linearen T-Approximation

$$\operatorname*{Max}_{B} \left| f(x) - \sum_{i=1}^{n} a_i v_i(x) \right| = \text{Min!}$$

versucht man oft näherungsweise zu lösen, indem man m Stützstellen $x_1, \ldots, x_m \in B$ auswählt und mit den Bezeichnungen

$$f(x_k) = v_{0k}, \quad v_i(x_k) = v_{ik}$$

zur diskreten Aufgabe (16.1) übergeht.

Die Aufgabe (16.1) läßt eine geometrische Deutung zu. Falls für keinen Index k alle $v_{ik} = 0$ sind ($i = 1, \ldots, n$), kann man annehmen, daß die v_{ik} so normiert sind, daß $\sum_{i=1}^{n} v_{ik}^2 = 1$ ist für $k = 1, \ldots, m$.

Dann sind

$$v_{0k} - \sum_{i=1}^{n} a_i v_{ik} = 0 \qquad (k = 1, \ldots, m) \tag{16.3}$$

die Gleichungen von m Hyperebenen des R^n mit den Punkten $\boldsymbol{a} = (a_1, \ldots, a_n)'$, und zwar sind diese Gleichungen in der „Hesseschen Normalform“ gegeben. Ist $\boldsymbol{a}$ ein beliebiger Punkt des R^n, so ist dann $\left| v_{0k} - \sum_{i=1}^{n} a_i v_{ik} \right|$ der (euklidische) Abstand dieses Punktes von der k-ten Hyperebene. Das durch (16.1) gegebene γ ist das Maximum dieser Abstände. Die Aufgabe (16.1) besagt: Gesucht ist ein Punkt $\boldsymbol{a}$, für den dieser Maximalabstand möglichst klein wird. Einen Punkt $\boldsymbol{a}$, der diese Aufgabe löst, nennt man *Tschebyscheff-*

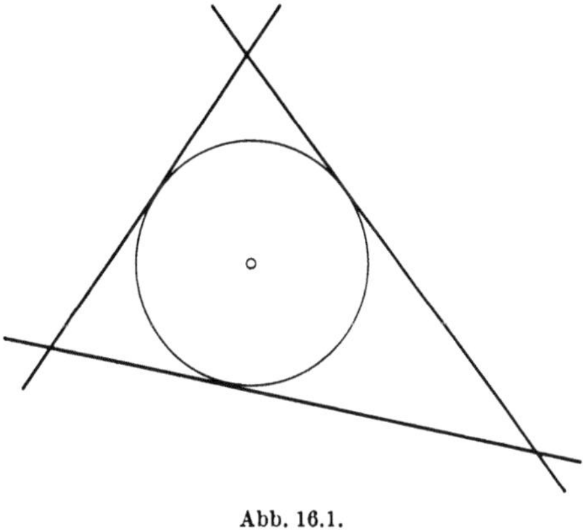

Abb. 16.1.

Punkt zu dem System (16.3) von Hyperebenen. Im R^2 ist der Tschebyscheff-Punkt zu drei Geraden, die die Seiten eines Dreiecks sind, der Inkreismittelpunkt dieses Dreiecks.

Man kann (16.1) als Aufgabe der linearen Optimierung schreiben:

$$\left.\begin{array}{ll} \gamma + \sum_{i=1}^{n} a_i v_{ik} \geqq v_{0k} & \\ & (k = 1, \ldots, m) \\ \gamma - \sum_{i=1}^{n} a_i v_{ik} \geqq -v_{0k} & \\ \gamma = \text{Min!} & \end{array}\right\} \quad (16.4)$$

Es handelt sich um eine Aufgabe mit nicht vorzeichenbeschränkten Variablen γ, a_i; auch γ kann man als eine solche ansehen, obwohl aus den Nebenbedingungen $\gamma \geqq 0$ folgt.

Satz 1: Die Aufgabe (16.4) *besitzt eine Minimallösung.*

Beweis: Die Menge M der zulässigen Punkte ist nicht leer; sind nämlich $a_1, \ldots, a_n$ beliebig gewählt, so sind für hinreichend großes γ die Nebenbedingungen von (16.4) erfüllt. Die Zielfunktion γ ist auf M nach unten beschränkt. Nach Satz 16 in § 5.6 (der dort für Aufgaben mit vorzeichenbeschränkten Variablen formuliert war; (16.4) läßt sich als solche schreiben) existiert eine Minimallösung.

Nach der obigen Voraussetzung 2 ist der Vektor $\boldsymbol{v}^0$ nicht Linearkombination von $\boldsymbol{v}^1, \ldots, \boldsymbol{v}^n$. Darum gilt das

Korollar: Bei der Aufgabe (16.4) *ist der Minimalwert* $\gamma > 0$.

Man kann deshalb durch

$$b_0 = \frac{1}{\gamma}, \quad b_i = -\frac{a_i}{\gamma} \ (i = 1, \ldots, n)$$

neue Variablen einführen und von (16.4) zu der äquivalenten Aufgabe

$$\left.\begin{array}{ll} \sum_{i=0}^{n} b_i v_{ik} \leqq 1 & \\ -\sum_{i=0}^{n} b_i v_{ik} \leqq 1 & (k = 1, \ldots, m) \\ b_0 = \text{Max!} & \end{array}\right\} \quad (16.5)$$

übergeben. Will man diese Aufgabe nach dem in § 3 und § 4 beschriebenen Simplexverfahren lösen, so kann man nach Einführung von Schlupfvariablen von dem Punkt ausgehen, in dem die $b_i = 0$ sind $(i = 0, 1 \ldots, n)$ und sämtliche Schlupfvariablen den Wert 1 haben. Man beachte, daß die Variablen b_i nicht vorzeichenbeschränkt sind und daß man daher so vorzugehen hat, wie es in § 4.6 beschrieben ist.

Man kann sogar das Simplexverfahren so modifizièren, daß man in den aufzustellenden Schemata nicht mit $2m$ Zeilen, sondern nur mit m Zeilen arbeitet. Dazu schreibt man (16.5) in der Form

$$\left.\begin{array}{ll} \sum_{i=0}^{n} b_i v_{ik} + y_k = 0 & (k = 1, \ldots, m) \\ -1 \leqq y_k \leqq 1 & \\ b_0 = \text{Max!} & \end{array}\right\} \quad (16.6)$$

und benutzt bei den Austauschschritten nicht die auf (3.4) beruhenden, in § 4.6 angegebenen Vorschriften 1. und 2., sondern eine entsprechend aufgestellte Vorschrift, die sicherstellt, daß $-1 \leqq y_k \leqq 1$ bleibt für $k = 1, \ldots, m$. Dies soll hier nicht im einzelnen ausgeführt werden, sondern sei im Bedarfsfall dem Leser überlassen.

16.2. Dualisierung

Die Aufgabe (16.1) ist auf zwei Arten als lineare Optimierungsaufgabe formuliert worden, einmal als Minimumaufgabe (16.4) und einmal als hierzu äquivalente Maximumaufgabe (16.5). Zu beiden Aufgaben sollen die dualen, ebenfalls einander äquivalenten Aufgaben aufgestellt und geometrisch gedeutet werden. Nach § 5.1 bzw. 5.3 lautet die zu (16.4) duale Aufgabe (mit vorzeichenbeschränkten Variablen y_k^+, y_k^-)

$$\left.\begin{array}{ll} \sum_{k=1}^{m} (y_k^+ + y_k^-) = 1\,, & \\ \sum_{k=1}^{m} v_{ik}(y_k^+ - y_k^-) = 0\,, & (i = 1, \ldots, n) \\ \quad y_k^+ \geqq 0\,,\ y_k^- \geqq 0\,, & (k = 1, \ldots, m) \\ \sum_{k=1}^{m} v_{0k}(y_k^+ - y_k^-) = \text{Max!} & \end{array}\right\} \quad (16.7)$$

Die zu (16.5) duale Aufgabe mit ebenfalls vorzeichenbeschränkten Variablen z_k^+, z_k^- lautet

$$\left.\begin{array}{ll} \sum_{k=1}^{m} v_{0k}(z_k^+ - z_k^-) = 1\,, & \\ \sum_{k=1}^{m} v_{ik}(z_k^+ - z_k^-) = 0 & (i = 1, \ldots, n)\,, \\ \quad z_k^+ \geqq 0\,,\quad z_k^- \geqq 0 & (k = 1, \ldots, m), \\ \sum_{k=1}^{m} (z_k^+ + z_k^-) = \text{Min!} & \end{array}\right\} \quad (16.8)$$

Da nach Satz 1 und dem Korollar von § 16.1 die Aufgaben (16.4) und (16.5) endliche Optimallösungen besitzen, haben nach Satz 2 von § 5.1 auch die dualen Aufgaben (16.7) und (16.8) Lösungen.

Hat man mit z_k^+, z_k^- $(k = 1, \ldots, m)$ eine Lösung der Aufgabe (16.8), so ist jeweils $z_k^+ = 0$ oder $z_k^- = 0$. Wäre nämlich $\delta = \mathrm{Min}(z_k^+, z_k^-) > 0$ für einen Index k, so wären auch für $z_k^+ - \delta$ und $z_k^- - \delta$ die Nebenbedingungen von (16.8) erfüllt, und die Zielfunktion hätte einen um 2δ kleineren Wert. Man erhält also eine zu (16.8) äquivalente Aufgabe, wenn man zu den Nebenbedingungen dieser Aufgabe die (nichtlinearen) Bedingungen

$$z_k^+ \cdot z_k^- = 0 \qquad (k = 1, \ldots, m)$$

hinzufügt. Setzt man dann $z_k = z_k^+ - z_k^-$, so wird $z_k^+ + z_k^- = |z_k|$. Die Aufgabe (16.8) ist also der folgenden Aufgabe mit nicht vorzeichenbeschränkten Variablen z_k äquivalent:

$$\left.\begin{aligned} &\sum_{k=1}^{m} |z_k| = \mathrm{Min!} \\ &\sum_{k=1}^{m} v_{0k} z_k = 1\,, \\ &\sum_{k=1}^{m} v_{ik} z_k = 0\,, \qquad (i = 1, \ldots, n)\,. \end{aligned}\right\} \qquad (16.9)$$

Es handelt sich hier nicht mehr um eine lineare Optimierungsaufgabe. Setzt man

$$y_k = \frac{z_k}{\sum_{l=1}^{m} |z_l|}\,,$$

so geht (16.9) in die äquivalente Aufgabe

$$\left.\begin{aligned} &\sum_{k=1}^{m} v_{0k} y_k = \mathrm{Max!} \\ &\sum_{k=1}^{m} v_{ik} y_k = 0 \qquad (i = 1, \ldots, n) \\ &\sum_{k=1}^{m} |y_k| = 1 \end{aligned}\right\} \qquad (16.10)$$

über, die mit (16.7) übereinstimmt, wenn man dort $y_k = y_k^+ - y_k^-$ und $|y_k| = y_k^+ + y_k^-$ setzt.

Die Voraussetzungen 1 und 2 von § 16.1 sollen auch hier erfüllt sein. Die Voraussetzung 1 besagt, daß die $n \times m$-Matrix $\boldsymbol{V}$ mit den Zeilenvektoren $\boldsymbol{v}^{1\prime}, \ldots, \boldsymbol{v}^{n\prime}$ den Rang n hat. Darüber hinaus sei jetzt vorausgesetzt (Haarsche Bedingung):

3. Jede n-reihige quadratische Teilmatrix von $\boldsymbol{V}$ ist nichtsingulär.

Satz 2: Ist die Voraussetzung 3 erfüllt, so ist bei den Aufgaben (16.7) *und* (16.8) *jede Ecke nicht entartet.*

Beweis: Da je n Spaltenvektoren der Matrix V linear unabhängig sind, können in (16.7) die Nebenbedingungen

$$\sum_k v_{ik}(y_k^+ - y_k^-) = 0 \qquad (i = 1, \ldots, n) \text{ mit (wegen } \sum_k (y_k^+ + y_k^-) = 1)$$

nicht sämtlich verschwindenden $y_k^+ - y_k^-$ nur dann erfüllt sein, wenn von den Zahlen y_k^+, y_k^- mindestens $n+1$ von Null verschieden sind. Die Anzahl der Nebenbedingungen ist $n + 1$. Bei einer entarteten Ecke wären weniger als $n + 1$ von den Zahlen y_k^+, y_k^- von Null verschieden. Die Aussage über die Aufgabe (16.8) wird ebenso bewiesen.

Aus Satz 2 kann man eine Eigenschaft von Lösungen der Aufgaben (16.4) und (16.5) ablesen.

Satz 3: Ist die Voraussetzung 3 erfüllt und liegt eine Lösung der Aufgabe (16.4) *vor, so sind mindestens $n + 1$ von den Nebenbedingungen dieser Aufgabe mit dem Gleichheitszeichen erfüllt.*

Beweis: Da bei jedem zulässigen Punkt der dualen Aufgabe (16.7) mindestens $n + 1$ Komponenten positiv sind, folgt die Behauptung aus Satz 5 von § 5.1.

Dieser Satz, der wörtlich auch für die Aufgabe (16.5) gilt, besagt für die Aufgabe (16.1): Ist die Voraussetzung 3 erfüllt und liegt eine Lösung der Aufgabe (16.1) vor, so wird der Maximalwert γ für mindestens $n + 1$ Indizes k angenommen.

In § 16.1 wurde vorgeschlagen, zur Lösung der Approximationsaufgabe (16.1) die Optimierungsaufgabe (16.5) bzw. (16.6) mit dem Simplexverfahren zu behandeln. Man kann statt dessen auch auf eine der hier angegebenen dualen Aufgaben (16.7), (16.8) das Simplexverfahren anwenden oder auf eine der Aufgaben (16.9), (16.10) eine geeignete Modifikation des Simplexverfahrens. Diesen Weg beschreitet Stiefel, 1959.

Es soll nun eine geometrische Deutung der Aufgabe (16.7) gegeben werden. Die Voraussetzungen 1, 2 und 3 seien erfüllt. Nach den Sätzen 6 und 7 von § 2.2 genügt es, nach einer Lösung der Aufgabe (16.7) unter den Ecken des Bereiches M der zulässigen Punkte zu suchen. Jede dieser Ecken ist nach Satz 2 nicht entartet, an einer solchen Ecke sind also genau $n+1$ von den Zahlen y_k^+ und y_k^- von Null verschieden, und es kann für ein k nicht gleichzeitig $y_k^+ > 0$ und $y_k^- > 0$ sein (man hätte dann kein System von linear unabhängigen Basisvektoren). Es gibt also genau $n + 1$ Indizes k, für die die Zahlen $y_k = y_k^+ - y_k^-$ von Null verschieden sind. Diese Indizes werden zu einer Indexmenge S zusammengefaßt. Jeder Ecke von M ist eine solche Indexmenge S eindeutig zugeordnet. Umgekehrt ist durch jede Menge S von $n + 1$ Indizes k ein Paar von Ecken der Menge

M eindeutig bestimmt. Da Voraussetzung 3 gilt, sind nämlich durch das lineare Gleichungssystem

$$\sum_{k \in S} v_{ik} y_k = 0 \qquad (i = 1, \ldots, n)$$

die y_k bis auf einen gemeinsamen Faktor eindeutig bestimmt und (außer bei der trivialen Lösung) sämtlich von Null verschieden.

Durch die zusätzliche Bedingung

$$\sum_{k \in S} |y_k| = 1$$

sind die y_k bis auf einen gemeinsamen Faktor ± 1 bestimmt. Aus den y_k ($k \in S$) erhält man die y_k^+ und y_k^-, nämlich $y_k^+ = y_k$, $y_k^- = 0$, wenn $y_k > 0$ ist, und $y_k^+ = 0$, $y_k^- = -y_k$, wenn $y_k < 0$ ist.

Zu gegebener Indexmenge S wird nun die Approximationsaufgabe

$$\gamma_S = \operatorname*{Max}_{k \in S} \left| v_{0k} - \sum_{i=1}^{n} a_i v_{ik} \right| = \text{Min!} \tag{16.11}$$

betrachtet. Der Punkt $\boldsymbol{a} = (a_1, \ldots, a_n)'$, der diese Aufgabe löst, ist der Mittelpunkt der Inkugel des von den $n + 1$ Hyperebenen

$$v_{0k} - \sum_{i=1}^{n} a_i v_{ik} = 0 \qquad (k \in S) \tag{16.12}$$

begrenzten Simplex im R^n, falls diese Hyperebenengleichungen wieder in Hessescher Normalform vorliegen, wie es hier zum Zwecke der geometrischen Deutung angenommen werden soll. Der Minimalwert von γ_S ist der Radius dieser Inkugel.

Die Aufgabe (16.11) kann, wie die entsprechende Aufgabe (16.1), als lineare Optimierungsaufgabe der Gestalt (16.4) geschrieben werden, und diese kann dualisiert werden, wobei sich die Aufgabe

$$\left.\begin{array}{l} \sum_{k \in S} (y_k^+ + y_k^-) = 1, \ \sum_{k \in S} v_{ik} (y_k^+ - y_k^-) = 0 \qquad (i = 1, \ldots, n) \\ \qquad y_k^+ \geqq 0, \quad y_k^- \geqq 0 \qquad (k \in S) \\ \sum_{k \in S} v_{0k} (y_k^+ - y_k^-) = \text{Max!} \end{array}\right\} \tag{16.13}$$

ergibt. Bei dieser Aufgabe gibt es, wie aus den obigen Überlegungen zu ersehen ist, genau zwei Ecken, und zwar ist an der einen Ecke die Zielfunktion $\geqq 0$, an der anderen $\leqq 0$, und diese beiden Werte der Zielfunktion haben gleichen Betrag. Die Lösung der Aufgabe (16.13) ist durch die Ecke gegeben, an der die Zielfunktion nichtnegativ ist. Der Maximalwert der Zielfunktion von (16.13) ist gleich dem Minimalwert der Zielfunktion der dualen Aufgabe und damit gleich dem Radius der Inkugel des von den Hyperebenen (16.12) begrenzten Simplex. Nun stimmen jeweils an der betrachteten Ecke die Zielfunktionen von (16.7) und (16.13) überein. Daher ist mit (16.7) die folgende Aufgabe gestellt:

Unter allen Systemen S von $n+1$ Indizes k und damit unter allen von $n+1$ Hyperebenen (16.12) begrenzten Simplizes suche man dasjenige, für das der Inkugelradius maximal wird.

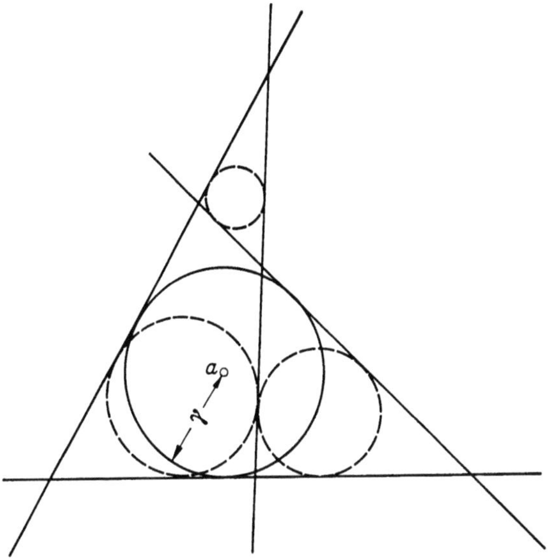

Abb. 16.2.

In Abb. 16.2 sind für den Fall $n = 2$, $m = 4$ die Inkreise der vier auftretenden Dreiecke dargestellt. Der Mittelpunkt des größten Inkreises ist der Tschebyscheff-Punkt der Aufgabe.

16.3. Weitere Aufgaben der diskreten T-Approximation

Es seien einige weitere Fragestellungen genannt, die den bisherigen so ähnlich sind, daß eine kurze Formulierung genügt:

A. Diskrete lineare T-Approximation mehrerer Funktionen: Man hat manchmal die Aufgabe, mehrere in einem Bereich B gegebene Funktionen $f_\sigma(x)$ $(\sigma = 1, \ldots, s)$ gleichzeitig zu approximieren; es sei etwa

$$\max_{1 \leq \sigma \leq s} \left[\max_{x \in B} \left| f_\sigma(x) - \sum_{\nu=1}^{n} a_{\sigma\nu} v_{\sigma\nu}(x) \right| \right] = \tau \qquad (16.14)$$

zum Minimum zu machen, wobei die $v_{\sigma\nu}(x)$ in B fest gegebene stetige Funktionen und die Konstanten $a_{\sigma\nu}$ frei wählbar sind. Das führt dann bei Wahl von Punkten $P_k \in B$ $(k = 1, \ldots, N)$ auf die lineare Optimierungsaufgabe

$$\begin{aligned} -\gamma \leqq f_\sigma(P_k) - \sum_{\nu=1}^{n} a_{\sigma\nu} v_{\sigma\nu}(P_k) \leqq \gamma\,, &\quad \begin{pmatrix} k = 1, \ldots, N \\ \sigma = 1, \ldots, s \end{pmatrix} \\ \gamma = \text{Min!} & \end{aligned} \tag{16.15}$$

Ähnlich liegt die Situation, wenn eine Funktion $f(x) = f_0(x)$ und gewisse ihrer Ableitungen gleichzeitig zu approximieren sind, etwa z.B. gewisse der ersten partiellen Ableitungen $f_j(x) = \frac{\partial f}{\partial x_j}$; hierbei ist wieder kurz x für $x_1, \ldots, x_n$ geschrieben.

B. Diskrete einseitige T-Approximation (vgl. Nr. 15.4). Gegenüber Nr. 16.1 tritt als Änderung auf, daß in der zweiten Zeile von (16.4) γ durch 0 zu ersetzen ist; man hat also jetzt

$$\left.\begin{aligned} &0 \leqq v_{0k} - \sum_{\nu=1}^{n} a_\nu v_{\nu k} \leqq \gamma\,, \quad (k = 1, \ldots, m) \\ &\gamma = \text{Min!} \end{aligned}\right\} \tag{16.16}$$

Dieselben Umformungen wie in Nr. 16.1 und 16.2 auf andere Formen linearer Optimierungsaufgaben sind auch hier möglich.

C. Eingeschränkte Fehlerquadratmethode. Hier möchte man die Vorteile der Gaußschen und der Tschebyscheff-Approximation vereinen, indem man die mittlere quadratische Abweichung $\| f - v \|_2$ möglichst klein macht, wobei man aber einen Maximalbetrag für die absoluten Abweichungen vorschreibt, vgl. Krabs, 1964; überdies kann man die auf diese Weise erhaltene Approximation auch als Ausgangsnäherung für ein Iterationsverfahren benutzen, wenn man die Tschebyscheff-Approximation sucht. Die vorgeschriebene Abweichungsschranke R muß natürlich größer sein als die Minimalabweichung bei der Tschebyscheff-Approximation:

$$R > \inf_{v \in V} \| f - v \|_\infty .$$

Somit lautet das Problem, die folgende Größe $\hat{\varrho}$ zu bestimmen

$$\hat{\varrho} = \inf_{v \in V_R} \| f - v \|_2 ,$$

wobei V_R die folgende Menge ist

$$V_R = \{ v \,|\, v \in V,\ \| f - v \|_\infty \leqq R \} . \tag{16.17}$$

Wieder werden Punkte z_k $(k = 1, \ldots, N)$ fest in B gewählt (die aber jetzt nicht mehr x_k genannt werden, um Verwechslungen zu vermeiden), und es sei wieder $v_{k\nu} = v_\nu(z_k)$ $(\nu = 1, \ldots, n,\ k = 1, \ldots, N,$ $N > n)$. Die reelle Matrix $A = (v_{k\nu})$ habe den Rang n.

Faßt man die Parameter a_ν zu einem Vektor $\boldsymbol{a}$ zusammen: $\boldsymbol{a}' = (a_1, \ldots, a_n)$, ferner die Funktionswerte $f(z_k)$ zu einem Vektor $\boldsymbol{f}$, so soll $\boldsymbol{a}$ so bestimmt werden, daß

$$\Phi = \|\boldsymbol{f} - \boldsymbol{A}\,\boldsymbol{a}\|_2$$

möglichst klein ausfällt.

Es soll

$$\Phi^2 = (\boldsymbol{f} - \boldsymbol{A}\,\boldsymbol{a})'(\boldsymbol{f} - \boldsymbol{A}\,\boldsymbol{a}) = \|\boldsymbol{f}\|_2^2 - 2\boldsymbol{f}'\boldsymbol{A}\,\boldsymbol{a} + (\boldsymbol{A}\,\boldsymbol{a})'\boldsymbol{A}\,\boldsymbol{a} = \text{Min!}$$

sein, oder

$$Q(\boldsymbol{a}) = \tfrac{1}{2}\,\boldsymbol{a}'\boldsymbol{C}\,\boldsymbol{a} - \boldsymbol{f}'\boldsymbol{A}\,\boldsymbol{a} = \text{Min!}. \qquad (16.18)$$

Dabei ist $\boldsymbol{C} = \boldsymbol{A}'\boldsymbol{A}$ eine positiv definite Matrix.

Ferner hat man die Nebenbedingungen $\|\boldsymbol{f} - \boldsymbol{A}\,\boldsymbol{a}\|_\infty \leqq R$; bei Benutzung eines Vektors $\boldsymbol{e}$, der als Komponenten nur die Werte 1 hat: $\boldsymbol{e}' = (1, 1, \ldots, 1)$, lauten sie

$$\boldsymbol{A}\,\boldsymbol{a} \leqq \boldsymbol{f} + R\,\boldsymbol{e}, \quad -\boldsymbol{A}\,\boldsymbol{a} \leqq -\boldsymbol{f} + R\,\boldsymbol{e}. \qquad (16.19)$$

(16.18), (16.19) ergeben zusammen für den gesuchten Vektor $\boldsymbol{a}$ eine Aufgabe der quadratischen Optimierung, die genau die in § 11 erwähnten Zusatzvoraussetzungen (über die Matrix $\boldsymbol{C}$ und die Linearität der Nebenbedingungen) erfüllt.

§ 17. Weitere Typen von Approximationsaufgaben

17.1. Diskrete nichtlineare Tschebyscheff-Approximation

Ist die Aufgabe gestellt, eine Funktion $f(x)$ auf einer endlichen Menge B von Punkten x_k $(k = 1, \ldots, m)$ im Tschebyscheffschen Sinne durch eine Funktion $g(x, a_1, \ldots, a_n)$ zu approximieren, die nichtlinear von den Parametern $a_1, \ldots, a_n$ abhängt, so ist wiederum eine Formulierung als Optimierungsaufgabe möglich. Setzt man $f(x_k) = f_k$, so lautet die Aufgabe

$$\left.\begin{array}{ll} f_k - g(x_k, a_1, \ldots, a_n) - \gamma \leqq 0, & (k = 1, \ldots, m) \\ -f_k + g(x_k, a_1, \ldots, a_n) - \gamma \leqq 0, & (k = 1, \ldots, m) \\ \gamma = \text{Min!} & \end{array}\right\} \qquad (17.1)$$

Es handelt sich um eine nichtlineare Optimierungsaufgabe mit den Variablen $a_1, \ldots, a_n$ und γ. Im allgemeinen ist es jedoch keine konvexe Optimierungsaufgabe. Ist nämlich g als Funktion der Parameter $a_1, \ldots, a_n$ nicht affin-linear, so können nicht gleichzeitig g und $-g$ konvex sein.

17.2. Lineare kontinuierliche Tschebyscheff-Approximation

Es handelt sich hier um die schon in § 16.1 erwähnte Aufgabe, das Minimum der Funktion

$$\Phi(\boldsymbol{a}) = \Phi(a_1, \ldots, a_n) = \operatorname*{Max}_{B} \left| f(x) - \sum_{i=1}^{n} a_i v_i(x) \right|$$

zu suchen. B sei eine unendliche, abgeschlossene und beschränkte Teilmenge eines R^q, und es seien $f(x)$, $v_i(x) \in C\langle B \rangle$. Die Funktion $\Phi(\boldsymbol{a})$ ist konvex, denn die Funktionen

$$\varphi(x, \boldsymbol{a}) = f(x) - \sum_{i} a_i v_i(x)$$

sind für $x \in B$ affin-linear in $\boldsymbol{a}$, daher ist $|\varphi(x, \boldsymbol{a})|$ für $x \in B$ konvex in $\boldsymbol{a}$, weil nämlich für $0 \leqq \lambda \leqq 1$

$$\begin{aligned} |\varphi(x, \lambda \boldsymbol{a} + (1-\lambda) \boldsymbol{b})| &= |\lambda \varphi(x, \boldsymbol{a}) + (1-\lambda) \varphi(x, \boldsymbol{b})| \\ &\leqq \lambda |\varphi(x, \boldsymbol{a})| + (1-\lambda) |\varphi(x, \boldsymbol{b})| \end{aligned}$$

gilt; schließlich ist $\operatorname*{Max}_{x \in B} |\varphi(x, \boldsymbol{a})|$ konvex, wenn $|\varphi(x, \boldsymbol{a})|$ für alle $x \in B$ konvex ist. Die Aufgabe der linearen kontinuierlichen T-Approximation

$$\Phi(\boldsymbol{a}) = \text{Min!} \tag{17.2}$$

kann also als Aufgabe der konvexen Optimierung (ohne Restriktionen) angesehen werden.

Man kann die Aufgabe (17.2) auch in der Form

$$\left.\begin{array}{l} \left.\begin{array}{l} \gamma + \sum\limits_{i=1}^{n} a_i v_i(x) \geqq f(x), \\ \gamma - \sum\limits_{i=1}^{n} a_i v_i(x) \geqq -f(x), \end{array}\right\} x \in B \\ \gamma = \text{Min!} \end{array}\right\} \tag{17.3}$$

schreiben (vgl. (16.4)). Das ist eine lineare Optimierungsaufgabe mit unendlich vielen Nebenbedingungen. Untersuchungen zur Behandlung solcher Aufgaben mit dem Newtonschen Iterationsverfahren finden sich bei Cheney und Goldstein, 1959.

17.3. Nichtlineare Approximationen, bei denen nichtkonvexe Optimierungsaufgaben auftreten

Während die lineare kontinuierliche T-Approximation von Nr. 17.2 auf konvexe Optimierungsaufgaben führte, ist dies bei nichtlinearer T-Approximation i. a. nicht mehr der Fall; das werde an einigen Beispielen gezeigt:

A. Exponential-Approximation. Hierbei soll eine in einem reellen Intervall $J = [a, b]$ gegebene stetige Funktion $f(x)$ durch einen Ausdruck der Form

$$v = \sum_{\nu=1}^{n} a_\nu e^{b_\nu x} \tag{17.4}$$

durch geeignete Wahl reeller Parameter a_ν, b_ν im Tschebyscheff-schen Sinne möglichst gut approximiert werden; setzt man

$$\Phi = \Phi(a_\nu, b_\nu) = \|f - v\|_\infty = \operatorname*{Max}_{x \in J} |f(x) - v(x)|, \tag{17.5}$$

so führt die Frage nach einem möglichst kleinen Wert von Φ i.a. zu einer nichtkonvexen Funktion Φ und damit zu einer nichtkonvexen Optimierungsaufgabe; zum Nachweis der Nichtkonvexität genügt ein einziges Gegenbeispiel mit einem Parameter. Es möge die Funktion $f(x) = e^x$ im Intervall $J = [0, 1]$ möglichst gut durch eine Funktion $v(x, b) = e^{bx}$ approximiert werden.

In diesem Falle wird der maximale Abweichungsbetrag bei $x = 1$ angenommen, Abb. 17.1, es ist also $\Phi = \Phi(b) = |e - e^b|$, und diese Funktion hat das Aussehen der in Abb. 17.2 ausgezogenen Kurve und ist nicht konvex.

Wenn man einwendet, das könne hier daran liegen, daß $f(x)$ selbst zur Klasse der Funktionen e^{bx} gehört und daher eigentlich keine Aufgabe der Approximation, sondern

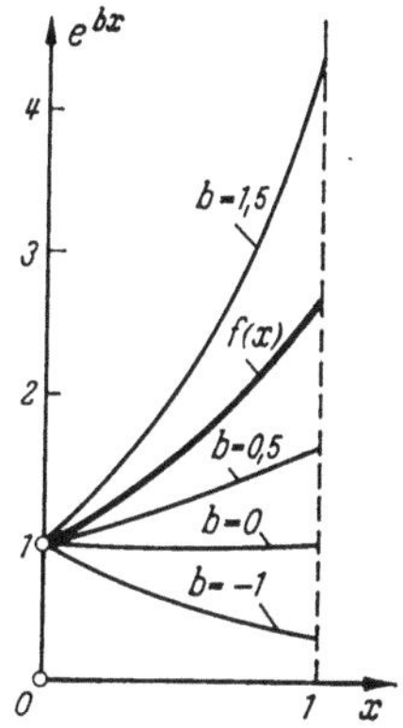

Abb. 17.1.

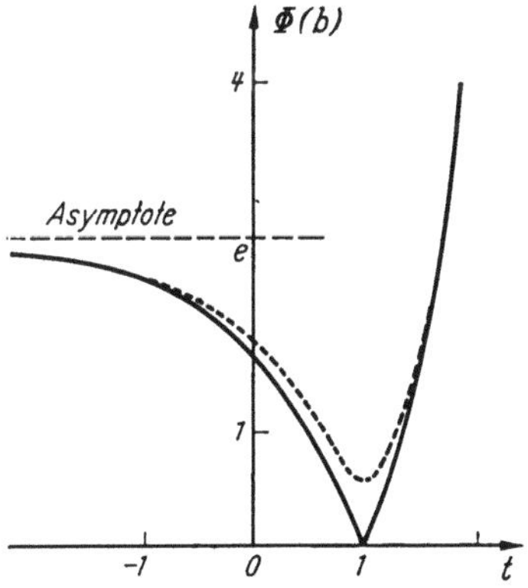

Abb. 17.2.

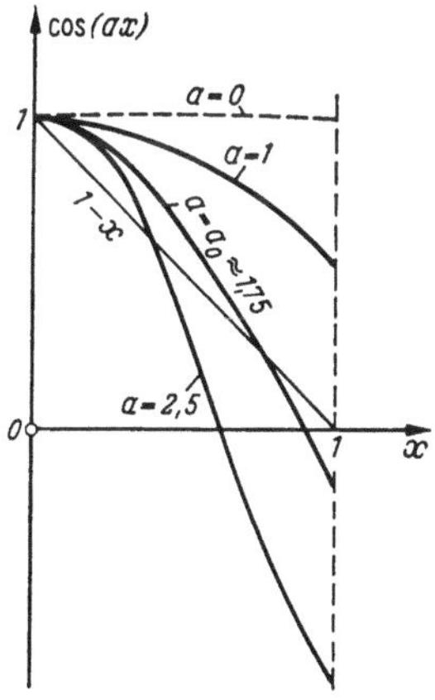

Abb. 17.3.

der Darstellung vorliege (vgl. Nr. 15.1), so zeigt dieselbe Betrachtung mit der Funktion $f(x) = e^x + \varepsilon x$ (bei kleinem ε, z.B. $\varepsilon = 0{,}01$) qualitativ fast die gleichen Verhältnisse; die Funktion $\Phi(b)$ hat jetzt die in Abb. 17.2 punktiert gezeichnete Gestalt und ist ebenfalls nicht konvex. Diese Erscheinung ist auch nicht an die T-Approximation gebunden, sondern tritt genauso auf bei der Gaußschen Approximation im Mittel.

B. Trigonometrische Approximation, vgl. Nr. 15.3. Daß auch hier im allgemeinen keine konvexe Optimierungsaufgabe auftritt, werde durch die Approximation der Funktion $f(x) = 1 - x$ durch die Funktionen $v(x, a) = \cos ax$ im Intervall $J = [0, 1]$ gezeigt (Abb. 17.3), wobei wieder die T-Approximation zugrunde gelegt werde (bei der Gaußschen Approximation hat man dieselben Erscheinungen).

Die Funktion $\Phi = \Phi(a)$ nach (17.5) hat hier das durch Abb. 17.4 veranschaulichte Aussehen und ist nicht konvex.

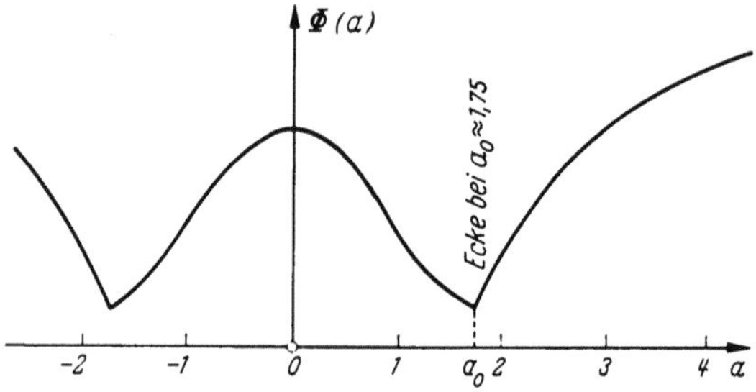

Abb. 17.4.

C. Rationale Approximation. Daß auch in diesem Falle i.a. keine Konvexität besteht, zeige das Beispiel der Funktion $f(x) = \dfrac{1}{1+x}$,

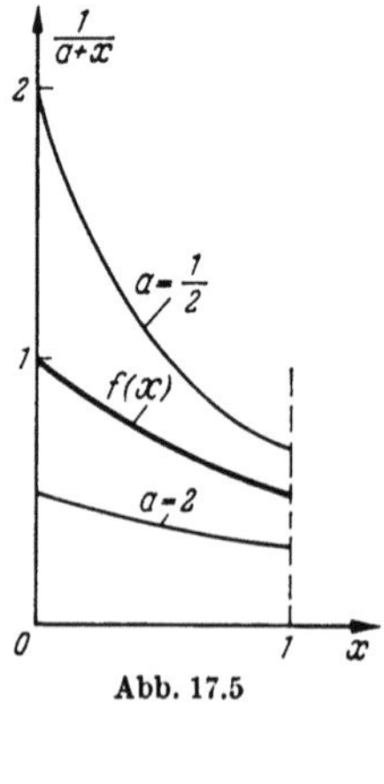

Abb. 17.5

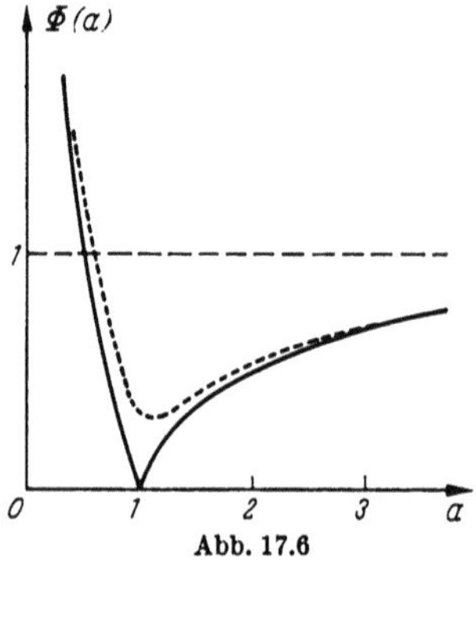

Abb. 17.6

welche in [0, 1] durch die Funktionen $v(x, a) = \frac{1}{a+x}$ (mit $a > 0$) im Tschebyscheffschen Sinne approximiert werden soll, Abb. 17.5.

Die Funktion $\Phi = \Phi(a)$ nach (17.5) wird durch die in Abb. 17.6 ausgezogenen Kurven dargestellt und ist nicht konvex. Verwendet man die Funktion $f(x) = \frac{1}{1+x} + \varepsilon \cdot e^{-x}$ (wieder mit kleinem ε, etwa $\varepsilon = 0{,}01$), so wird wieder die Ecke abgerundet (Abb. 17.6, Kurve punktiert), aber die zugehörige Funktion $\Phi(a)$ bleibt nicht konvex.

17.4. Distanzierungsaufgaben und Optimierung

Die Distanzierungsaufgaben erscheinen als gewisses Gegenstück zu den Approximationsaufgaben, obwohl sie diesen mathematisch äquivalent sind. Es liege wieder genau dieselbe Situation wie in Nr. 15.1 vor: Im Raum $C\langle B\rangle$ sei eine feste Funktion $f(x)$ und eine Funktionenklasse $V = \{g(x, a_1, \ldots, a_n)\}$ gegeben. Es sei nun bei festen Werten der Parameter $a_1, \ldots, a_n$

$$\varphi = \varphi(a_\nu) = \operatorname*{Min}_{x \in B} |f(x) - g(x, a_\nu)|$$

und

$$\Phi = \Phi(a_\nu) = \operatorname*{Max}_{x \in B} |f(x) - g(x, a_\nu)|\,.$$

Bei der T-Approximation fragt man nach dem Minimum von $\Phi(a_\nu)$ und bei der Distanzierung nach dem Maximum von $\varphi(a_\nu)$. Da die beiden Aufgaben formal äquivalent sind, führen die Distanzierungsaufgaben natürlich auch auf Optimierungsaufgaben; sie sind hier aber besonders aufgeführt, da sie in den Anwendungen

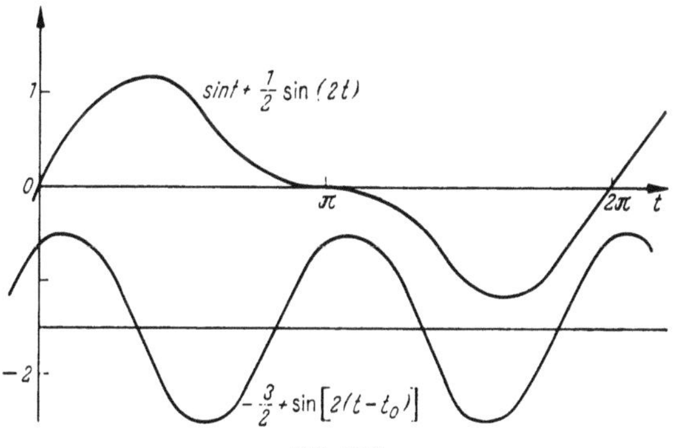

Abb. 17.7

oft in der Form auftreten, daß ein möglichst großer Abstand (Distanz) gewahrt werden soll.

Beispiel I (aus dem Maschinenbau): Gewisse sich periodisch bewegende Maschinenteile sollen so angeordnet werden, daß sie sich bei der Bewegung nicht nur nicht stoßen, sondern daß der Sicherheit wegen ein möglichst großer freier Raum zwischen ihnen bleibt, oder es soll im Falle elektrischer Aufladungen die Gefahr eines Funkenüberschlages möglichst klein gehalten werden. Z.B. sei die Bewegung eines Maschinenteiles oder eines bestimmten Punktes dieses Teiles durch die Auslenkung $f(t) = \sin t + \frac{1}{2}\sin 2t$ gegeben und die Bewegung eines Punktes eines anderen Maschinenteiles durch $g(t, t_0) = -\frac{3}{2} + \sin[2(t - t_0)]$ und man soll (vgl. Abb. 17.7) t_0 so wählen, daß der Minimalabstand $\underset{t\in[0,2\pi]}{\mathrm{Min}} |f(t) - g(t, t_0)| = \varphi(t_0)$ möglichst groß ausfällt.

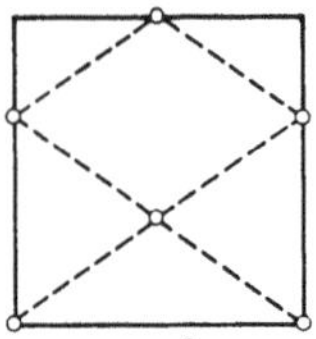

Abb. 17.8

Beispiel II (die feindlichen Brüder): Dies ist ein Beispiel einer nichtlinearen Distanzierungsaufgabe. Es sollen n feindliche Brüder auf einem gegebenen Bereich, z.B. einem Rechteck mit den Seitenlängen 1 und a, so aufgestellt werden (z.B. so ihre Häuser auf einem Grundstück von rechteckiger Form bauen), daß der minimale Abstand ϱ zwischen irgend zwei Brüdern möglichst groß ausfällt; Abbildung 17.8 zeigt die Lösung für ein Quadrat, $a = 1$ und $n = 6$. Eine andere Deutung: Es sollen n Prüflinge bei einer Klausur in einem rechteckigen Saal so gesetzt werden, daß die Gefahr der gegenseitigen Beeinflussung möglichst klein wird. Die Formulierung als Optimierungsaufgabe würde lauten, wenn x_j, y_j die Koordinaten der Person P_j $(j = 1, \ldots, n)$ sind,

$$(x_j - x_k)^2 + (y_j - y_k)^2 \geqq \gamma \quad \text{für} \quad 1 \leqq j < k \leqq n$$
$$0 \leqq x_j \leqq a, \quad 0 \leqq y_j \leqq 1 \quad \text{für} \quad j = 1, \ldots, n$$
$$\gamma = \mathrm{Max}!$$

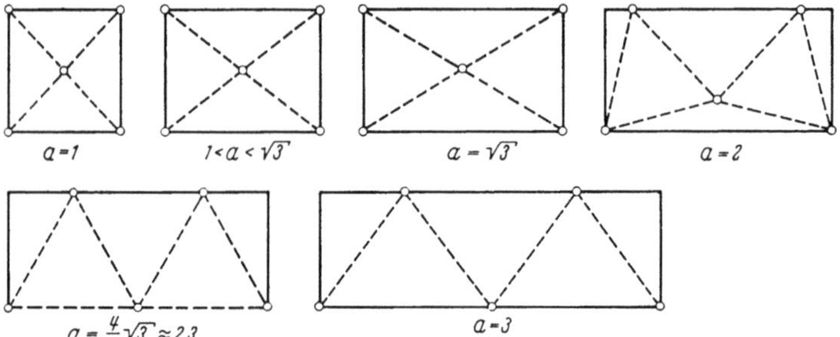

Abb. 17.9

Abb. 17.9 zeigt für den Fall $n = 5$ bei wachsendem a das Umschlagen der Lösung in andere Typen.

17.5. Lineare T-Approximation im Komplexen

z sei eine komplexe Veränderliche, und in einem Bereich B der komplexen Zahlenebene seien holomorphe Funktionen $f(z)$, $w_\nu(z)$ ($\nu = 1, \ldots, p$) gegeben. Man sucht komplexe Parameter a_ν so zu bestimmen, daß der Fehler

$$\varepsilon(z, a_\nu) = \sum_{\nu=1}^{p} a_\nu w_\nu(z) - f(z) \tag{17.6}$$

in B „möglichst klein" wird. Bei diskreter Durchführung wählt man feste Punkte z_j ($j = 1, \ldots, m$) in B aus und verlangt, daß die Funktion

$$\Phi(a_\nu) = \operatorname*{Max}_{j} |\varepsilon(z_j, a_\nu)| \tag{17.7}$$

möglichst klein ausfällt. Bei kontinuierlicher Durchführung dagegen fragt man nach dem Minimum der Funktion

$$\hat{\Phi}(a_\nu) = \operatorname*{Max}_{z \in B} |\varepsilon(z, a_\nu)| \tag{17.8}$$

I. Diskrete T-Approximation

Anstelle von (17.7) können wir auch nach dem Minimum der Funktion

$$\psi(a_\nu) = \operatorname*{Max}_{j} |\varepsilon^2(z_j, a_\nu)| \tag{17.9}$$

fragen. Mit den Abkürzungen und Zerlegungen in Real- und Imaginärteil in wohl leicht verständlicher Bezeichnungsweise

$$\left.\begin{aligned} f_j &= f(z_j) = g_j + i h_j \\ w_{\nu j} &= w_\nu(z_j) = u_{\nu j} + i v_{\nu j} \\ a_\nu &= b_\nu + i c_\nu \end{aligned}\right\} \qquad \begin{aligned} (j &= 1, \ldots, m) \\ (\nu &= 1, \ldots, p) \end{aligned}$$

erhält man
$$\psi(a_\nu) = \operatorname*{Max}_{j} S_j$$

mit
$$S_j = [\sum_\nu (b_\nu u_{\nu j} - c_\nu v_{\nu j}) - g_j]^2 + [\sum_\nu (b_\nu v_{\nu j} + c_\nu u_{\nu j}) - h_j]^2 .$$

Die Frage nach dem Minimum dieser Funktion führt auf die konvexe Optimierungsaufgabe

$$S_j - \delta \leqq 0 , \qquad \delta = \text{Min}; \tag{17.10}$$

für die reellen Variablen δ, b_ν, c_ν.

Die diskrete lineare T-Approximation führte in 16.1 im Reellen auf eine lineare Optimierung, hier im Komplexen aber auf eine konvexe Optimierung.

II. Kontinuierliche T-Approximation

Hier erhält man genau wie im Reellen in 17.2 eine konvexe Optimierungsaufgabe, weil der Nachweis, daß die dort verwendete

Funktion $|\varphi(x, \boldsymbol{a})|$ für festes x in $\boldsymbol{a}$ konvex ist, wörtlich erhalten bleibt, wenn x und $\boldsymbol{a}$ komplex sind. Auch der Schluß, daß das Maximum dieser Funktion für $x \in B$ wieder konvex ist, bleibt im Komplexen erhalten.

III. Numerisches Beispiel

Die Funktion

$$f(z) = \frac{3}{2 + z^2}$$

soll durch eine lineare Funktion der Form $w = a + bz$ im Tschebyscheffschen Sinne diskret in den Punkten $P_j = (i)^{j-1}$ $(j = 1, 2, 3, 4)$ approximiert werden. Die Lösung ist die Konstante $w = 2$ mit der Minimalabweichung $\varrho_0 = 1$.

V. Elemente der Spieltheorie

Eine wichtige Anwendung findet die Theorie der linearen Optimierung mit Einschluß der Dualitätssätze in der Spieltheorie. Diese ist in neuerer Zeit zu großer Bedeutung gelangt, da sich viele Fragen der Wirtschaftswissenschaften als spieltheoretische Aufgaben formulieren lassen. Der Hauptsatz der Theorie der Matrixspiele ergibt sich unmittelbar aus den Sätzen von § 5.

§ 18. Matrix-Spiele (Zweipersonen-Nullsummenspiele)

18.1. Definition und Beispiele

Zwei Personen, P_1 und P_2, seien an einem Spiel beteiligt, und zwar habe jede der beiden Personen eine gewisse Menge von Handlungsmöglichkeiten, wofür hier kurz *Aktionen* gesagt werden soll. Die *Aktionenmenge* des Spielers P_i soll mit Σ_i bezeichnet werden ($i = 1, 2$), die Elemente von Σ_i, also die Aktionen, die der Spieler P_i ausüben kann, mit σ^i.

Von vornherein wird die Definition so eng gefaßt, daß die Aktionenmengen endlich sind:

$$\Sigma_1 = \{\sigma_1^1, \ldots, \sigma_m^1\}; \quad \Sigma_2 = \{\sigma_1^2, \ldots, \sigma_n^2\}.$$

Der Gang des Spieles ist folgender: P_1 und P_2 wählen jeweils zugleich eine Aktion; danach muß der eine an den anderen einen bestimmten, von den gewählten Aktionen abhängenden Betrag zahlen. Damit ist das Spiel schon beendet. Es sei also vor Beginn des Spieles ein für allemal festgelegt und beiden Spielern bekannt gemacht: Wenn P_1 die Aktion σ_j^1 und zugleich P_2 die Aktion σ_k^2 gewählt hat, so muß P_2 an P_1 den Betrag a_{jk} bezahlen. Alle vorkommenden Auszahlbeträge faßt man in naheliegender Weise in der *Auszahlmatrix* $\boldsymbol{A} = (a_{jk})$ zusammen:

P_1 \ P_2	σ_1^2	σ_2^2	$\ldots$	σ_n^2
σ_1^1	a_{11}	a_{12}	$\ldots$	a_{1n}
.	.	.		.
.	.	.		.
.	.	.		.
σ_m^1	a_{m1}	a_{m2}	$\ldots$	a_{mn}

Auszahlung von P_2 an P_1.

$\boldsymbol{A}$ ist die „Gewinn“-Tabelle für P_1 (die natürlich i.a. auch negative Gewinne, d.h. Verluste, enthält). Durch Angabe von Σ_1, Σ_2 und $\boldsymbol{A}$ ist ein solches *Matrixspiel* vollständig beschrieben.

Wenn die Elemente a_{jk} der Auszahlmatrix als *Beträge* bezeichnet wurden, so ist das Wort „Betrag" in weitem Sinne zu verstehen. Es kann sich um Geldbeträge handeln, ebensogut aber auch um die bloße Tatsache des Gewonnen- bzw. Verlorenhabens. Die Matrixelemente sollen jedoch immer reelle Zahlen sein.

Matrixspiele sind im Sinne der im folgenden § 19 gegebenen Definitionen Zweipersonen-Nullsummenspiele. Ein Matrixspiel heißt ‚fair', wenn beide Spieler gleiche Chancen haben, andernfalls ‚unfair'. Was unter „gleichen Chancen" zu verstehen ist, wird in § 18.3 präzisiert.

Beispiele

1. *Knobel-Spiel:* Beide Spieler haben die 3 Möglichkeiten ‚Stein', ‚Schere', ‚Papier'. Es gilt: Stein schlägt Schere, Schere schlägt Papier, Papier schlägt Stein. Bedeutet 1 ‚gewonnen', — 1 ‚verloren' und 0 ‚unentschieden', so hat man die Auszahlmatrix

P_1 \ P_2	Stein	Schere	Papier
Stein	0	1	−1
Schere	−1	0	1
Papier	1	−1	0

Es leuchtet ein, daß das Spiel fair ist.

2. *Skin-Spiel nach* Kuhn, 1957: P_1 und P_2 haben je 3 Karten auf der Hand, und zwar P_1 die Karten Pik As, Karo As, Karo Zwei und P_2 die Karten Pik As, Karo As, Pik Zwei. Beide Spieler legen jeweils zugleich eine ihrer Karten auf den Tisch. P_1 gewinnt, wenn die hingelegten Karten die gleiche Farbe haben, andernfalls P_2. Ein As hat den Wert 1, eine Zwei den Wert 2. Die Höhe des Gewinnes ist gleich dem Wert derjenigen Karte, die der Gewinner hingelegt hat. Das Spiel hat die Auszahlmatrix

P_1 \ P_2	◇	♠	♠♠
◇	1	−1	−2
♠	−1	1	1
◇◇	2	−1	−2

Man hat den Eindruck, das Spiel sei unfair, weil die Auszahlmatrix 5 negative Elemente gegenüber 4 positiven enthält. Das gibt Anlaß zur Formulierung der

Zusatzregel: Wenn beide Spieler ihre Zweierkarte hinlegen, so soll keiner an den anderen etwas zahlen, d.h. das Element — 2 in der rechten unteren Ecke der Auszahlmatrix wird durch 0 ersetzt.

Wenn die Zusatzregel gilt, so ist die Summe aller Matrixelemente gleich Null, und man möchte meinen, daß nun das Spiel fair sei.

In § 18.2 wird sich zeigen, daß das Umgekehrte wahr ist: Das Skin-Spiel ist ohne die Zusatzregel fair, mit ihr dagegen unfair.

3. *General-Blotto-Spiel:* Der Feind bedroht mit 4 Divisionen die Stadt S. Von dem Ort P aus, wo sich der Feind mit seinen 4 Divisionen befindet, gibt es zwei Zugangswege w_1, w_2 nach S. Der Feind kann seine Truppen nach Belieben auf w_1, w_2 verteilen und gegen S marschieren lassen; eine Division kann jedoch nicht weiter aufgeteilt werden.

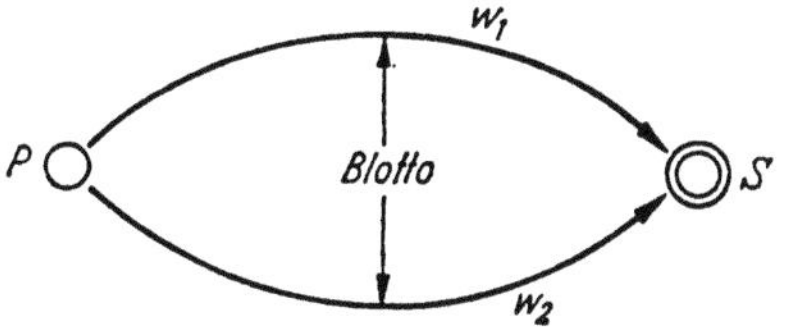

Abb. 18.1

General Blotto muß mit 5 Divisionen dem Feind den Zugang verlegen, um die Stadt zu verteidigen. Er kann seine 5 Divisionen ebenfalls wahlweise auf w_1, w_2 verteilen, wobei eine Division nicht weiter aufgeteilt werden kann. Falls auf einem der Zugangswege mehr Divisionen des Feindes sind, so bricht der Feind durch und erobert die Stadt. In der hier angegebenen Auszahlmatrix bedeutet eine 1 den Sieg des Angreifers, eine -1 den Sieg des Generals Blotto.

Blotto / Feind auf		auf w_1	5	4	3	2	1	0
		auf w_2	0	1	2	3	4	5
w_1	w_2							
4	0		-1	-1	1	1	1	1
3	1		1	-1	-1	1	1	1
2	2		1	1	-1	-1	1	1
1	3		1	1	1	-1	-1	1
0	4		1	1	1	1	-1	-1

18.2. Strategien

Das Matrixspiel mit den Aktionenmengen $\Sigma_1 = \{\sigma_1^1, \ldots, \sigma_m^1\}$ für den Spieler P_1 und $\Sigma_2 = \{\sigma_1^2, \ldots, \sigma_n^2\}$ für den Spieler P_2 soll mehrfach wiederholt werden. Dabei wählt P_1 die Aktion σ_j^1 mit der relativen Häufigkeit x_j $(j = 1, \ldots, m)$, und zwar läßt er einen Zufallsmechanismus mit den entsprechenden Wahrscheinlichkeiten darüber entscheiden, welche Aktion jeweils zu wählen ist.

Es ist

$$0 \leqq x_j \leqq 1 \quad (j = 1, \ldots, m); \quad \sum_{j=1}^{m} x_j = 1. \tag{18.1}$$

Definition: Der Vektor $\mathbf{x} = (x_1, \ldots, x_m)'$ heißt *Strategie* von P_1. Ist eine Komponente von $\mathbf{x}$ gleich 1 und alle anderen gleich 0, so nennt man $\mathbf{x}$ eine *reine Strategie*, andernfalls eine *gemischte Strategie*.

Jeder Vektor $\boldsymbol{x} = (x_1, \ldots, x_m)'$ mit $\boldsymbol{x} \geqq 0$, $\sum_j x_j = 1$ ist eine mögliche Strategie von P_1.

Entsprechend ist jeder Vektor $\boldsymbol{y} = (y_1, \ldots, y_n)'$ mit $\boldsymbol{y} \geqq 0$, $\sum_k y_k = 1$ eine mögliche Strategie von P_2.

Beispiele: 1) Die Auszahlmatrix eines Spieles (mit $m \geqq 2$, $n = 4$) sei

$P_1 \backslash P_2$	σ_1^2	σ_2^2	σ_3^2	σ_4^2
σ_1^1	2	−3	−1	1
σ_2^1	0	2	1	2

Zunächst sei angenommen, daß P_2 immer die Aktion σ_k^2 wählt, also eine reine Strategie verfolgt. Dann ist der Erwartungswert für die Auszahlung an P_1 pro Spiel

$$E = x_1 a_{1k} + (1 - x_1) a_{2k}, \tag{18.2}$$

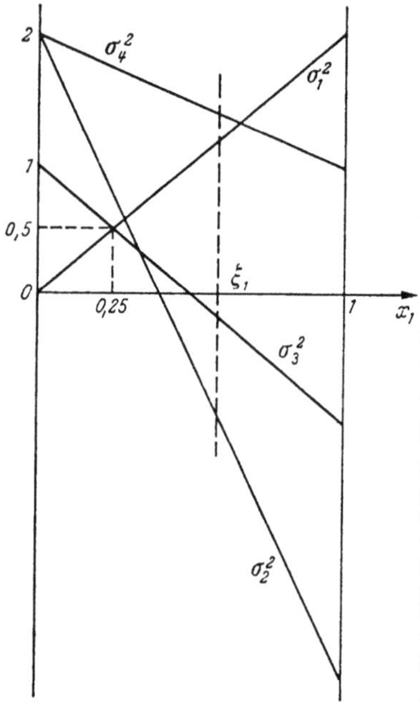

Abb. 18.2

wenn $(x_1, 1 - x_1)'$ die Strategie von P_1 ist. In Abb. 18.2 sind für die 4 möglichen reinen Strategien von P_2 die Erwartungswerte für die Auszahlung an P_1 pro Spiel in Abhängigkeit von x_1 eingezeichnet.

Diejenige Aktion, die von P_2 bei einer bestimmten reinen Strategie immer gewählt wird, ist neben der zugehörigen Strecke vermerkt. Wenn P_1 etwa die Strategie $(\xi_1, 1 - \xi_1)'$ verfolgt, so kann der Spieler P_2 erreichen, daß er im Mittel gewinnt, indem er immer die Aktion σ_2^2 wählt. Man sieht leicht ein, daß es für P_1 eine und nur eine optimale Strategie gibt, nämlich $\boldsymbol{x} = (0{,}25; 0{,}75)'$. Bei dieser Strategie ist der durchschnittliche Mindestgewinn für P_1 pro Spiel $v = 0{,}5$. Man nennt v den *Wert des Spieles*. Da $v > 0$ ist, sind die Chancen ungleich, das Spiel ist unfair zugunsten von P_1.

Auch die optimale Strategie von P_2 ist eindeutig bestimmt. Aus Abb. 18.2 entnimmt man, daß P_2 die Aktionen σ_2^2 und σ_4^2 niemals wählen darf, d.h. die Strategie von P_2 muß diese Gestalt haben:

$y = (y_1, 0, 1 - y_1, 0)'$, wobei über y_1 zunächst nichts ausgesagt ist. Der Erwartungswert für die Auszahlung an P_1 pro Spiel ist

$$\left.\begin{aligned} &2y_1 - (1 - y_1), \quad \text{wenn } P_1 \text{ immer } \sigma_1^1 \text{ wählt},\\ &0 \cdot y_1 + (1 - y_1), \quad \text{wenn } P_1 \text{ immer } \sigma_2^1 \text{ wählt}. \end{aligned}\right\} \tag{18.3}$$

Aus der Forderung

$$2y_1 - (1 - y_1) \leqq 0{,}5; \quad 1 - y_1 \leqq 0{,}5 \tag{18.4}$$

folgt $y_1 = 0{,}5$. Damit erhält man für P_1, P_2 eindeutig bestimmte optimale Strategien:

$$\left.\begin{aligned} &x = (\tfrac{1}{4}, \tfrac{3}{4})'; y = (\tfrac{1}{2}, 0, \tfrac{1}{2}, 0)';\\ &\text{Wert des Spieles: } v = \tfrac{1}{2}. \end{aligned}\right\} \tag{18.5}$$

2a) *Skin-Spiel mit Zusatzregel.* (Siehe § 18.1, Beispiel 2.)

Für die Aktionen von P_1, P_2 werden folgende Bezeichnungen eingeführt

$$\begin{aligned} &\sigma_1^1 = \diamondsuit, \quad \sigma_2^1 = \spadesuit, \quad \sigma_3^1 = \diamondsuit\diamondsuit;\\ &\sigma_1^2 = \diamondsuit, \quad \sigma_2^2 = \spadesuit, \quad \sigma_3^2 = \spadesuit\spadesuit. \end{aligned}$$

Die Auszahlmatrix ist dann

P_1 \ P_2	σ_1^2	σ_2^2	σ_3^2
σ_1^1	1	−1	−2
σ_2^1	−1	1	1
σ_3^1	2	−1	0

Zunächst wird wieder angenommen, daß P_2 immer die Aktion σ_k^2 wählt. Ist $(x_1, x_2, x_3)'$ die Strategie von P_1, so ist der Erwartungswert für die Auszahlung an P_1 pro Spiel:

$$E = x_1 a_{1k} + x_2 a_{2k} + x_3 a_{3k}\,. \tag{18.6}$$

Wie in Beispiel 1) kann man nun die zu den 3 möglichen reinen Strategien von P_2 gehörenden Ebenen zeichnen. In Abb. 18.3 umfaßt das dick gezeichnete Dreieck in der x_1x_2-Ebene alle möglichen Strategien von P_1. Man entnimmt der Abbildung, daß es für P_1 eine und nur eine optimale Strategie gibt, nämlich $x = (0; 0{,}6; 0{,}4)'$. Bei dieser Strategie ist der durchschnittliche Mindestgewinn für P_1 pro Spiel: $v = 0{,}2 > 0$. Da der Wert v des Spieles positiv ist, ist das Spiel unfair zugunsten von P_1. Ferner ersieht man aus der Abbildung, daß P_2 die Aktion σ_3^2 niemals wählen darf, d. h. eine Strategie der Gestalt $y = (y_1, 1 - y_1, 0)'$ verfolgen muß. Wie in Beispiel 1), wo (18.4) gefordert wurde, stellt man hier an y_1 die Forderungen:

$$y_1 - (1 - y_1) \leqq 0{,}2; \; -y_1 + (1 - y_1) \leqq 0{,}2; \; 2y_1 - (1 - y_1) \leqq 0{,}2\,,$$

woraus $y_1 = 0{,}4$ folgt. Damit hat man für P_1, P_2 eindeutig bestimmte optimale Strategien:

$$\left.\begin{array}{l}\boldsymbol{x} = (0;0{,}6;0{,}4)';\boldsymbol{y} = (0{,}4;0{,}6;0)';\\ \text{Wert des Spieles: } v = 0{,}2.\end{array}\right\} \quad (18.7)$$

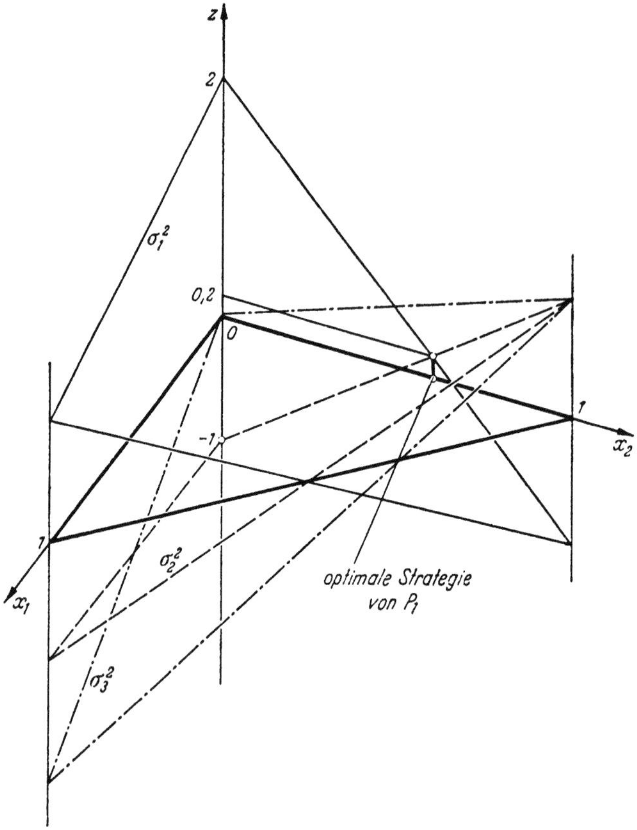

Abb. 18.3

2b) *Skin-Spiel ohne Zusatzregel.*

Durch das Weglassen der Zusatzregel ändert sich in Abb. 18.3 die Lage der Ebene zu σ_3^2. Diese Ebene geht jetzt nicht mehr durch den Nullpunkt, sondern durch den Punkt $x_1 = x_2 = 0$, $z = -2$. Man macht sich anhand der Abbildung leicht klar, daß die optimale Strategie von P_1 nun $\boldsymbol{x} = (0, \frac{2}{3}, \frac{1}{3})'$ ist. Bei dieser Strategie ist der durchschnittliche Mindestgewinn für P_1 pro Spiel $v = 0$. Das Spiel ist also nicht unfair zugunsten von P_1, sondern fair.

Ebenfalls kann man leicht einsehen, daß P_2 jetzt die Aktion σ_2^2 niemals wählen darf, d. h. eine Strategie der Form $(y_1, 0, 1 - y_1)'$ verfolgen muß. Wie in Beispiel 2a) stellt man an y_1 die Forderungen:

$$y_1 - 2\cdot(1 - y_1) \leqq 0; -y_1 + (1 - y_1) \leqq 0; 2y_1 - 2\cdot(1 - y_1) \leqq 0,$$

woraus $y_1 = 0{,}5$ folgt. Die optimalen Strategien sind daher

$$\left.\begin{array}{l} \boldsymbol{x} = (0, \tfrac{2}{3}, \tfrac{1}{3})', \quad \boldsymbol{y} = (\tfrac{1}{2}, 0, \tfrac{1}{2})'; \\ \text{Wert des Spieles: } v = 0\,. \end{array}\right\} \quad (18.8)$$

18.3. Erreichbarer Gewinn und Sattelpunkts-Spiele

Die Aktionenmengen der Spieler P_1, P_2 seien

$$\Sigma_1 = \{\sigma_1^1, \ldots, \sigma_m^1\}, \quad \Sigma_2 = \{\sigma_1^2, \ldots, \sigma_n^2\}.$$

$\boldsymbol{A} = (a_{jk})$ sei die Auszahlmatrix für die Auszahlungen von P_2 an P_1. Strategien von P_1 werden mit $\boldsymbol{x} = (x_1, \ldots, x_m)'$ bezeichnet, Strategien von P_2 mit $\boldsymbol{y} = (y_1, \ldots, y_n)'$. Die Menge der Strategien von P_1 ist folgende Menge von Vektoren des R^m:

$$D_1 = \{\boldsymbol{x} \in R^m \,|\, \boldsymbol{x} \geqq 0 \quad \text{und} \quad \sum_{j=1}^{m} x_j = 1\}.$$

Entsprechend ist

$$D_2 = \{\boldsymbol{y} \in R^n \,|\, \boldsymbol{y} \geqq 0 \quad \text{und} \quad \sum_{k=1}^{n} y_k = 1\}$$

die Menge der Strategien von P_2. Die Mengen D_1 und D_2 sind abgeschlossen und beschränkt; eine stetige Funktion nimmt auf einer solchen Menge also ihr Maximum und ihr Minimum an.

Verfolgt P_1 die Strategie $\boldsymbol{x}$ und P_2 die Strategie $\boldsymbol{y}$, so ist der Erwartungswert für die Auszahlung an P_1 pro Spiel

$$W = \sum_{j,k} x_j a_{jk} y_k = \boldsymbol{x}' \boldsymbol{A} \boldsymbol{y}\,. \qquad (18.9)$$

(a) Nun wird zunächst danach gefragt, welche Strategien P_1 zu wählen hat, um W möglichst groß zu machen. Da umgekehrt P_2 versuchen wird, W möglichst klein zu machen, muß P_1 ein $\boldsymbol{x} = \tilde{\boldsymbol{x}} \in D_1$ so wählen, daß $\operatorname{Min}_{\boldsymbol{y} \in D_2} \boldsymbol{x} \boldsymbol{A} \boldsymbol{y}$ möglichst groß wird. Da alle $\boldsymbol{y} \in D_2$ Konvexkombinationen der n reinen Strategien von P_2 sind, ist

$$\varphi(\boldsymbol{x}) = \operatorname*{Min}_{\boldsymbol{y} \in D_2} \boldsymbol{x}' \boldsymbol{A} \boldsymbol{y} = \operatorname*{Min}_{k} \sum_{j} x_j a_{jk} \qquad (18.10)$$

für alle $\boldsymbol{x} \in D_1$. P_1 kann sich daher darauf beschränken, nur reine Strategien von P_2 zu betrachten. Also muß P_1 eine Strategie $\tilde{\boldsymbol{x}} \in$

D_1 so wählen, daß $\varphi(\tilde{\boldsymbol{x}})$ maximal wird. Es sei

$$v_1 = \operatorname*{Max}_{\boldsymbol{x} \in D_1} \varphi(\boldsymbol{x}) = \operatorname*{Max}_{\boldsymbol{x} \in D_1} \operatorname*{Min}_{k} \sum_{j} x_j a_{jk} \,. \tag{18.11}$$

(b) Fragt man nun, welche Strategie P_2 wählen muß, um W möglichst klein zu machen, so findet man wie unter (a), daß $\tilde{\boldsymbol{y}} \in D_2$ so zu wählen ist, daß

$$\psi(\boldsymbol{y}) = \operatorname*{Max}_{\boldsymbol{x} \in D_1} \boldsymbol{x}' \boldsymbol{A} \boldsymbol{y} = \operatorname*{Max}_{j} \sum_{k} a_{jk} y_k \tag{18.12}$$

möglichst klein wird. Es sei

$$v_2 = \operatorname*{Min}_{\boldsymbol{y} \in D_2} \psi(\boldsymbol{y}) = \operatorname*{Min}_{\boldsymbol{y} \in D_2} \operatorname*{Max}_{j} \sum_{k} a_{jk} y_k \,. \tag{18.13}$$

Weil, wie gesagt, D_1 und D_2 abgeschlossen und beschränkt und die Funktionen $\varphi(\boldsymbol{x})$ und $\psi(\boldsymbol{y})$ stetig sind, existieren Vektoren $\tilde{\boldsymbol{x}} \in D_1$ und $\tilde{\boldsymbol{y}} \in D_2$ mit

$$v_1 = \varphi(\tilde{\boldsymbol{x}}), \quad v_2 = \psi(\tilde{\boldsymbol{y}}) \,.$$

Weil $\tilde{\boldsymbol{x}} \geqq \boldsymbol{0}$ und $\tilde{\boldsymbol{y}} \geqq \boldsymbol{0}$ und die Summe der Komponenten jeweils 1 ist, gilt die Abschätzung

$$\left.\begin{aligned} v_1 = \varphi(\tilde{\boldsymbol{x}}) = \operatorname*{Min}_{k} \sum_{j} \tilde{x}_j a_{jk} \leqq \sum_{j,k} \tilde{x}_j a_{jk} \tilde{y}_k \leqq \\ \leqq \operatorname*{Max}_{j} \sum_{k} a_{jk} \tilde{y}_k = \psi(\tilde{y}) = v_2 \,, \end{aligned}\right\} \tag{18.14}$$

also

$$v_1 \leqq v_2 \,. \tag{18.15}$$

Anmerkung: Wenn der Spieler P_1 nur reine Strategien verwendet, so kann er mindestens den Durchschnittsgewinn

$$w_1 = \operatorname*{Max}_{j} \operatorname*{Min}_{k} a_{jk}$$

erreichen. Ebenso kann der Spieler P_2, wenn er nur reine Strategien verwendet, höchstens den Durchschnittsverlust

$$w_2 = \operatorname*{Min}_{k} \operatorname*{Max}_{j} a_{jk}$$

erleiden. Natürlich ist

$$v_1 \geqq w_1 \,, \quad v_2 \leqq w_2 \,, \tag{18.16}$$

weil bei der Maximum- bzw. Minimumbildung die Menge der Konkurrenzelemente verkleinert wurde. Wegen (18.15) ist daher

$$w_1 \leqq v_1 \leqq v_2 \leqq w_2 \,. \tag{18.17}$$

Definition: Ist $w_1 = w_2$, so heißt das Spiel ein *Sattelpunkts-Spiel*. Aus $w_1 = w_2$ folgt wegen (18.17)

$$w_1 = v_1 = v_2 = w_2 \tag{18.18}$$

Da v_1 der größte Gewinn und v_2 der kleinste Verlust ist, den P_1 bzw. P_2 bestenfalls bei dem Spiel machen können, gibt es bei Sattelpunkts-Spielen wegen (18.18) für beide Spieler schon eine reine Strategie, die optimal ist. Diese optimalen Strategien für P_1, P_2 sind unmittelbar aus der Auszahlmatrix abzulesen. Deshalb bilden die Sattelpunkts-Spiele einen trivialen Sonderfall der Matrixspiele.

Beispiele:

1. Skin-Spiel mit Zusatzregel. Die Auszahlmatrix ist

$$\begin{pmatrix} 1 & -1 & -2 \\ -1 & 1 & 1 \\ 2 & -1 & 0 \end{pmatrix}$$

Es ist

$$w_1 = \operatorname*{Max}_j \operatorname*{Min}_k a_{jk} = \operatorname{Max} \quad (-2, -1, -1) = -1;$$

$$w_2 = \operatorname*{Min}_k \operatorname*{Max}_j a_{jk} = \operatorname{Min} \quad (2, 1, 1) = 1 > -1 = w_1 .$$

Das Spiel ist also kein Sattelpunkts-Spiel.

2. Ein Spiel mit der Auszahlmatrix

$$\begin{pmatrix} 3 & \boxed{1} & 4 \\ 2 & 0 & 1 \\ -1 & -2 & -2 \end{pmatrix}$$

Es ist

$$w_1 = \operatorname*{Max}_j \operatorname*{Min}_k a_{jk} = \operatorname{Max} \quad (1, 0, -2) = 1;$$

$$w_2 = \operatorname*{Min}_k \operatorname*{Max}_j a_{jk} = \operatorname{Min} \quad (3, 1, 4) \quad = 1 = w_1 .$$

Das Spiel ist also ein Sattelpunkts-Spiel, und optimale Strategien für P_1, P_2 sind

$$x = (1, 0, 0)'; \quad y = (0, 1, 0)' .$$

18.4. Der Hauptsatz der Theorie der Matrixspiele

Es zeigt sich, daß die Beziehung $v_1 = v_2$ nicht nur bei Sattelpunktsspielen, sondern allgemein gilt.

Satz 1 (Hauptsatz der Theorie der Matrixspiele):

Sind bei einem Spiel mit den endlichen Aktionenmengen Σ_1 und Σ_2 und mit der Auszahlmatrix A die Zahlen v_1 und v_2 durch (18.11) *und* (18.13) *gegeben, so ist*

$$v_1 = v_2. \tag{18.19}$$

Beweis: (18.11), als Vorschrift zur Bestimmung von $\tilde{x} \in D_1$ gedeutet, kann als lineare Optimierungsaufgabe geschrieben werden:

$$\left.\begin{array}{l} \sum_{j=1}^{m} x_j = 1 \\ \sum_{j=1}^{m} x_j a_{jk} + \xi \geqq 0 \qquad (k = 1, \ldots, n) \\ x_j \geqq 0 \qquad (j = 1, \ldots, m), \\ \xi \text{ nicht vorzeichenbeschränkt,} \\ \xi = \text{Min!} \end{array}\right\} \quad (18.20)$$

Es wurde bereits gezeigt, daß diese Aufgabe eine Lösung besitzt, gegeben durch $x = \tilde{x}$ und $\xi = -v_1$. Entsprechend schreibt man (18.13) als lineare Optimierungsaufgabe:

$$\left.\begin{array}{l} \eta + \sum_{k=1}^{n} a_{jk} y_k \leqq 0 \qquad (j = 1, \ldots, m) \\ \sum_{k=1}^{n} y_k = 1 \\ \eta \text{ nicht vorzeichenbeschränkt, } y_k \geqq 0 \qquad (k = 1, \ldots, n) \\ \eta = \text{Max!} \end{array}\right\} \quad (18.21)$$

Die Lösung dieser Aufgabe ist durch $y = \tilde{y}$ und $\eta = -v_2$ gegeben. Nach § 5.3 sind (18.20) und (18.21) ein Paar von zueinander dualen linearen Optimierungsaufgaben. Beide besitzen Lösungen. Daher stimmen die Extremwerte der Zielfunktionen, $-v_1$ und $-v_2$, überein.

Definition: Die Größe $v = v_1 = v_2$ heißt *Wert* des Matrixspiels.

Der Hauptsatz besagt, wenn man die Gleichungen (18.10) bis (18.13) berücksichtigt, daß jedes Matrixspiel einen Wert v, nämlich

$$v = \operatorname*{Max}_{x \in D_1} \operatorname*{Min}_{y \in D_2} x' A y = \operatorname*{Min}_{y \in D_2} \operatorname*{Max}_{x \in D_1} x' A y \qquad (18.22)$$

besitzt. Sind $\tilde{x} \in D_1$ und $\tilde{y} \in D_2$ Vektoren mit $v = \varphi(\tilde{x}) = \psi(\tilde{y})$, so folgt aus (18.14) unter Benutzung von (18.10) und (18.12)

$$x' A \tilde{y} \leqq v = \tilde{x}' A \tilde{y} \leqq \tilde{x}' A y \qquad (18.23)$$

für alle $x \in D_1$ und alle $y \in D_2$. Dies besagt, daß $(\tilde{x}, \tilde{y})$ ein Sattelpunkt der Bilinearform $x' A y$ ist.

$\tilde{x}$ und $\tilde{y}$ sind die optimalen Strategien für P_1 bzw. P_2. Verwendet P_1 die Strategie $\tilde{x}$, so ist der Erwartungswert für die Auszahlung pro Spiel an ihn mindestens v, welche Strategie y der Spieler P_2 auch verwendet. Entsprechendes gilt für die Strategie $\tilde{y}$ von P_2.

Bei der Besprechung von Beispielen wurde schon der Begriff des „fairen“ Spiels erwähnt.

Definition: Ein Matrixspiel heißt *fair*, wenn es den Wert $v = 0$ hat.

Ein faires Spiel ist unter anderem das Knobelspiel (Beispiel 1 in § 18.1). Es ist vom Typ der symmetrischen Spiele.

Definition: Ein Matrixspiel heißt *symmetrisch*, wenn $\Sigma_1 = \Sigma_2$ und $\boldsymbol{A} = -\boldsymbol{A}'$ ist.

Da bei einem symmetrischen Spiel die Aktionenmengen beider Spieler übereinstimmen, sind auch die Strategienmengen gleich: $D_1 = D_2 = D$.

Satz 2: Ein symmetrisches Spiel hat den Wert $v = 0$, und beide Spieler können dieselbe optimale Strategie benutzen.

Beweis: Wegen der Schiefsymmetrie von $\boldsymbol{A}$ ist

$$\boldsymbol{x}'\boldsymbol{A}\boldsymbol{x} = -\boldsymbol{x}'\boldsymbol{A}\boldsymbol{x} = 0 \tag{18.24}$$

für alle $\boldsymbol{x} \in D$. Seien $\tilde{\boldsymbol{x}} \in D$, $\tilde{\boldsymbol{y}} \in D$ optimale Strategien für P_1 und P_2. Setzt man in (18.23) $\boldsymbol{x} = \tilde{\boldsymbol{y}}$ und $\boldsymbol{y} = \tilde{\boldsymbol{x}}$, so folgt mit (18.24)

$$0 = \tilde{\boldsymbol{y}}'\boldsymbol{A}\tilde{\boldsymbol{y}} \leqq v \leqq \tilde{\boldsymbol{x}}'\boldsymbol{A}\tilde{\boldsymbol{x}} = 0 \tag{18.25}$$

also $v = 0$. Beide Spieler können etwa $\tilde{\boldsymbol{x}}$ als optimale Strategie benutzen, denn es ist

$$\boldsymbol{x}'\boldsymbol{A}\tilde{\boldsymbol{x}} \leqq 0 = \tilde{\boldsymbol{x}}'\boldsymbol{A}\tilde{\boldsymbol{x}} \leqq \tilde{\boldsymbol{x}}'\boldsymbol{A}\boldsymbol{x} \tag{18.26}$$

für alle $\boldsymbol{x} \in D$. Die rechte Ungleichung in (18.26) folgt aus (18.23), die linke aus der rechten unter Berücksichtigung der Schiefsymmetrie von $\boldsymbol{A}$.

Jedes symmetrische Spiel ist also fair. Das ist auch anschaulich unmittelbar einleuchtend. Dagegen ist nicht umgekehrt jedes faire Spiel symmetrisch (etwa das Skin-Spiel ohne die Zusatzregel, Beispiel 2 in § 18.1). Man kann in trivialer Weise zu jedem Matrixspiel ein äquivalentes Spiel angeben, das fair ist. Hat ein Matrixspiel die Auszahlmatrix $\boldsymbol{A} = (a_{jk})$ und den Wert v, so hat das Matrixspiel mit den gleichen Aktionenmengen und den Auszahlungen $\hat{a}_{jk} = a_{jk} + \lambda$ mit konstantem λ den Wert $\hat{v} = v + \lambda$ (wegen $\lambda \sum_j \tilde{x}_j \sum_k \tilde{y}_k = \lambda$): Für $\lambda = -v$ wird der Wert $\hat{v}$ des Spieles Null.

18.5. Matrixspiele und lineare Optimierungsaufgaben

Eine Verbindung zwischen der linearen Optimierung und der Theorie der Matrixspiele wurde bereits beim Beweis des Hauptsatzes im letzten Abschnitt hergestellt. Man kann den Wert eines Spieles und optimale Strategien für beide Spieler durch Lösung der linearen Optimierungsaufgaben (18.20) und (18.21) numerisch bestimmen.

Da dort jedoch die Nebenbedingungen teils als Gleichungen, teils als Ungleichungen gegeben sind, für die Variablen teils Vorzeichenbeschränkungen gefordert werden, teils nicht, empfiehlt es sich für numerische Zwecke, jene Aufgaben passend umzuformen.

Mit e^m bzw. e^n wird der Vektor des R^m bzw. R^n bezeichnet, dessen sämtliche Komponenten 1 sind. Jene beiden Aufgaben lauten dann

$$\left.\begin{array}{l} A'x - (-\xi)e^n \geqq 0\,, \quad x'e^m = 1\,, \quad x \geqq 0\,, \\ \quad -\xi = \text{Max!} \end{array}\right\} \tag{18.20a}$$

$$\left.\begin{array}{l} Ay - (-\eta)e^m \leqq 0\,, \quad y'e^n = 1\,, \quad y \geqq 0\,, \\ \quad -\eta = \text{Min!} \end{array}\right\} \tag{18.21a}$$

Sowohl der Maximalwert von $-\xi$ als auch der Minimalwert von $-\eta$ sind gleich dem Wert v des Spieles. Mit Lösungen von (18.20a) und (18.21a) hat man optimale Strategien $\tilde{x}$ und $\tilde{y}$. Bei der folgenden Umformung wird vorausgesetzt, daß der Wert v des Spieles positiv ist, was man nötigenfalls durch Addition einer passenden Konstanten λ zu allen Elementen der Auszahlmatrix erreichen kann (vgl. letzten Satz von 18.3). Es genügt, λ so groß zu wählen, daß alle $a_{jk} + \lambda > 0$ ausfallen. Man kann dann von vornherein $-\xi$ und $-\eta$ auf positive Werte beschränken und zu neuen Variablen

$$w = \frac{1}{-\xi} \cdot x\,, \quad z = \frac{1}{-\eta} \cdot y \tag{18.27}$$

übergehen. Man erhält so die zu (18.20a) und (18.21a) äquivalenten linearen Optimierungsaufgaben

$$A'w \geqq e^n\,, \quad w \geqq 0\,, \quad w'e^m = \text{Min!}\,, \tag{18.20b}$$

$$Az \leqq e^m\,, \quad z \geqq 0\,, \quad z'e^n = \text{Max!}\,. \tag{18.21b}$$

Auch hier handelt es sich um ein Paar zueinander dualer Aufgaben (vgl. § 5.2). Der Optimalwert beider Aufgaben ist $1/v$. Hat man Lösungen $\tilde{w}$, $\tilde{z}$ dieser Aufgaben gefunden, so sind

$$\tilde{x} = v\,\tilde{w}\,, \quad \tilde{y} = v\,\tilde{z} \tag{18.28}$$

ein Paar von optimalen Strategien für das Spiel mit der Auszahlmatrix A. Die Aufgaben (18.20b) und (18.21b) können mit dem in § 3 und § 4 beschriebenen Simplexverfahren bequem gelöst werden. Es genügt, eine dieser Aufgaben zu lösen. Die Lösung der dualen Aufgabe erhält man dann leicht nach der Bemerkung am Schluß von § 5.1.

18.6. Beispiele für die Durchrechnung von Matrixspielen mit Hilfe des Simplexverfahrens

1. Beispiel 1 von § 18.2

$$\text{Auszahlmatrix } \boldsymbol{A} = \begin{pmatrix} 2 & -3 & -1 & 1 \\ 0 & 2 & 1 & 2 \end{pmatrix}.$$

Die Aufgabe (18.21 b) wird mit dem Simplexverfahren gelöst. t_1, t_2 sind Schlupfvariable. Zielfunktion: $-\boldsymbol{z}'\boldsymbol{e}^4 = \text{Min}!$

	z_1	z_2	z_3	z_4		
t_1	[2]	−3	−1	1	1	1/2
t_2	0	2	1	2	1	—
	1	1	1	1	0	
	−2	1	0	−3	−1	

	t_1	z_2	z_3	z_4		
z_1	1/2	−3/2	−1/2	1/2	1/2	—
t_2	0	2	[1]	2	1	1
	−1/2	5/2	3/2	1/2	−1/2	
	1	−2	−1	−2	0	

	t_1	z_2	t_2	z_4		
z_1	1/2	−1/2	1/2	3/2	1	—
z_3	0	2	1	2	1	—
	[−1/2]	−1/2	[−3/2]	−5/2	−2	
	1	0	1	0	1	

Wert des Spieles: $v = \frac{1}{2}$.

Optimale Strategien für P_2: $\tilde{\boldsymbol{y}} = \frac{1}{2}(1, 0, 1, 0)' = (\frac{1}{2}, 0, \frac{1}{2}, 0)'$.

Optimale Strategie für P_1 (aus den eingerahmten Feldern im letzten Schema abzulesen): $\tilde{\boldsymbol{x}} = \frac{1}{2}(\frac{1}{2}, \frac{3}{2})' = (\frac{1}{4}, \frac{3}{4})'$. Vgl. (18.5).

2. Beispiel 2a von 18.2 (Skin-Spiel mit Zusatzregel).

$$\text{Auszahlmatrix } \boldsymbol{A} = \begin{pmatrix} 1 & -1 & -2 \\ -1 & 1 & 1 \\ 2 & -1 & 0 \end{pmatrix}.$$

Die Aufgabe (18.21 b) wird mit dem Simplexverfahren gelöst. t_1, t_2, t_3 sind Schlupfvariable. Zielfunktion: $-\boldsymbol{z}'\boldsymbol{e}^3 = \text{Min}!$

	z_1	z_2	z_3		
t_1	1	−1	−2	1	—
t_2	−1	[1]	1	1	1
t_3	2	−1	0	1	—
	1	1	1	0	
	−2	1	1	−2	

	z_1	t_2	z_3		
t_1	0	1	−1	2	—
z_2	−1	1	1	1	—
t_3	[1]	1	1	2	2
	2	−1	0	−1	
	−1	−1	0	−3	

	t_3	t_2	z_3		
t_1	0	1	−1	2	—
z_2	1	2	2	3	—
z_1	1	1	1	2	—
	[−2]	[−3]	−2	−5	
	1	0	1	−1	

Wert des Spieles: $v = \frac{1}{5}$.

Optimale Strategie für P_2: $\tilde{\boldsymbol{y}} = \frac{1}{5}(2, 3, 0)' = (\frac{2}{5}, \frac{3}{5}, 0)'$.

Optimale Strategie für P_1: $\tilde{\boldsymbol{x}} = \frac{1}{5}(0, 3, 2)' = (0, \frac{3}{5}, \frac{2}{5})'$.

Vgl. (18.7).

§ 19. n-Personen-Spiele

Im Anschluß an die Besprechung der Matrixspiele folgt hier noch ein kleiner Ausschnitt aus der umfangreichen Theorie der n-Personen-Spiele. Für nichtkooperative Spiele wird der Satz über die Existenz eines Gleichgewichtspunktes bewiesen, eine Verallgemeinerung des Hauptsatzes für Matrixspiele. Bei den kooperativen Spielen wird die charakteristische Funktion eingeführt und diskutiert. Auf die weitreichenden, aber heute noch nicht abgeschlossenen Untersuchungen über den Begriff des Wertes bei kooperativen Spielen kann im Rahmen dieser kurzen Darstellung nicht eingegangen werden.

19.1. Einführung

n Personen $P_1, P_2, \ldots, P_n$ sind an einem Spiel beteiligt. Jede Person hat eine gewisse Menge von Handlungsmöglichkeiten; P_i habe die Handlungsmöglichkeiten-Menge $\Sigma_i (i = 1, \ldots, n)$. Wir nennen Σ_i Aktionen-Menge und die Elemente $\sigma^i \in \Sigma_i$ *Aktionen*. $A_1(\sigma^1, \ldots, \sigma^n), \ldots, A_n(\sigma^1, \ldots, \sigma^n)$ seien für $\sigma^i \in \Sigma_i (i = 1, \ldots, n)$ erklärte reellwertige Funktionen.

Jeder Spieler habe eine gewisse Aktion gewählt, der Spieler P_i die Aktion $\sigma^i \in \Sigma_i (i = 1, \ldots, n)$. Dann erhält der Spieler P_i den Betrag

$$A_i(\sigma^1, \ldots, \sigma^n) \qquad (i = 1, \ldots, n)$$

ausgezahlt. $A_1, \ldots, A_n$ sind die *Auszahlfunktionen* des Spiels. Ist

$$\sum_{i=1}^{n} A_i(\sigma^1, \ldots, \sigma^n) = c \quad \text{für alle} \quad \sigma^1 \in \Sigma_1, \ldots, \sigma^n \in \Sigma_n, \tag{19.1}$$

so heißt das Spiel ein *Konstantsummenspiel*.

Ist $c = 0$, so heißt das Spiel ein *Nullsummenspiel*.

Die in § 18 behandelten Matrixspiele sind nach dieser Definition Zweipersonen-Nullsummenspiele. — Sind alle Aktionen-Mengen endliche Mengen, so heißt das Spiel *endlich*. Sind alle Aktionen-Mengen beschränkte Intervalle der reellen Zahlengeraden, so heißt das Spiel *kontinuierlich*.

Definition: Ein n-Personen-Spiel heißt *nicht-kooperativ*, wenn zwischen den Spielern keinerlei Absprachen über das Verhalten im Spiel oder über die Verteilung eventueller Gewinne getroffen werden dürfen; andernfalls heißt das Spiel *kooperativ*.

Die meisten Gesellschaftsspiele sind nicht-kooperativ, ebenso auch per definitionem die Zwei-Personen-Nullsummenspiele. Dagegen sind viele Systeme in Wirtschaft oder Politik von kooperativem Typ. Zum Beispiel sind Kartelle oder Parteien-Koalitionen Gemeinschaften von Spielern, die (gegen andere) ein kooperatives Spiel durchführen. Die kooperativen Spiele sind in den Anwendungen die wichtigeren.

19.2. Nicht-kooperative Spiele

Hier wird nur der einfache Typ der Spiele mit endlichem Baum und vollständiger Information kurz behandelt. Eine ausführliche Diskussion findet sich z. B. bei E. BURGER, 1959.

Definition: Eine ebene Figur, die aus endlich vielen Knotenpunkten und endlich vielen Verbindungsstrecken zwischen solchen Knotenpunkten besteht, soll ein *endlicher Baum* heißen, wenn folgende Anordnung vorliegt: Die Knoten sind in einer Anzahl von Niveaus angeordnet, im niedrigsten Niveau liegt genau ein Knoten A (*Ausgangspunkt*). Verbindungsstrecken gibt es nur zwischen Knoten benachbarter Niveaus, und zwar ist jeder von A verschiedene Knoten mit genau einem Knoten des nächstniedrigeren Niveaus verbunden.

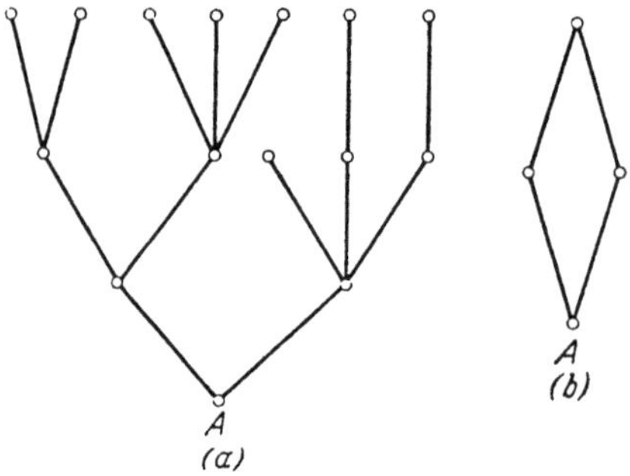

Abb. 19.1

Die Verbindungsstrekken verzweigen sich also von A aus wie in dem in Abb. 19.1 gezeichneten Baum (a). Die Figur (b) ist kein Baum. Diejenigen Knotenpunkte des Baumes, die mit keinem Knoten eines höheren Niveaus verbunden sind, heißen *Endpunkte* des Baumes. Als *Länge* eines Baumes bezeichnet man die Anzahl der Niveaus. Der Baum in Abb. 19.1 (a) hat die Länge 4.

Ein Spiel, in dem jeder Spieler endlich viele Züge macht und alle Züge offen erfolgen und dessen Anfangszustand allen Spielern bekannt ist, läßt sich durch einen endlichen Baum darstellen.

Der Anfangspunkt A des Baumes entspricht dem Anfangszustand des Spieles, die Verzweigungen an den Knoten den Zügen, die in der fraglichen Spielsituation möglich sind. Schach ist ein Spiel mit endlichem Baum, wenn man die Zahl der Züge irgendwie begrenzt.

An jedem Knoten des Baumes, der kein Endpunkt ist, sei eine der Zahlen $1, 2, \ldots, n$ notiert. Das soll bedeuten, daß der Spieler P_i den nächsten Zug tun muß, wenn das Spiel an einem Knoten mit der Nummer i angelangt ist. Auf der Menge der Endpunkte seien reellwertige Funktionen $f_i (i = 1, \ldots, n)$ definiert, und zwar ist f_i die Auszahlung an den Spieler P_i, wenn das Spiel dadurch endet, daß der betreffende Endpunkt erreicht wird. Unter einer Aktion des Spielers $P_i (i = 1, \ldots, n)$ verstehen wir eine Vorschrift, die an jedem Knoten des Baumes, an dem die Nummer i notiert ist, eine bestimmte der nach oben weiterführenden Strecken auswählt. Die Menge aller Aktionen des Spielers P_i sei Σ_i. Natürlich ist Σ_i endlich. Hat jeder Spieler eine seiner Aktionen gewählt, etwa der Spieler P_i die Aktion $\sigma^i \in \Sigma_i$, so wird dadurch der Spielverlauf eindeutig festgelegt, d. h. es wird ein Endpunkt $E(\sigma^1, \ldots, \sigma^n)$ erreicht.

Die Auszahlungsfunktionen A_i des Spieles sind gegeben durch

$$A_i(\sigma^1, \ldots, \sigma^n) = f_i(E(\sigma^1, \ldots, \sigma^n)) \qquad (i = 1, \ldots, n). \tag{19.2}$$

Einbau von offenen Zufallszügen: An einigen der Knoten des Baumes, die keine Endpunkte sind, sei statt einer der Zahlen $1, \ldots, n$ die Zahl 0 notiert. Der (fiktive) Spieler P_0 bestehe in einem Zufallsmechanismus, der an jedem mit 0 bezeichneten Knoten eine der weiterführenden Strecken mit einer gewissen Wahrscheinlichkeit auswählt. Führen von einem solchen Knoten m Strecken weiter, so seien die Wahrscheinlichkeiten $p_1, \ldots, p_m$ mit $p_1 + \cdots + p_m = 1$. Die Züge des „Spielers" P_0 sollen offen erfolgen. Sind alle Wahrscheinlichkeiten, mit denen der Spieler P_0 gewisse Strecken auswählt, bekannt, so ist das Spiel ein *Spiel mit vollständiger Information*.

Durch den Einbau der Zufallszüge ändert sich nichts an der vorhin gegebenen Beschreibung einer Aktion.

Die Endpunkte des Baumes seien bezeichnet mit $E_1, \ldots, E_N$. Jeder Spieler habe eine bestimmte Aktion $\sigma^i (i = 1, \ldots, n)$ gewählt. Dann wird wegen der Zufallszüge i. a. kein Endpunkt mit Sicherheit erreicht, sondern mit einer gewissen, von $\sigma^1, \ldots, \sigma^n$ abhängenden Wahrscheinlichkeit $w_\nu(\sigma^1, \ldots, \sigma^n) (\nu = 1, \ldots, N)$. Die Auszahlungsfunktionen $A_i (i = 1, \ldots, n)$ sind durch die Erwartungswerte

$$A_i(\sigma^1, \ldots, \sigma^n) = \sum_{\nu=1}^{N} w_\nu(\sigma^1, \ldots, \sigma^n) \cdot f_i(E_\nu) \tag{19.3}$$

gegeben.

Definition: Ein Aktionen-n-Tupel $(\hat\sigma^1, \ldots, \hat\sigma^n)$ heißt *Gleichgewichtspunkt* des Spieles, wenn für $1 \leqq i \leqq n$ gilt:

Es ist

$$A_i(\hat\sigma^1, \ldots, \hat\sigma^{i-1}, \sigma^i, \hat\sigma^{i+1}, \ldots, \hat\sigma^n) \leqq A_i(\hat\sigma^1, \ldots, \hat\sigma^n) \tag{19.4}$$

für alle $\sigma^i \in \Sigma_i$.

Ist $(\hat\sigma^1, \ldots, \hat\sigma^n)$ ein Gleichgewichtspunkt und halten sich alle Spieler $P_j (j \neq i)$ an die Aktionen $\hat\sigma^j$, so ist es für den Spieler P_i am günstigsten, sich auch an die Aktion $\hat\sigma^i$ zu halten. Eine Abweichung von $\hat\sigma^i$ kann dann die Auszahlung an ihn nicht erhöhen, sondern wird sie im allgemeinen verringern. Wenn zwei Spieler sich zusammentun, können sie vielleicht durch ein Abweichen von $(\hat\sigma^1, \ldots, \hat\sigma^n)$ höhere Auszahlungen erreichen. Solche Absprachen sind aber bei den nichtkooperativen Spielen ausgeschlossen.

Satz: Jedes Spiel mit endlichem Baum und vollständiger Information besitzt mindestens einen Gleichgewichtspunkt.

Beweis: (durch vollständige Induktion nach der Länge λ des Baumes):

Der Fall $\lambda = 0$ ist trivial; das Spiel besteht nur in den vereinbarten Auszahlungen. Sei also $\lambda \geqq 1$. Vom Ausgangspunkt A gehen Strecken $s_1, \ldots, s_m$ aus; jede dieser Strecken bestimmt einen Teilbaum $B_\mu (\mu = 1, \ldots, m)$ mit einer Länge, die kleiner als λ ist. Durch die Auszahlungen f_i an den Endpunkten des Baumes B_μ sind Auszahlungsfunktionen $A_i^{(\mu)} = A_i^{(\mu)}(\sigma_\mu^1, \ldots, \sigma_\mu^n)$ definiert, wobei σ_μ^i die Aktionen von P_i beim Spiel mit dem Baum B_μ sind. Nach Induktionsannahme existiert in jedem Teilbaum B_μ ein Gleichgewichtspunkt mit den Aktionen $\hat{\sigma}_\mu^j (j = 1, \ldots, n)$:

$$A_i^{(\mu)}(\hat{\sigma}_\mu^1, \ldots, \hat{\sigma}_\mu^{i-1}, \sigma_\mu^i, \hat{\sigma}_\mu^{i+1}, \ldots, \hat{\sigma}_\mu^n) \leqq A_i^{(\mu)}(\hat{\sigma}_\mu^1, \ldots, \hat{\sigma}_\mu^n) \quad (19.5)$$

für $i = 1, \ldots, n$ und alle σ_μ^i.

Fall I: An der Ecke A wird durch einen Zufallsmechanismus mit den Wahrscheinlichkeiten $p_\mu (\mu = 1, \ldots, m)$ über die Auswahl von s_μ entschieden. Dabei ist $p_\mu \geqq 0$ und $\sum p_\mu = 1$.

Für jeden Spieler P_i bestimmen dann die Aktionen $\hat{\sigma}_\mu^i$ in den Teilbäumen eine Aktion $\hat{\sigma}^i$ für das gesamte Spiel, und $(\hat{\sigma}^1, \ldots, \hat{\sigma}^n)$ ist ein Gleichgewichtspunkt. Es ist nämlich

$$A_i(\sigma^1, \ldots, \sigma^n) = \sum_{\mu=1}^{m} p_\mu A_i^{(\mu)}(\sigma_\mu^1, \ldots, \sigma_\mu^n) \quad (19.6)$$

für $i = 1, \ldots, n$. Mit (19.5) folgt hieraus (19.4).

Fall II: An der Ausgangsecke A sei der Spieler P_k am Zuge. Für die Spieler P_i mit $i \neq k$ ist durch die Aktionen $\hat{\sigma}_\mu^i (\mu = 1, \ldots, m)$ eine Aktion $\hat{\sigma}^i$ bestimmt. P_k wählt die Aktion $\hat{\sigma}^k$ so, daß er sich an allen Ecken der Teilbäume B_μ, an denen er am Zuge ist, gemäß $\hat{\sigma}_\mu^k$ entscheidet, und bei A diejenige Strecke s_μ wählt, für die $A_k^{(\mu)}(\hat{\sigma}_\mu^1, \ldots, \hat{\sigma}_\mu^n)$, also die „Gleichgewichtsauszahlung" maximal ist. Durch ein Abweichen von $\hat{\sigma}^k$ kann er seine Auszahlung höchstens verringern, wenn die übrigen Spieler die Aktionen $\hat{\sigma}^i$ wählen. Dasselbe gilt für die übrigen Spieler.

Beispiel: Eine Abart des Nim-Spiels.

An dem Spiel sind 3 Spieler P_1, P_2, P_3 beteiligt. Von einem Haufen mit M Bohnen werden reihum ($P_1, P_2, P_3, P_1, P_2, P_3, \ldots$) Bohnen weggenommen, und zwar jeweils eine oder zwei Bohnen. Wer die letzte Bohne nehmen muß, hat verloren und zahlt an den drittletzten Spieler eine Münze. Im Falle des Verlustes zahlt also P_3 an P_1, P_2 an P_3 bzw. P_1 an P_2. Der Baum zu diesem Spiel ist für den Fall $M = 6$ in Abb. 19.2 dargestellt.

An den Knotenpunkten ist jeweils die Anzahl der noch vorhandenen Bohnen angegeben. Links ist die Auszahlung angegeben, die vorzunehmen ist, wenn das Spiel in dem betreffenden Niveau endet. An jedem Knoten, an dem eine Verzweigung möglich ist, ist die optimale Strecke durch einen Pfeil markiert. Folgen alle Spieler den markierten Strecken, so bilden ihre Aktionen einen Gleichgewichtspunkt. Findet ein Spieler 5 Bohnen vor, so verliert er in jedem Fall, ob er nun eine oder zwei Bohnen nimmt, falls die beiden anderen Spieler die Gleichgewichtsaktionen wählen.

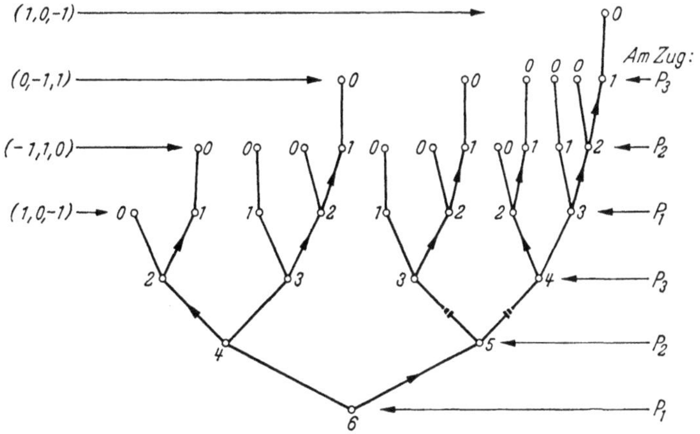

Abb. 19.2. Nim-Spiel

Man sieht leicht, daß auch für $M > 6$ ein Gleichgewichtspunkt vorliegt, wenn die Aktionen der Spieler nach folgender Regel festgelegt werden:

vorgefunden	wegzunehmen	Gleichgewichts-auszahlung
$4k$ Bohnen	2 Bohnen	1
$4k + 1$ Bohnen	1 oder 2 Bohnen	-1
$4k + 2$ Bohnen	1 Bohne	0
$4k + 3$ Bohnen	1 Bohne	1

In der letzten Spalte ist hier die Auszahlung an den am Zug befindlichen Spieler eingetragen, die er erhält, wenn alle Spieler die Gleichgewichtsaktionen wählen.

Auch Spiele mit nicht-endlichem Baum sind untersucht worden. Es stellt sich heraus, daß bei solchen Spielen nicht immer ein Gleichgewichtspunkt existiert (s. BURGER, 1959, S. 33 f.)

19.3. Kooperative n-Personen-Nullsummenspiele

Zunächst soll als einfaches Beispiel ein Dreipersonenspiel diskutiert werden. Die drei Spieler seien P_1, P_2, P_3. Es ist gestattet, daß je zwei sich zu einer Koalition verbünden. Es kommt dann zu einem Zweipersonenspiel, bei dem der eine Partner diese Koalition und der andere der verbleibende Spieler ist. Als einzige Angabe über das Spiel liege vor, daß der Spieler P_k, wenn er Einzelspieler ist, an die Koalition der beiden anderen Spieler den Betrag a_k auszuzahlen hat. Die Zahlen a_1, a_2, a_3 sind den drei Spielern bekannt. Absprachen über die Aufteilung des Gewinns sind erlaubt.

Es wird nun angenommen, daß P_1 den Betrag z_1 beansprucht, falls er einer Koalition beitritt. Verbündet P_1 sich mit P_2, so bekommt P_2 den Betrag $a_3 - z_1$; verbündet sich P_1 mit P_3, so bekommt P_3 den Betrag $a_2 - z_1$. Bilden andererseits P_2 und P_3 eine Koalition gegen P_1, so gewinnen sie zusammen a_1. Ist $a_1 > (a_3 - z_1) + (a_2 - z_1)$, so werden sich natürlich P_2 und P_3 gegen P_1 verbünden. Folglich muß P_1 dafür sorgen, daß $a_1 \leqq (a_3 - z_1) + (a_2 - z_1)$ ist; er darf also höchstens den Betrag

$$z_1 = \tfrac{1}{2}(a_2 + a_3 - a_1) \tag{19.7}$$

fordern, weil er sonst keinen Koalitionspartner findet. Ebenso findet man die Beträge, die die Spieler P_2 und P_3 in Koalitionen höchstens beanspruchen können:

$$\left.\begin{aligned} z_2 &= \tfrac{1}{2}(a_3 + a_1 - a_2)\,, \\ z_3 &= \tfrac{1}{2}(a_1 + a_2 - a_3)\,. \end{aligned}\right\} \tag{19.8}$$

Verzichtet der Spieler P_i auf die Teilnahme an einer Koalition und läßt zu, daß die beiden anderen Spieler sich gegen ihn verbünden, so ist sein Gewinn $-a_i$ (die Zahlen a_i dürfen auch negativ sein). Je nach dem Vorzeichen der Differenz

$$s_i = z_i - (-a_i) = \tfrac{1}{2}(a_1 + a_2 + a_3)$$

besteht für P_i der Anreiz, eine Koalition einzugehen. s_i ist unabhängig von i; durch

$$s = \tfrac{1}{2}(a_1 + a_2 + a_3) \tag{19.9}$$

ist also für alle drei Spieler der Anreiz zum Eingehen einer Koalition bestimmt.

Ist $s \leqq 0$, so kann kein Spieler in einer Koalition mehr fordern, als er als Einzelspieler erhält. Ist dagegen $s > 0$, so besteht für jeden Spieler der Anreiz, eine Koalition einzugehen. P_i kann dabei den Höchstbetrag $z_i = s - a_i$ fordern $(i = 1, 2, 3)$. Ist beispielsweise $a_i = i$ $(i = 1, 2, 3)$, so ist $s = 3$, und der Spieler P_i kann in einer Koalition den Höchstbetrag $z_i = 3 - i$ fordern. Der Spieler, der am wenigsten verlieren würde, kann am meisten fordern[1].

---

[1] Beispiel: Drei Steinzeitmenschen P_1, P_2 und P_3 geraten in Streit über ihren Besitz an Bernsteinstücken.
P_1 hat 100, P_2 hat 200, und P_3 hat 300 Stücke.
P_1 zu P_3: Wir wollen uns zusammentun und P_2 seine 200 Stücke rauben.
P_3: Gern; und dann teilen wir uns die Beute, jeder bekommt 100 Stücke.
P_1: Nein, die 200 Stücke nehme ich allein.
P_3: Ich soll nichts bekommen? Dann ist das ja uninteressant für mich.
P_1: Wenn du nicht willst, verbünde ich mich mit P_2, und wir nehmen dir deine 300 Stücke.
P_3: Dann gehe ich doch lieber auf deinen ersten Vorschlag ein.

19.4. Charakteristische Funktion des Spieles

Weiterhin wird nun der allgemeine Fall des n-Personenspiels diskutiert. Die beteiligten Spieler seien mit $1, 2, 3, \ldots, n$ bezeichnet. Jeder Spieler habe eine endliche Aktionenmenge, und wie in § 19.1 seien Auszahlfunktionen so definiert, daß ein Nullsummenspiel vorliegt. Es seien Koalitionen zugelassen, und zwar darf eine Koalition von jeder Teilmenge von Spielern, also aus jeder Teilmenge S von $\{1, 2, \ldots, n\}$ gebildet werden. Hat sich ein Teil der Spieler zu einer Koalition S verbündet, so sollen die übrigen Spieler zu einer Koalition S^- zusammentreten. S und S^- sind also Mengen mit $S \cap S^- = \emptyset$ (leere Menge) und $S \cup S^- = \{1, 2, \ldots, n\}$. So wird aus dem n-Personenspiel ein Zweipersonenspiel mit den Partnern S und S^-. Die Aktionenmengen sind endlich, und es handelt sich um ein Nullsummenspiel, also ein Matrixspiel wie in § 18. Nach dem in § 18.2 bewiesenen Hauptsatz hat das Spiel einen Wert v (Erwartungswert der Auszahlung an S bei beiderseits optimaler Strategie). Für jede Koalition S erhält man so einen Wert $v = v(S)$, also eine Funktion $v(S)$, die für alle Teilmengen von $\{1, 2, \ldots, n\}$ definiert ist. Die Funktion $v(S)$ heißt *charakteristische Funktion* des Spieles und hat folgende Eigenschaften:

$$\left.\begin{array}{lll} \text{(a)} & v(\emptyset) = 0\,, & \\ \text{(b)} & v(S^-) = -\,v(S)\,, & \\ \text{(c)} & v(S \cup T) \geqq v(S) + v(T) & \text{für} \quad S \cap T = \emptyset\,. \end{array}\right\} \qquad (19.10)$$

Da die Koalition $\emptyset$ keine Mitglieder hat, erfolgt auch keine Auszahlung; daher gilt (a). Da es sich um ein Nullsummenspiel handelt, gilt (b). Zum Beweis von (c) wird die Gegenkoalition von $S \cup T$ mit R bezeichnet. Es wird also $(S \cup T)^- = R$, $S^- = T \cup R$, $T^- = S \cup R$. Die Koalition S gewinnt bei optimaler Strategie beider Koalitionen S und $T \cup R$ den Betrag $v(S)$. Weichen die Mitglieder von T von der optimalen, gegen S gerichteten Strategie ab und hält sich S an die optimale Strategie, so gewinnt S einen Betrag, der $\geqq v(S)$ ist. Entsprechendes gilt für T. Verfolgt also S eine gegen $T \cup R$ optimale Strategie und T eine gegen $S \cup R$ optimale Strategie, so gewinnen S und T zusammen einen Betrag, der $\geqq v(S) + v(T)$ ist. Gehen nun S und T zu der für $S \cup T$ optimalen Strategie über, so wird der Gewinn für $S \cup T$ vergrößert oder bleibt mindestens gleich.

Aus den Eigenschaften (a) bis (c) der charakteristischen Funktion $v(S)$ können einige Folgerungen gezogen werden:

$$v(\{1, \ldots, n\}) = v(\emptyset^-) = -\,v(\emptyset) = 0\,; \qquad (19.11)$$

$$v(S_1 \cup S_2 \cup \cdots \cup S_r) \geqq \sum_{\varrho=1}^{r} v(S_\varrho)\,, \qquad (19.12)$$

falls die Mengen S_ϱ paarweise disjunkt sind; daraus folgt

$$v(\{1\}) + v(\{2\}) + \cdots + v(\{n\}) \leqq v(\{1, 2, \ldots, n\}) = 0\,. \quad (19.13)$$

Durch die Bedingungen (a) bis (c) sind die charakteristischen Funktionen von n-Personen-Nullsummenspielen gekennzeichnet. Es gilt nämlich der

Satz: Ist $w(S)$ eine für alle Teilmengen S von $\{1, 2, \ldots, n\}$ definierte Funktion mit den Eigenschaften (a) bis (c) in (19.10), *so gibt es ein Spiel mit der charakteristischen Funktion $v(S) = w(S)$.*

Beweis: Sei $w(S)$ eine Mengenfunktion mit den Eigenschaften (a) bis (c). Dann gelten für $w(S)$ auch die Folgerungen (19.11) bis (19.13). Jeder Spieler k ($k = 1, \ldots, n$) wähle eine Teilmenge S_k von $\{1, 2, \ldots, n\}$, die ihn enthält. Dadurch sind die endlichen Aktionenmengen definiert. Die Auszahlungen werden nach folgender Regel vorgenommen: Jede Menge S von Spielern mit $S_k = S$ für alle $k \in S$ heiße ein *Ring*. Zwei Ringe sind entweder disjunkt oder identisch. Die Menge $\{1, 2, \ldots, n\}$ besteht dann aus einer Anzahl von Ringen und den übrigen Spielern, die keinem Ring angehören. Die Ringe und die übrigen Spieler (als einelementige Mengen aufgefaßt) werden mit $T_1, T_2, \ldots, T_t$ bezeichnet. Die Anzahl der Elemente von T_q sei n_q ($q = 1, \ldots, t$). Da die Mengen T_q paarweise disjunkt sind und ihre Vereinigung $\{1, 2, \ldots, n\}$ ist, gilt

$$\sum_{q=1}^{t} n_q = n\,. \quad (19.14)$$

Die Auszahlung an einen Spieler $k \in T_q$ sei nun

$$z_q = \frac{1}{n_q} \cdot w(T_q) - \frac{1}{n} w\,, \quad (19.15)$$

wobei $w = \sum_{q=1}^{t} w(T_q)$ gesetzt ist. Nach (19.12) und (19.11) ist

$$w \leqq w(T_1 \cup \cdots \cup T_t) = w(\{1, \ldots, n\}) = 0\,,$$

also $w \leqq 0$. Es liegt ein Nullsummenspiel vor, denn die Summe der Auszahlungen an alle Spieler ist

$$\sum_{q=1}^{t} n_q z_q = \sum_{q=1}^{t} w(T_q) - w = 0\,.$$

Die charakteristische Funktion dieses Spieles sei $v(S)$. Zu zeigen ist $v(S) = w(S)$.

I. Ein Spieler $k \in T_q$ erhält den Betrag z_q, alle Spieler von T_q erhalten also zusammen $n_q \cdot z_q$. Wegen $w \leqq 0$ ist $n_q \cdot z_q \geqq w(T_q)$ nach (19.15).

II. Für $v(S)$ und $w(S)$ gelten (a), (b) und (c). Daraus folgt $v(S) \geqq w(S)$. Für $S = \emptyset$ ist das nach (a) richtig. Sei nun $S \neq \emptyset$. Wenn die Spieler von S sich zu einem Ring zusammenschließen, ist nach I die Summe der Auszahlungen an sie $\geqq w(S)$. Befolgen sie als Koalition eine optimale Strategie, so wird die Auszahlung größer oder bleibt mindestens gleich. Es ist also $v(S) \geqq w(S)$.

III. Es ist auch $v(S^-) \geqq w(S^-)$ und daher $v(S) = -v(S^-) \leqq -w(S^-) = w(S)$, also $v(S) = w(S)$.

19.5. Strategisch äquivalente Spiele. Wesentliche Spiele

Es ist möglich, bei einem n-Personen-Nullsummenspiel die Auszahlungen in bestimmter Weise abzuändern und zu einem äquivalenten Spiel mit anderer charakteristischer Funktion überzugehen. An jeden Spieler k soll zusätzlich unabhängig von der von ihm gewählten Aktion der Betrag α_k gezahlt werden. Damit das Spiel ein Nullsummenspiel bleibt, sei

$$\sum_{k=1}^{n} \alpha_k = 0. \tag{19.16}$$

Diese festen Zusatzzahlungen haben auf Strategien und daher auf Koalitionen keinen Einfluß. Das neue Spiel ist daher als zu dem ursprünglichen *strategisch äquivalent* anzusehen. Die charakteristische Funktion $\hat{v}(S)$ des neuen Spiels ist

$$\hat{v}(S) = v(S) + \sum_{k \in S} \alpha_k.$$

Es ist nun möglich, die α_k unter Beachtung von (19.16) so zu bestimmen, daß

$$\hat{v}(\{1\}) = \hat{v}(\{2\}) = \cdots = \hat{v}(\{n\}) \tag{19.17}$$

ist, nämlich

$$\alpha_k = -v(\{k\}) + \frac{1}{n} \sum_{j=1}^{n} v(\{j\}) \qquad (k = 1, \ldots, n).$$

Gilt (19.17), so heißt die charakteristische Funktion *reduziert*. Setzt man dann $\hat{v}(\{k\}) = -\gamma$ $(k = 1, \ldots, n)$, so ist $\gamma \geqq 0$ wegen (19.13). Ist S eine Menge mit $n-1$ Elementen, so ist $\hat{v}(S) = \gamma$. Bei Mengen S mit r Elementen $(2 \leqq r \leqq n-2)$ kann man Schranken für $\hat{v}(S)$ angeben: Es ist $\hat{v}(S) \geqq r(-\gamma)$ und $\hat{v}(S^-) = -\hat{v}(S) \geqq -(n-r)\gamma$, also

$$-r\gamma \leqq \hat{v}(S) \leqq (n-r)\gamma. \tag{19.18}$$

Es sind nun zwei Fälle zu unterscheiden:

I. $\gamma = 0$. Nach (19.18) ist dann $\hat{v}(S) = 0$ für alle S; das Spiel heißt *unwesentlich*, da jeder Spieler für sich allein spielen kann und kein Anreiz zu Koalitionen besteht.

II. $\gamma > 0$. Das Spiel heißt *wesentlich*. Jeder Spieler, der für sich allein spielt, erhält $-\gamma$ als Auszahlung, verliert also einen positiven Betrag. Jede Koalition von $n-1$ Spielern gewinnt den positiven Betrag γ. Es besteht also ein Anreiz zur Bildung von Koalitionen.

Wenn die charakteristische Funktion eines Spieles nicht in der reduzierten Form vorliegt, kann man auch leicht angeben, ob das Spiel wesentlich oder unwesentlich ist. Es ist nämlich

$$\gamma = -\hat{v}(\{k\}) = -\frac{1}{n}\sum_{k=1}^{n}\hat{v}(\{k\}) = -\frac{1}{n}\sum_{k=1}^{n}v(\{k\}) - \sum_{k=1}^{n}\alpha_k = -\frac{1}{n}V \tag{19.19}$$

mit $V = \sum_{k=1}^{n} v(\{k\})$ wegen (19.16). Ein Spiel ist also genau dann wesentlich, wenn $V < 0$ ist.

Da die Multiplikation aller Auszahlungen mit einem festen Faktor ein Spiel offensichtlich in ein strategisch äquivalentes überführt, kann man von vornherein annehmen, daß bei einem wesentlichen Spiel mit reduzierter charakteristischer Funktion $\gamma = 1$ ist. Ist bei einem solchen Spiel S eine Koalition von r-Spielern und ist $2 \leqq r \leqq n-2$, so gilt nach (19.18) für die charakteristische Funktion,

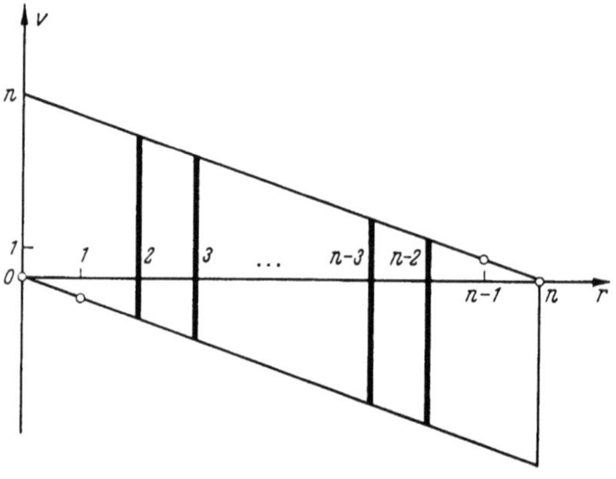

Abb. 19.3

für die statt $\hat{v}(S)$ hier wieder $v(S)$ geschrieben wird, $-r \leqq v(S) \leqq n-r$. Aus Abb. 19.3 ist zu entnehmen, welche Werte $v(S)$ in Abhängigkeit von der Elementezahl r von S annehmen kann.

Für $r = 0, 1, n-1, n$ ist $v(S)$ eindeutig bestimmt. Für $2 \leqq r \leqq n-2$ kommen für $v(S)$ alle Punkte der in Abb. 19.3 hervorgehobenen Geradenstücke in Frage. Nach VON NEUMANN-MORGENSTERN, 1961 kann man durch Konstruktion von Beispielen zeigen, daß alle durch Punkte dieser Geradenstücke bestimmten Werte von $v(S)$ vorkommen (daß (19.18) also nicht verschärft werden kann).

Bei wesentlichen Dreipersonenspielen mit reduzierter charakteristischer Funktion und mit $\gamma = 1$ sind alle $v(S)$ eindeutig bestimmt. Alle wesentlichen Dreipersonenspiele sind also strategisch äquivalent, und zwar äquivalent dem einleitend beschriebenen Dreipersonenspiel.

Neue Gesichtspunkte ergeben sich für $n \geqq 4$. Der Fall $n = 4$ soll hier noch diskutiert werden. Beim Vierpersonen-Spiel mit reduzierter charakteristischer Funktion und $\gamma = 1$ ist $v(S)$ genau dann nicht eindeutig bestimmt, wenn S zwei Elemente enthält. Setzt man für die drei Koalitionen $S_1 = \{1, 4\}$, $S_2 = \{2, 4\}$, $S_3 = \{3, 4\}$

$$v(\{1,4\}) = 2a_1, \quad v(\{2,4\}) = 2a_2, \quad v(\{3,4\}) = 2a_3,$$

so ist $v(S)$ für die Gegenkoalition S_i^- $(i = 1, 2, 3)$ durch die Bedingung (b) in (19.10) bestimmt:

$$v(\{2,3\}) = -2a_1, \quad v(\{1,3\}) = -2a_2, \quad v(\{1,2\}) = -2a_3.$$

Damit ist $v(S)$ für alle Koalitionen S von zwei Spielern bestimmt. Nach (19.18) mit $\gamma = 1$, $r = 2$ gilt $-2 \leqq v(S_j) \leqq 2$ $(j = 1, 2, 3)$ und daher

$$|a_j| \leqq 1 \qquad (j = 1, 2, 3). \tag{19.20}$$

Man kann deshalb jedem solchen Spiel einen Punkt des Würfels in Abb. 19.4 zuordnen.

Umgekehrt ist jedem Punkt dieses Würfels ein Vierpersonenspiel zugeordnet, wie in VON NEUMANN-MORGENSTERN, 1961 gezeigt und ausführlich diskutiert wird. Als Beispiel soll hier kurz das dem Eckpunkt A mit $a_1 = a_2 = a_3 = 1$ entsprechende Spiel besprochen werden. Bei diesem Spiel ist

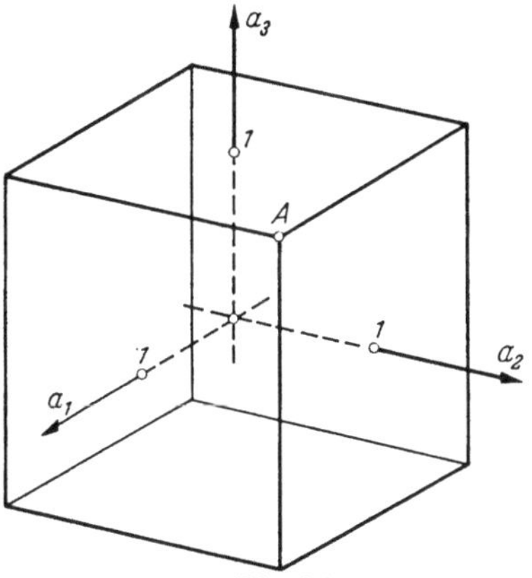

Abb. 19.4

$$v(\{1,4\}) = v(\{2,4\}) = v(\{3,4\}) = 2, \quad v(\{1,2,3\}) = 1. \tag{19.21}$$

Würde in eine Koalition $\{i, 4\}$ mit $i = 1, 2, 3$ noch ein Spieler j aufgenommen, so würde sich der Gewinn der Koalition von 2 auf 1 verringern. Die erstrebenswerten Koalitionen S sind also gerade die für die $v(S)$ in (19.21) angegeben ist. Der Spieler 4 befindet sich in einer bevorzugten Situation. Er braucht nur einen Koalitionspartner, um mit diesem zusammen den Betrag 2 zu gewinnen. Verbünden sich die Spieler 1, 2, 3 gegen 4, so können sie den Betrag 1 gewinnen. Man kann auch leicht den Betrag z_j bestimmen, den ein Spieler j bei Beteiligung an einer Gewinnkoalition beanspruchen kann. Aus

$$z_1 + z_4 = z_2 + z_4 = z_3 + z_4 = 2$$
$$z_1 + z_2 + z_3 = 1$$

folgt

$$z_1 = z_2 = z_3 = \tfrac{1}{3}, \quad z_4 = \tfrac{5}{3}.$$

Ein an einer verlierenden Koalition beteiligter Spieler hat in jedem Fall den Betrag 1 zu zahlen.

19.6. Symmetrische n-Personen-Spiele

Schließlich sollen noch die symmetrischen Spiele erwähnt werden. Man nennt ein n-Personen-Nullsummenspiel mit der charakteristischen Funktion $v(S)$ *symmetrisch*, wenn $v(S)$ nur von der Anzahl r der Elemente von S abhängt: $v(S) = v_r$. Die Bedingungen (19.10) lauten dann

$$\left.\begin{array}{lll} \text{(a)} & v_0 = 0, & \\ \text{(b)} & v_{n-r} = -v_r & (r = 0, \ldots, n), \\ \text{(c)} & v_{p+q} \geqq v_p + v_q & \text{für} \quad p + q \leqq n. \end{array}\right\} \quad (19.22)$$

Für (c) kann man auch schreiben $v_p + v_q + v_r \leqq 0$ für $p + q + r = n$. Bei einem symmetrischen Spiel hat die charakteristische Funktion stets reduzierte Form. Setzt man den Normierungsfaktor $\gamma = 1$, wird für wesentliche symmetrische Spiele

$$\left.\begin{array}{l} v_0 = v_n = 0, \quad v_1 = -1, \quad v_{n-1} = 1 \\ -r \leqq v_{n-r} \leqq n - r \qquad (r = 2, \ldots\ldots, n-2). \end{array}\right\} \quad (19.23)$$

Beim symmetrischen Vierpersonenspiel mit der so normierten charakteristischen Funktion wird wegen Bedingung (b) in (19.22)

$$v_2 = -v_2,$$

also $v_2 = 0$. Alle wesentlichen symmetrischen Vierpersonenspiele sind also strategisch äquivalent (Mittelpunkt des Würfels in Abb. 19.4). Für $n \geqq 5$ können beim wesentlichen symmetrischen n-Personenspiel mit $-v_1 = v_{n-1} = 1$ die Zahlen

$$v_2, v_3, \ldots, v_{\left[\frac{n-1}{2}\right]}$$

innerhalb der durch (19.22) vorgeschriebenen Grenzen frei gewählt werden, die Anzahl der ein solches Spiel bestimmenden freien Parameter ist also $\left[\frac{n-3}{2}\right]$. (Es bedeutet in üblicher Weise $[x]$ die größte ganze Zahl, die x nicht übertrifft, also z.B. $[2{,}5] = [2] = 2$.)

Auch für den allgemeinen Fall des nicht notwendig symmetrischen Spiels (mit reduzierter charakteristischer Funktion und $\gamma = 1$) kann man die Anzahl der freien Parameter leicht angeben: Es gibt 2^n Teilmengen S von $\{1, 2, \ldots, n\}$. Wegen $v(S) = -v(S^-)$ ist $v(S)$ für alle diese Mengen bekannt, wenn es für $\frac{1}{2}2^n = 2^{n-1}$ von ihnen angegeben ist. Durch $v(\emptyset) = 0$ und $v(\{k\}) = -1$ $(k = 1, \ldots, n)$ sind $n + 1$ Parameter festgelegt. Die übrigen $2^{n-1} - n - 1$ Parameter sind im Rahmen der Einschränkungen durch (19.10) frei wählbar. In der folgenden Tabelle sind die Anzahlen der frei wählbaren Parameter für einige n angegeben.

n	allgemeine Spiele	symmetrische Spiele
3	0	0
4	3	0
5	10	1
6	25	1
7	56	2
...	...	...
n	$2^{n-1} - n - 1$	$\left[\frac{n-3}{2}\right]$

Anhang

1. Der Trennungssatz

Beim Beweis des Satzes von KUHN und TUCKER in § 7 wird der folgende anschaulich einleuchtende Satz benötigt.

Trennungssatz: B_1 und B_2 seien konvexe echte Teilmengen des R^n, die keine gemeinsamen Punkte haben. B_2 sei offen[1]. *Dann gibt es eine Hyperebene $\boldsymbol{a}'\boldsymbol{x} = \beta$, die B_1 und B_2 trennt, d.h. einen Vektor $\boldsymbol{a} \neq 0$ und eine reelle Zahl β mit*

$$\boldsymbol{a}'\boldsymbol{x} \leqq \beta < \boldsymbol{a}'\boldsymbol{y} \quad \textit{für} \quad \boldsymbol{x} \in B_1, \quad \boldsymbol{y} \in B_2 .$$

Anmerkung 1: Wird hier von „trennen" gesprochen, so ist zugelassen, daß die Menge B_1 ganz in der Hyperebene $\boldsymbol{a}'\boldsymbol{x} = \beta$ liegt. Beispiel: B_2 ist das Innere eines Kreises im R^2, B_1 ein Punkt auf seinem Rand. Die trennende Hyperebene ist die Kreistangente in diesem Punkt.

[1] Der Trennungssatz gilt auch ohne die Voraussetzung, daß B_2 offen ist. Es wird dann $\boldsymbol{a}'\boldsymbol{x} \leqq \beta \leqq \boldsymbol{a}'\boldsymbol{y}$ für $\boldsymbol{x} \in B_1$, $\boldsymbol{y} \in B_2$. Der Beweis ist in diesem Fall schwieriger. Wir benötigen den Satz nur in der obigen Fassung.

Anmerkung 2: Der Trennungssatz ist ein Satz der affinen Geometrie. Davon wird Gebrauch gemacht, indem beim folgenden Beweis das Koordinatensystem jeweils speziell gewählt wird.

Der Trennungssatz wird zunächst für den Fall bewiesen, daß B_1 die (einpunktige) Menge ist, die nur den Nullpunkt enthält.

Lemma: B sei eine offene konvexe Menge im R^n, die den Nullpunkt nicht enthält. Dann gibt es einen Vektor $\boldsymbol{a} \neq \boldsymbol{0}$ mit der Eigenschaft: Aus $\boldsymbol{x} \in B$ folgt $\boldsymbol{a}'\boldsymbol{x} > 0$.

Beweis: durch vollständige Induktion.

Der Fall $n = 1$ ist trivial, da B dann ein offenes Intervall ist, das den Nullpunkt nicht enthält.

$n = 2$: Das Koordinatensystem sei so gewählt, daß auf der negativen x_1-Halbachse keine Punkte von B liegen. h_φ sei (für $-\pi \leqq \varphi \leqq \pi$) der Halbstrahl, der mit der x_1-Achse den Winkel φ bildet.

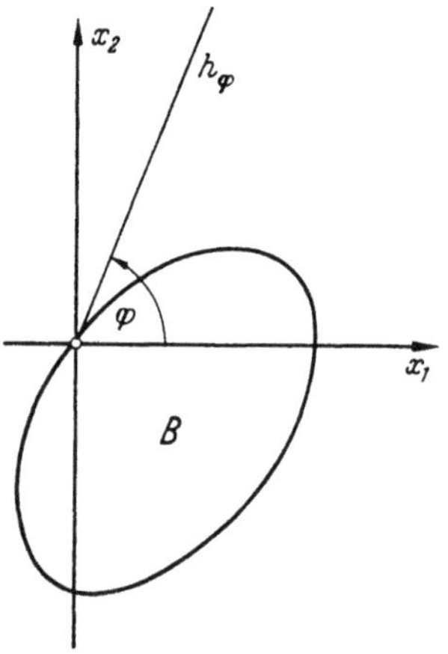

Abb. A/1

Φ sei die Menge der φ, für die h_φ Punkte von B enthält. Φ ist eine (eindimensionale) offene konvexe Menge und enthält nicht $\varphi = -\pi$ und $\varphi = \pi$, ist also ein offenes Teilintervall (φ_0, φ_1) von $[-\pi, \pi]$. Es ist $\varphi_1 - \varphi_0 \leqq \pi$. Andernfalls gäbe es eine Gerade durch den Nullpunkt, deren beide Halbstrahlen Punkte von B enthalten; da B konvex ist, läge dann auch der Nullpunkt in B. Es wird nun

$$\boldsymbol{a} = \begin{pmatrix} \sin \varphi_1 \\ -\cos \varphi_1 \end{pmatrix}$$

gesetzt. Aus $\boldsymbol{x} \in B$ folgt dann $\boldsymbol{a}'\boldsymbol{x} > 0$. Ist nämlich $\boldsymbol{x} \in B$, so ist

$$\boldsymbol{x} = c\begin{pmatrix} \cos \varphi \\ \sin \varphi \end{pmatrix} \text{ mit } \quad \varphi_0 < \varphi < \varphi_1 \quad \text{und} \quad c > 0;$$

es wird also $\boldsymbol{a}'\boldsymbol{x} = c \sin(\varphi_1 - \varphi) > 0$.

$n \geqq 3$: Wir nehmen an, die Behauptung des Lemmas sei im R^{n-1} richtig. Die Hyperebene $x_1 = 0$ betrachten wir als einen R^{n-1}. Ihr Durchschnitt mit B, den wir mit B' bezeichnen, ist eine (in diesem R^{n-1}) offene konvexe Menge (möglicherweise die leere Menge). Nach Induktionsvoraussetzung gibt es einen Vektor $\boldsymbol{a}^1$ ($\in R^n$), dessen erste Komponente Null ist und für den gilt: Aus $\boldsymbol{x} \in B'$ folgt $\boldsymbol{a}^{1\prime}\boldsymbol{x} > 0$. Das Koordinatensystem kann von vornherein so gewählt werden, daß $\boldsymbol{a}^1 = (0, 1, 0, \ldots, 0)'$ ist.

Sei nun B'' die Projektion von B auf die x_1-x_2-Ebene, d.h. die Menge aller Punkte $\boldsymbol{x}^* = (x_1^*, x_2^*)'$, für die es ein

$$\boldsymbol{x} = (x_1^*, x_2^*, x_3, \ldots, x_n)' \in B$$

gibt. B'' ist eine offene konvexe Menge im R^2, die den Nullpunkt nicht enthält; denn für $\boldsymbol{x} \in B$ mit $x_1 = 0$ wird $\boldsymbol{a}^{1\prime} \boldsymbol{x} = x_2 > 0$.

Da für $n = 2$ die Behauptung richtig ist, gibt es einen Vektor $\boldsymbol{a}^{*\prime} = (a_1^*, a_2^*)$ mit $\boldsymbol{a}^{*\prime} \boldsymbol{x}^* > 0$ für $\boldsymbol{x}^* \in B''$. Für den Vektor $\boldsymbol{a}' = (a_1^*, a_2^*, 0, \ldots, 0)$ ist dann die Behauptung des Satzes im Falle des R^n erfüllt.

Beweis des Trennungssatzes:

$B = \{\boldsymbol{y} - \boldsymbol{x} \mid \boldsymbol{x} \in B_1,\ \boldsymbol{y} \in B_2\}$ ist eine konvexe Menge. Sie ist offen als Vereinigung von offenen Mengen: $B = \bigcup_{\boldsymbol{x} \in B_1} \{\boldsymbol{y} - \boldsymbol{x} \mid \boldsymbol{y} \in B_2\}$ und enthält den Nullpunkt nicht, da B_1 und B_2 punktfremd sind. Die Voraussetzungen des Lemmas sind erfüllt. Es gibt also einen Vektor $\boldsymbol{a}$ mit $\boldsymbol{a}'(\boldsymbol{y} - \boldsymbol{x}) > 0$ für $\boldsymbol{x} \in B_1$, $\boldsymbol{y} \in B_2$. Man kann $\beta = \inf \boldsymbol{a}'\boldsymbol{y}$ $(\boldsymbol{y} \in B_2)$ wählen und erhält $\boldsymbol{a}'\boldsymbol{x} \leqq \beta < \boldsymbol{a}'\boldsymbol{y}$ $(\boldsymbol{x} \in B_1,\ \boldsymbol{y} \in B_2)$, vorausgesetzt, daß weder B_1 noch B_2 die leere Menge ist und daher $-\infty < \beta < \infty$ wird.

Wenn B_1 oder B_2 oder beide Mengen leer sind, ist der Satz natürlich auch richtig. Ist etwa B_1 leer, B_2 nichtleer, so ersetze man B_1 durch eine nichtleere Menge $\bar{B}_1$, die mit der (echten) Teilmenge B_2 von R^n keine gemeinsamen Punkte hat. Für $\bar{B}_1$ und B_2 gilt der Trennungssatz und damit auch für B_1 und B_2.

2. Ein Existenzsatz für quadratische Optimierungsaufgaben

In § 12.2 wird beim Beweis des Satzes 2 ein von Barankin und Dorfman bewiesener Satz über die Existenz einer Lösung bei quadratischen Optimierungsaufgaben benutzt. Der Vollständigkeit halber soll hier für diesen Satz ein Beweis angegeben werden, bei dem nur die in diesem Buch in § 12.1 bereitgestellten Hilfsmittel, insbesondere die Spezialisierung des Kuhn-Tucker-Satzes auf quadratische Optimierungsaufgaben, benutzt werden. Wie in § 11 und § 12 werde eine quadratische Optimierungsaufgabe des Typs (11.1) betrachtet.

Satz: Ist die Menge

$$M = \{\boldsymbol{x} \mid \boldsymbol{x} \in R^n,\ \boldsymbol{A}\boldsymbol{x} \leqq \boldsymbol{b},\ \boldsymbol{x} \geqq 0\}$$

der zulässigen Punkte nicht leer und ist die Zielfunktion

$$Q(\boldsymbol{x}) = \boldsymbol{p}'\boldsymbol{x} + \boldsymbol{x}'\boldsymbol{C}\boldsymbol{x}$$

(mit positiv semidefiniter Matrix $\boldsymbol{C}$*) auf* M *nach unten beschränkt, so nimmt* $Q(\boldsymbol{x})$ *auf* M *sein Minimum an.*

Beweis: Es sei $\boldsymbol{e} \in R^n$ der Vektor, dessen sämtliche n Komponenten 1 sind: $\boldsymbol{e} = (1, 1, \ldots, 1)'$. Für $\boldsymbol{x} \in R^n$ ist dann

$$\boldsymbol{e}'\boldsymbol{x} = \sum_{i=1}^{n} x_i .$$

Die Mengen $M_s = \{\boldsymbol{x} \mid \boldsymbol{A}\boldsymbol{x} \leqq \boldsymbol{b},\ \boldsymbol{e}'\boldsymbol{x} \leqq s,\ \boldsymbol{x} \geqq 0\}$ sind beschränkt und für genügend großes reelles s, etwa $0 < s_0 \leqq s < \infty$, nicht leer. Für $s < s'$ gilt $M_s \subset M_{s'} \subset M$. Die stetige Funktion $Q(\boldsymbol{x})$ nimmt auf jeder solchen (beschränkten, abgeschlossenen und nicht leeren) Menge M_s ihr Minimum an. Für $s_0 \leqq s < \infty$ sei $\boldsymbol{x}^s$ Minimalpunkt von $Q(\boldsymbol{x})$ bezüglich M_s. Nach § 12.1, Satz 1, gibt es dann zu $\boldsymbol{x}^s$ Vektoren $\boldsymbol{v}^s$, $\boldsymbol{u}^s$, $\boldsymbol{y}^s$ und reelle Zahlen η_s, ζ_s, mit denen die Kuhn-Tucker-Bedingungen erfüllt sind:

$$\left.\begin{aligned} &\boldsymbol{A}\boldsymbol{x}^s + \boldsymbol{y}^s = \boldsymbol{b}, \\ &\boldsymbol{e}'\boldsymbol{x}^s + \eta_s = s, \\ &\boldsymbol{v}^s - 2\boldsymbol{C}\boldsymbol{x}^s - \boldsymbol{A}'\boldsymbol{u}^s - \boldsymbol{e}\zeta_s = \boldsymbol{p}, \\ &\boldsymbol{x}^{s\prime}\boldsymbol{v}^s + \boldsymbol{u}^{s\prime}\boldsymbol{y}^s + \eta_s\zeta_s = 0, \\ &\boldsymbol{x}^s, \boldsymbol{v}^s \geqq 0, \quad \boldsymbol{u}^s, \boldsymbol{y}^s \geqq 0, \quad \eta_s, \zeta_s \geqq 0. \end{aligned}\right\} \quad \text{(K)}$$

Es sind nun zwei Fälle zu unterscheiden:

(a) Es gibt ein s mit $\zeta_s = 0$. Dann erfüllen $\boldsymbol{x}^s, \boldsymbol{v}^s, \boldsymbol{u}^s, \boldsymbol{y}^s$ auch die Bedingungen (12.2) und (12.3); nach § 12.1, Satz 1, ist $\boldsymbol{x}^s$ Minimalpunkt bezüglich M.

(b) Für $s_0 \leqq s < \infty$ ist $\zeta_s > 0$. Wegen $\eta_s\zeta_s = 0$ ist dann $\eta_s = 0$ für alle diese s und daher $\boldsymbol{e}'\boldsymbol{x}^s = s$. Setzt man

$$\boldsymbol{t}^s = \frac{1}{\boldsymbol{e}'\boldsymbol{x}^s}\,\boldsymbol{x}^s = \frac{1}{s}\,\boldsymbol{x}^s,$$

so ist $\boldsymbol{t}^s \geqq 0$ und $\boldsymbol{e}'\boldsymbol{t}^s = 1$. Da die Menge der $\boldsymbol{t} \in R^n$ mit $\boldsymbol{t} \geqq 0$ und $\boldsymbol{e}'\boldsymbol{t} = 1$ abgeschlossen und beschränkt ist, kann man aus den $\boldsymbol{t}^s$ eine konvergente Folge mit $s \to \infty$ auswählen; sei dies die Folge der $\boldsymbol{t}^s$ mit $s = s_1, s_2, s_3, \ldots$, kurz $s \in S$. Der Vektor, gegen den die Folge konvergiert, sei

$$\boldsymbol{t} = \lim_{s \in S} \boldsymbol{t}^s .$$

Dieser Vektor $\boldsymbol{t}$ hat folgende Eigenschaften:

1) $$\boldsymbol{e}'\boldsymbol{t} = 1, \quad \boldsymbol{t} \geqq 0 .$$

2) $$\boldsymbol{A}\boldsymbol{t} \leqq 0;$$

es ist nämlich $\boldsymbol{A}\boldsymbol{t}^s = \frac{1}{s}\boldsymbol{A}\boldsymbol{x}^s \leqq \frac{1}{s}\boldsymbol{b}$ für alle $s \in S$. Daraus folgt $\boldsymbol{A}\boldsymbol{t} \leqq 0$.

3) $$\boldsymbol{C}\boldsymbol{t} = 0, \quad \boldsymbol{p}'\boldsymbol{t} = 0;$$

da für $s < s'$ die Menge M_s in $M_{s'}$ enthalten ist, nimmt nämlich $Q(\boldsymbol{x}^s)$ mit wachsendem s nicht zu. Daher ist $Q(\boldsymbol{x}^s)$ für $s_0 \leqq s < \infty$ nach oben und (nach Voraussetzung) auch nach unten beschränkt. Es ist aber

$$Q(\boldsymbol{x}^s) = s\,\boldsymbol{p}'\,\boldsymbol{t}^s + s^2\,\boldsymbol{t}^{s\prime}\,\boldsymbol{C}\,\boldsymbol{t}^s\,,$$

und aus der Beschränktheit der rechten Seite folgt für $s \to \infty$ ($s \in S$) zunächst $\boldsymbol{p}'\,\boldsymbol{t} = \boldsymbol{t}'\,\boldsymbol{C}\,\boldsymbol{t} = 0$ und hieraus auch $\boldsymbol{C}\,\boldsymbol{t} = \boldsymbol{0}$ (s. § 6.2).

Es werden nun zwei Indexmengen $I \subset \{1, 2, \ldots, n\}$ und $J \subset \{1, 2, \ldots, m\}$ definiert. Sei I die Menge der Indizes i, für die die Komponenten t_i des Vektors $\boldsymbol{t}$ positiv sind, und sei J die Menge der Indizes j, für die die Komponenten $(\boldsymbol{A}\,\boldsymbol{t})_j$ des Vektors $\boldsymbol{A}\,\boldsymbol{t}$ negativ sind. Es sei also

$$t_i > 0 \quad \text{für} \quad i \in I\,, \qquad t_i = 0 \quad \text{für} \quad i \notin I\,,$$
$$(\boldsymbol{A}\,\boldsymbol{t})_j < 0 \quad \text{für} \quad j \in J\,, \quad (\boldsymbol{A}\,\boldsymbol{t})_j = 0 \quad \text{für} \quad j \notin J\,.$$

Sei nun $\bar{s}$ so groß gewählt, daß für $s \in S$, $s \geqq \bar{s}$

$$t_i^s > 0 \quad \text{für} \quad i \in I,$$
$$\left.\begin{aligned} &(\boldsymbol{A}\,\boldsymbol{t}^s)_j < \tfrac{1}{2}\,(\boldsymbol{A}\,\boldsymbol{t})_j < 0 \\ &\frac{s}{2}\,(\boldsymbol{A}\,\boldsymbol{t})_j \leqq b_j \end{aligned}\right\} \text{für} \quad j \in J$$

wird. Dann wird auch

$$x_i^s = s\,t_i^s > 0 \quad \text{für} \quad i \in I\,,$$
$$(\boldsymbol{A}\,\boldsymbol{x}^s)_j = s\,(\boldsymbol{A}\,\boldsymbol{t}^s)_j < \frac{s}{2}\,(\boldsymbol{A}\,\boldsymbol{t})_j \leqq b_j \quad \text{für} \quad j \in J\,.$$

Man wähle nun ein festes $s \in S$ mit $s \geqq \bar{s}$. Für jedes reelle $\lambda \geqq 0$ genügt dann der Vektor $\boldsymbol{x}^s + \lambda\,\boldsymbol{t}$ den Bedingungen

(I) $\quad \boldsymbol{x}^s + \lambda\,\boldsymbol{t} \geqq \boldsymbol{0}\,,$

(II) $\quad \boldsymbol{A}(\boldsymbol{x}^s + \lambda\,\boldsymbol{t}) + (\boldsymbol{y}^s - \lambda\,\boldsymbol{A}\,\boldsymbol{t}) = \boldsymbol{b}\,,$

(III) $\quad \boldsymbol{e}'(\boldsymbol{x}^s + \lambda\,\boldsymbol{t}) = \boldsymbol{e}'\,\boldsymbol{x}^s + \lambda\,\boldsymbol{e}'\,\boldsymbol{t} = s + \lambda$ (wegen $\eta_s = 0$),

(IV) $\quad \boldsymbol{v}^s - 2\,\boldsymbol{C}(\boldsymbol{x}^s + \lambda\,\boldsymbol{t}) - \boldsymbol{A}'\,\boldsymbol{u}^s - \boldsymbol{e}\,\zeta_s = \boldsymbol{p}$ (wegen $\boldsymbol{C}\,\boldsymbol{t} = \boldsymbol{0}$),

(V) $\quad (\boldsymbol{x}^s + \lambda\,\boldsymbol{t})'\,\boldsymbol{v}^s + \boldsymbol{u}^{s\prime}(\boldsymbol{y}^s - \lambda\,\boldsymbol{A}\,\boldsymbol{t}) + \eta_s\,\zeta_s = 0$

(es ist $(\boldsymbol{x}^s + \lambda\boldsymbol{t})'\,\boldsymbol{v}^s = 0$, da für Komponenten $t_i > 0$, also für $i \in I$, auch $x_i^s > 0$ und daher $v_i^s = 0$ gilt; ebenso folgt $\boldsymbol{u}^{s\prime}(\boldsymbol{y}^s - \lambda\boldsymbol{A}\,\boldsymbol{t}) = 0$),

(VI) $\quad Q(\boldsymbol{x}^s + \lambda\,\boldsymbol{t}) = Q(\boldsymbol{x}^s)$ (wegen $\boldsymbol{p}'\,\boldsymbol{t} = 0$ und $\boldsymbol{C}\,\boldsymbol{t} = \boldsymbol{0}$).

Wegen (I) bis (V) ist $\boldsymbol{x}^s + \lambda\boldsymbol{t}$ nach § 12.1, Satz 1, Minimalpunkt von $Q(\boldsymbol{x})$ bezüglich $M_{s+\lambda}$; wegen (VI) ist dann aber auch $\boldsymbol{x}^s$ Minimalpunkt bezüglich $M_{s+\lambda}$, und zwar für alle $\lambda \geqq 0$. Wählt man nun ein beliebiges $\lambda > 0$, so erfüllt $\boldsymbol{x}^s$ die Kuhn-Tucker-Bedingungen (K) für $s + \lambda$ statt s mit passendem $\boldsymbol{v}^{s+\lambda}$, $\boldsymbol{u}^{s+\lambda}$, $\boldsymbol{y}^{s+\lambda}$, $\eta_{s+\lambda}$ und $\zeta_{s+\lambda}$; insbesondere gilt

$$\boldsymbol{e}'\boldsymbol{x}^s + \eta_{s+\lambda} = s + \lambda.$$

Wegen $\boldsymbol{e}'\boldsymbol{x}^s = s$ wird $\eta_{s+\lambda} = \lambda > 0$ und daher $\zeta_{s+\lambda} = 0$. Es gelingt also auch im Fall (b) der oben gemachten Fallunterscheidung, einen Minimalpunkt anzugeben, für den der Fall (a) eintritt und der daher Minimalpunkt bezüglich M ist.

Aufgaben

1. Auf einem sumpfigen Gelände, auf dem das Bauen höherer Häuser wegen der Fundamentierung sehr große Kosten verursacht, sollen x fünfstöckige und y zweistöckige Häuser gebaut werden; die Arbeitsleistung einer Person in einem Monat werde als „Personenmonat" bezeichnet; die näheren Angaben sind wohl unmittelbar aus folgender Tabelle verständlich:

Stockwerkanzahl	Kosten in DM	Personenmonate	Bodenfläche in m^2	Anzahl der Menschen pro Haus	Anzahl der Häuser
5	600000	120	800	30	x
2	200000	60	600	12	y
zur Verfügung steht	18000000	4500	42000		

Wie sind x und y zu wählen, damit insgesamt möglichst viele Menschen auf dem Baugelände wohnen können?

Lösung: $x = 15$, $y = 45$; bei dieser Lösung werden 3000 m^2 nicht bebaut.

2. Ein Tischlermeister will x_1 Tische und x_2 Stühle mit maximalem Gewinn herstellen; dabei kann er höchstens 20 Tische absetzen, also $x_1 \leqq 20$. Die Tabelle enthält die näheren Angaben.

	pro Tisch	pro Stuhl	insgesamt verfügbar
Arbeitsstunden	6	1,5	240
Materialkosten, Löhne usw. in DM	180	30	5400
Reingewinn in DM	80	15	

Lösung: $x_1 = 10$, $x_2 = 120$, gesamter Reingewinn $Q = 2600$ DM.

3. Auf einem Gut sollen Roggen und Kartoffeln angebaut werden; man hat, bezogen auf 1 Morgen Anbaufläche

	Anbaukosten	Aufwand an Arbeitszeit	Reingewinn
bei Kartoffeln	5 DM	2 Std	20 DM
bei Roggen.	10 DM	10 Std	60 DM

Man soll die Anbauflächen x_1 für Kartoffeln und x_2 für Roggen so wählen, daß der gesamte Reingewinn möglichst groß wird; dabei stehen 1200 Morgen Land, 7000 DM und 5200 Arbeitsstunden zur Verfügung. Eine Aufgabe dieser Art ist bei STIEFEL, 1961, S. 28 ausführlich behandelt.

Lösung: Es sollen 600 Morgen mit Kartoffeln, 400 Morgen mit Roggen bepflanzt werden, während man 200 Morgen Land brach liegen läßt; der maximale Gewinn beträgt dann 36000 DM.

4. Welche der durch folgende Bedingungen gegebenen Punktmengen stellen Polyeder dar? (es ist x, y, z statt x_1, x_2, x_3 geschrieben).

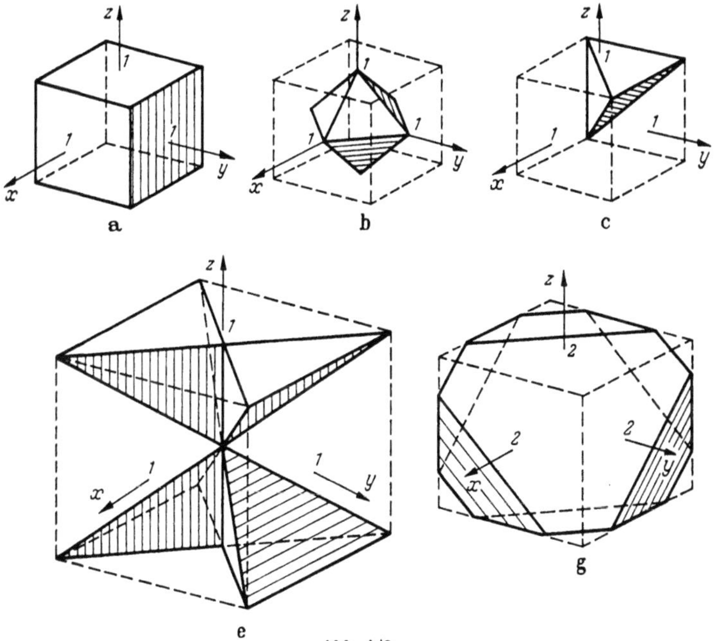

Abb. A/2

a) $$|x| \leqq 1\,, \; |y| \leqq 1\,, \; |z| \leqq 1\,,$$

b) $$|x| + |y| + |z| \leqq 1\,,$$

c) $$-1 \leqq x \leqq y \leqq z \leqq 1\,,$$

d) $|x| \leqq |y| \leqq |z|$,

e) $|x| \leqq |y| \leqq |z| \leqq 1$,

f) $|x + y + z| \leqq 1$

g) $|x + y + z| \leqq 1, \; |x| \leqq 2, \; |y| \leqq 2, \; |z| \leqq 2$.

Lösung: Nur die durch a), b), c), g) gegebenen Punktmengen sind Polyeder, vgl. Abb. A.2. Bei e) erhält man vier kongruente Tetraeder; bei d) hat man vier unendliche „Halbkegel", von welchen die Teile mit $|z| \leqq 1$ in der Abbildung e) dargestellt sind. Bei f) liegt eine unbeschränkte Punktmenge vor, die von den beiden parallelen Ebenen $x + y + z = \pm 1$ begrenzt wird. Schneidet man aus dieser scheibenförmigen Punktmenge durch $|x| \leqq 2, |y| \leqq 2, |z| \leqq 2$ ein endliches Stück heraus, so entsteht das in Abbildung g angedeutete, von 2 kongruenten Sechsecken und 6 kongruenten Vierecken begrenzte Polyeder mit 12 Ecken.

5. Die regulären Polyeder im R^3 sind Tetraeder, Würfel, Oktaeder, Dodekaeder und Ikosaeder. Welche von diesen haben entartete Ecken?

6. Man gebe die zur Transportaufgabe (4.15) duale Aufgabe an. Eine Lösung der dualen Aufgabe kann man dem T-Schema zur Lösung der Originalaufgabe entnehmen. Wie lautet die Lösung der dualen Aufgabe bei dem in § 4.8 behandelten Beispiel?

7. a) Man bestimme (s. § 5.4) die Traglast $P^*(x, y)$ einer quadratischen Platte ($|x| \leqq 1, |y| \leqq 1$), die bei (1,1), $(-1, 1)$, $(1, -1)$ und $(-1, -1)$ je eine Stütze hat. Zulässige Belastung $P_j \leqq 1$ $(j = 1, \ldots, 4)$.

Lösung: $P^*(x, y) = \operatorname{Min}\left(\frac{4}{|x| + 1}, \frac{4}{|y| + 1}\right)$.

b) Wie a) mit der zulässigen Belastung $0 \leqq P_j \leqq 1$ $(j = 1, \ldots, 4)$.

Lösung: $P^*(x, y) = \operatorname{Min}\left(\frac{4}{|x| + 1}, \frac{4}{|y| + 1}, \frac{2}{|x| + |y|}\right)$.

(vgl. Abb. 5.2).

Aufgabe 8 (Kelleraufgabe). Ein sehr großer Kohlenkeller von gegebenem Grundriß B mit dem Flächeninhalt F soll für n Benutzer in n Einzelkeller der Grundfläche $\frac{1}{n} F$ so aufgeteilt werden, daß die neu einzuziehenden Wände eine möglichst geringe Gesamtlänge L haben (Abb. A/3a). Die Aufgabe ist idealisiert, die Wände werden als sehr dünn (Kurven) angesehen, und von Zwischengängen zwischen den einzelnen Kellern wird abgesehen. Als Beispiel nehme man B als Quadrat der Seitenlänge 1 oder als Rechteck mit den Seitenlängen 1 und 2. Bei großen Werten von n ist die Aufgabe schon deshalb mathematisch und auch auf einem Computer kaum angreifbar, weil man von vornherein nicht weiß, welche Anordnungen der

Wände in Frage kommen. Im Beispiel versuche man die Fälle $n = 2, 3, \ldots, 7$.

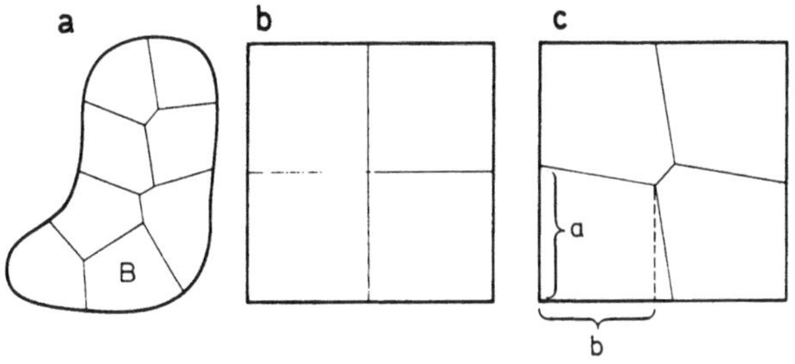

Abb. A/3. Aufteilung eines Kohlenkellers

Hinweis zur Lösung: Von der isoperimetrischen Aufgabe her weiß man, daß als Kurven nur Geradenstücke und Kreisbogenstücke in Frage kommen. Wenn man sich bei der Aufgabenstellung auf Polygone beschränkt, müßte man zulassen, daß als Annäherung für Kreisbögen bei der Aufteilung auch Ecken auftreten, von denen nur zwei Kanten ausgehen, und daß daher i. a. nicht alle Polygone konvex sein werden. Bereits der Fall eines Quadrates mit $n = 4$ bietet auf den ersten Blick eine Überraschung, indem die Einteilung in vier kongruente Teilquadrate (Abb. A/3b) mit $L = 2$ nicht optimal ist. Bei einer Anordnung nach Abb. A/3c mit den dort angegebenen Abmessungen a, b erhält man als günstigste Werte $a \approx 0.53$, $b \approx 0.47$, $L \approx 1.981$.

Aufgabe 9. Für das in Nr. 6.9 als 3. genannte Beispiel gebe man für $s(20, 3)$ und $s(20, 4)$ noch andere Mengen $\{n_i\}$ als Lösungen an.

Lösung: $s(20, 3) = 4$ mit $\{n_i\} = \{1, 4, 6, 7\}$ oder $\{1, 3, 7, 12\}$ oder $\{1, 3, 8, 12\}$. Für $s(20, 4)$ z.B. $\{n_i\} = \{1, 4, c\}$ mit $c = 5, 6$ oder 9 oder $\{n_i\} = \{1, 5, d\}$ mit $d = 6$ oder 8.

Aufgabe 10: In einer x-y-Ebene seien vier Ortschaften durch die Koordinaten ihrer Zentren $P_1 = (0, 0)$, $P_2 = (1, 0)$, $P_3 = (1, 2)$, $P_4 = (0, 1)$ (Abb. A/4) gegeben. Gesucht ist die Lage S einer Fabrik so, daß die Summe der Entfernungen von den vier Ortschaften $\sum_{j=1}^{4} \overline{P_j S}$ möglichst klein wird.

Lösung: $S = (\frac{1}{3}, \frac{2}{3})$, $\sum_{j=1}^{4} \overline{P_j S} = \sqrt{2} + \sqrt{5}$.

Man zeige allgemein: Bilden die vier Punkte P_1, P_2, P_3, P_4 ein konvexes Viereck, so ist S der Schnittpunkt der Diagonalen.

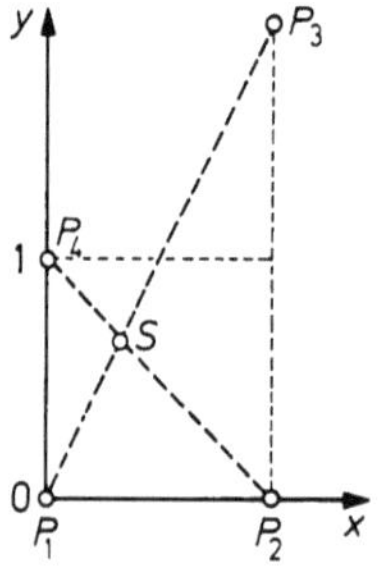

Abb. A/4. Günstigste Lage einer Fabrik

Aufgabe 11 (das „Gustav-Victor-Spiel"): Gustav und Victor legen jeder für sich bei einem Würfel eine Seite nach oben, ohne daß der andere es sieht. Dann geben sie gegenseitig ihre Wahl bekannt. Jeder wählt also für sich eine der Zahlen 1 bis 6. Victor tippt darauf, daß die gewählten Zahlen voneinander verschieden sind. Ist das der Fall, so muß Gustav an Victor v DM bezahlen, wobei v der Differenzbetrag der beiden gewählten Zahlen ist. Gustav dagegen tippt darauf, daß die gewählten Zahlen gleich sind, und wenn dies der Fall ist, muß Victor an Gustav einen Betrag von a DM bezahlen. Ist das Spiel fair, wenn Gustav und Victor sich auf $a = 12$ einigen?

Lösung: Die Auszahlungsmatrix, welche angibt, was Victor an Gustav zu zahlen hat, lautet hier

G \ V	1	2	3	4	5	6
1	a	-1	-2	-3	-4	-5
2	-1	a	-1	-2	-3	-4
3	-2	-1	a	-1	-2	-3
4	-3	-2	-1	a	-1	-2
5	-4	-3	-2	-1	a	-1
6	-5	-4	-3	-2	-1	a

Das Spiel ist nahezu fair, aber nicht ganz fair. Der Wert des Spieles beträgt $v = -\frac{5}{266} \approx -0.018797$. Man darf daraus, daß die Summe aller Matrixelemente positiv ist, nämlich gleich 2, nicht schließen, daß auch der Wert v positiv sei.

Um eine Vorstellung von dem Einfluß von a zu geben, sei noch genannt, daß für $a = 10$ der Wert des Spieles $v = -\frac{35}{96} \approx -0.3646$ ist.

Aufgabe 12 (Nimm-Spiel zu drei Personen als kooperatives Spiel): Von einem Haufen mit M Bohnen werden von drei Spielern P_1, P_2, P_3 reihum Bohnen weggenommen, und zwar erfüllt die Anzahl z der jeweils von einem Spieler weggenommenen Bohnen die Bedingung, daß z zu einer von den Spielern von vornherein festgesetzten Menge K zulässiger Zahlen gehört. Nimmt ein Spieler die letzte Bohne weg oder kann er keinen den Spielregeln genügenden Zug tun, weil nicht mehr genug Bohnen da sind, so ist er der Verlierer des Spieles.

Im einfachsten Falle sei K die Menge $K = \{1, 2\}$, d.h. jeder Spieler nimmt entweder eine oder zwei Bohnen fort. P_1 fängt an zu spielen, d.h. verringert als erster die Zahl um ein $z \in K$.

Nun werde das Spiel als „geheimes kooperatives Spiel" aufgefaßt, d.h. P_2 und P_3 wollen versuchen, so zu spielen, daß P_1 verliert. Bei welchen Zahlen M kann P_1 dies verhindern, und bei welchen Zahlen kann er es nicht verhindern? Man untersuche dies speziell für folgende Mengen: a) $K = \{1, 2\}$, b) $K = \{2, 3\}$, c) $K = \{3, 4\}$.

Lösung: Eine Zahl M heiße günstig, wenn P_1 den Verlust verhindern kann, andernfalls ungünstig. Im Falle a) sind die Zahlen $M = 2, 3, 4, 7, 8$ günstig, alle anderen sind ungünstig. Im Fall b) sind z.B. die Zahlen 27 und 28 günstig, und die Zahl 26 und alle Zahlen $\geqq 29$ sind ungünstig. Im Falle c) sind z.B. die Zahlen $M = 59$ und 60 günstig, während die Zahlen 58 und alle Zahlen $\geqq 61$ unungünstig sind.

Aufgabe 13 (Approximationsaufgaben). In welchen der in Abb. 6.7 genannten Typen von Optimierungsaufgaben fallen folgende Approximationen: Es soll die Funktion $f(x) = 2 - x^{1/2}$ im Intervall $I = [0,1]$ durch eine Funktion der Form $w(x) = \frac{1}{a + x}$ durch passende Wahl von $a > 0$ möglichst gut approximiert werden, und zwar

1. im Tschebyscheffschen Sinne, d.h. es soll

$$\Phi(a) = \underset{x \in I}{\text{Max}} \, |w(x) - f(x)|$$

durch passende Wahl von a möglichst klein gemacht werden,

2. im Mittel, d.h. die Funktion

$$\Psi(a) = [\int_0^1 (w - f)^2 \, dx]^{1/2}$$

soll zum Minimum gemacht werden.

Lösung: 1. strikt quasikonvexe Optimierung, die Funktion $\Phi(a)$,

Abb. A/5 weist im Bereich $a > 0$ zwei Ecken auf und ist also nicht differenzierbar.

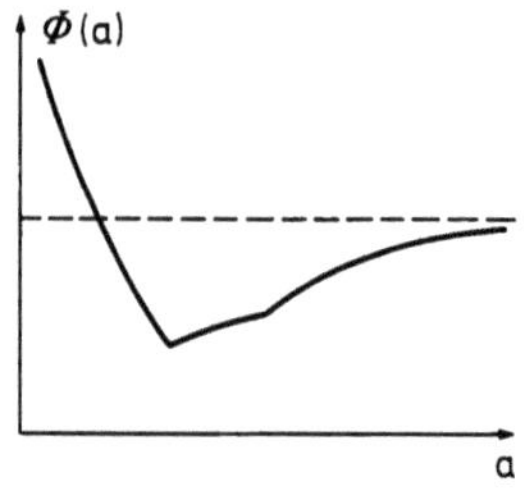

2. pseudokonvexe Optimierung, die Funktion $\Psi(a)$, Abb. A/6, ist für $a > 0$ differenzierbar.

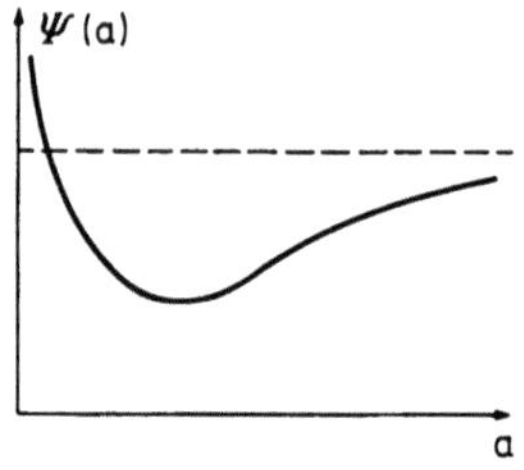

Aufgabe 14 (kürzester Weg). In einer x-y-Ebene befinden sich „Straßen" längs der Geraden $y = 1$ und $y = 2$, auf denen eine Person P sich mit der Geschwindigkeit v fortbewegen kann. P möchte vom Punkt $P_0 = (0,0)$ zum Punkte $P_1 = (a, b)$, z.B. etwa $a = 4$, $b = 3$, Abb. A/7, in möglichst kurzer Zeit z gelangen, wobei die Geschwindigkeit in den drei Gebieten $y < 1$, $1 < y < 2$, $y > 2$ die Werte v/α_1 bzw. v/α_2 bzw. v/α_3 haben möge mit $\alpha_j > 1$ für $j = 1, 2, 3$. Was für eine Optimierung im Sinn der Abb. 6.7 liegt vor?

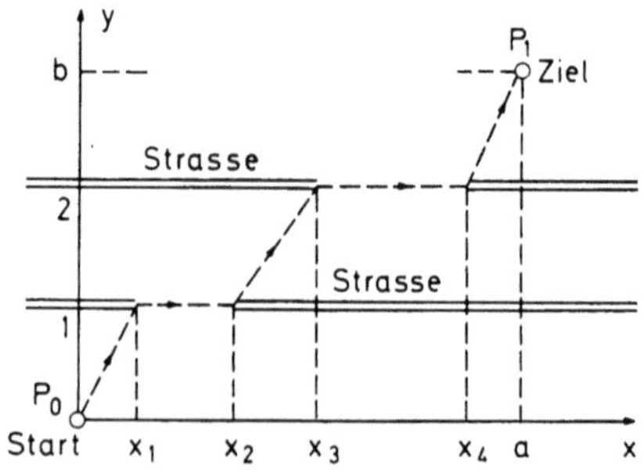

Lösung: eine nichtlineare separable Optimierung.

Sind $[x_1, x_2]$ und $[x_3, x_4]$ die Intervalle auf den Geraden $y = 1$ bzw. $y = 2$ des gesuchten Weges und setzt man $x_1 = c_1$, $x_3 - x_2 = c_2$, $a - x_4 = c_3$, so hat man bei genügend großem a die Funktion

$$z = z(c_1, c_2, c_3) = [\alpha_1 \sqrt{1 + c_1^2} + \alpha_2 \sqrt{1 + c_2^2} + \\ + \alpha_3 \sqrt{(b-2)^2 + c_3^2} + a - c_1 - c_2 - c_3]/v$$

zu minimieren. Analog kann man leicht kompliziertere Optimierungsaufgaben betrachten, z.B. daß eine Person möglichst rasch einen etwa kreisförmigen See bei dazwischenliegenden, teils gekrümmten Straßen erreichen soll, Abb. A/8.

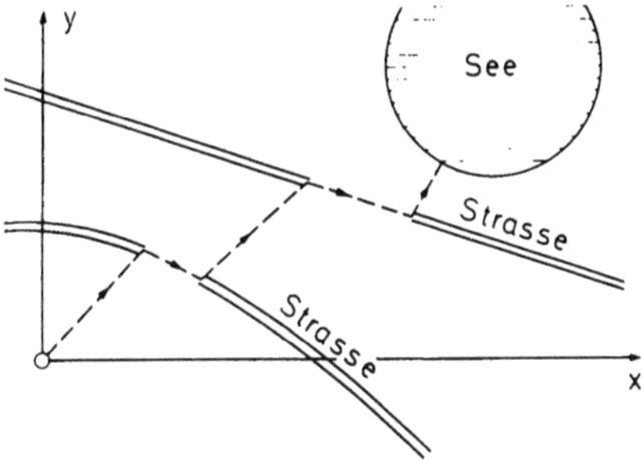

Literatur

ABADIE, J.: Nonlinear programming. Amsterdam: North Holland Publ. Comp. 1967, 316 S.

— Integer and nonlinear programming. Amsterdam: North Holland Publ. Comp. 1970, 544 S.

ALTMAN, M.: Bilinear programming. Serie des sciences math. astr. et phys. Vol. **16**, Nr. 9, 741—746 (1968).

ARROW, K. J., L. HURWICZ, and H. UZAWA: Studies in linear and non-linear programming. Stanford: University Press 1958. 229 S.

BARANKIN, E., and R. DORFMAN: On quadratic programming. University of California Publications in Statistics **2**, 258—318 (1958).

BONNESEN, T., und W. FENCHEL: Theorie der konvexen Körper. Berlin: Springer 1934. 164 S.

BOOT, J.C.G.: Quadratic programming. Amsterdam: North Holland Publishing Company 1964. 213 S.

BRACKEN, J., and G. P. MCCORMICK: Selected applications of nonlinear programming. New York: John Wiley & Sons 1968.

BURGER, E.: Einführung in die Theorie der Spiele. Berlin: de Gruyter 1959. 169 S.

CHENEY, E. W., and A. A. GOLDSTEIN: Newtons method for convex programming and Tchebycheff approximation. Numerische Math. **1**, 253—268 (1959).

COLLATZ, L.: Aufgaben monotoner Art. Arch. Math. **3**, 366–376 (1952).
– Approximation in partial differential equations. Proc. Symposium on Numerical Approximation. Edited by R. E. Langer. Madison 1959. 413–422.
– Funktionalanalysis und numerische Mathematik. Berlin-Göttingen-Heidelberg: Springer 1964. 371 S.
– Tschebyscheffsche Approximation, Randwertaufgaben und Optimierungsaufgaben. Wissenschaftliche Zeitschrift der Hochschule für Architektur und Bauwesen Weimar **12**, 504–509 (1965).
– Applications of nonlinear optimization to approximation problems. In: Integer and nonlinear programming. Amsterdam: North Holland Publ. Comp. 1970, S. 285–308.

CONVERSE, A. O.: Optimization. New York-Chicago: Holt, Rinehart, Winston 1970, 295 S.

DANØ, S.: Linear programming in industry, theory and applications. Wien: Springer 1960. 120 S.

DANTZIG, G. B.: Lineare Programmierung und Erweiterungen. Berlin-Heidelberg-New York: Springer 1966. 712 S.

DIETER, U.: Optimierungsaufgaben in topologischen Vektorräumen I: Dualitätstheorie. Z. Wahrscheinlichkeitstheorie verw. Geb. **5**, 89–117 (1966).

DUFFIN, R. J., E. L. PETERSON, and C. M. ZENER: Geometric programming. New York-London-Sidney: John Wiley & Sons 1967, 268 S.

EGGLESTON, H. G.: Convexity. Cambridge: University Press 1958. 136 S.

ELSNER, L.: Konvexe Optimierung beim Einschließungssatz für Eigenwerte von Matrizen, erscheint demnächst (1971).

FLETCHER, R.: Optimization. Symposium of the Institute of Mathematics and its Applications, University of Keele. London: Academic Press 1969.

GALE, D.: The theory of linear economic models. New York: MacGraw-Hill 1960.

GASS, S. I.: Linear Programming. New York: MacGraw-Hill 2nd ed., 1964, 280 S.

GOLDMAN, A. J., and A. W. TUCKER: Theory of linear programming. Ann. Math. Studies **38**, 53–97 (1956).

GOMORY, R. E.: An algorithm for integer solutions to linear programs. S. 269 bis 302 in Graves-Wolfe 1963.

GRAVES, R. L., and PH. WOLFE: Recent advances in mathematical programming. New York-San Francisco-Toronto-London: MacGraw-Hill 1963, 347 S.

JUNGINGER, W.: Über die Lösung des dreidimensionalen Transportproblems. Diss. Univ. Stuttgart 1970, 93 S.

KARLIN, S.: Mathematical methods and theory in games, programming and economics, Vol. I, II. London-Paris: Pergamon 1959, 433 und 386 S.

KELLEY, J. E. JR.: The cutting plane method for solving convex programs. J. Soc. Indust. Appl. Math. **8**, 703–712 (1960).

KIRCHGÄSSNER: Graphentheoretische Lösung eines nichtlinearen Zuteilungsproblems. Unternehmensforschung **9**, 217–229 (1965).

KNÖDEL, W.: Lineare Programme und Transportaufgaben. Zeitschrift für moderne Rechentechnik und Automation **7**, 63–68 (1960).

KÖNIG, D.: Theorie der endlichen und unendlichen Graphen. Leipzig: Akad. Verlagsgesellschaft 1936.

KRABS, W.: Fehlerquadrat-Approximation als Mittel zur Lösung des diskreten linearen Tschebyscheff-Problems. Z. angew. Math. Mech. **44**, T 42–45 (1964).
– Lineare Optimierung in halbgeordneten Vektorräumen. Num. Math. **11**, 220–231 (1968).

KUHN, W.: Das Skin-Spiel ist zitiert bei GASS, 1964, Kap. 12.1.
KÜNZI, H. P., und W. KRELLE: Nichtlineare Programmierung. Berlin-Göttingen-Heidelberg: Springer 1962, 221 S.
— H. TZSCHACH und C.-A. ZEHNDER: Numerische Methoden der mathematischen Optimierung. Stuttgart: Teubner 1966.
LEMPIO, F.: Separation und Optimierung in linearen Räumen. Hamburg: Dissertation 1971.
— Lineare Optimierung in unendlichdimensionalen Vektorräumen, erscheint demnächst (1971).
MANGASARIAN, O. L.: Nonlinear programming. New York: McGraw Hill 1969, 220 S.
MCCORMICK, G. P.: Second order conditions for constrained minima. SIAM J. Appl. Math. **15**, 641—652 (1967).
MEINARDUS, G.: Approximation von Funktionen und ihre numerische Behandlung. Berlin-Göttingen-Heidelberg-New York: Springer 1964, 180 S.
MELSA, J. L., and D. G. SCHULTZ: Linear control systems. New York: McGraw-Hill 1970, 621 S.
NEUMANN, J. von, und O. MORGENSTERN: Spieltheorie und wirtschaftliches Verhalten. Würzburg: Physika 1961. 668 S.
PFANZAGL, J.: Allgemeine Methodenlehre der Statistik, Bd. II, 2. Auflage. Berlin: de Gruyter 1966, 315 S.
PRAGER, W.: Lineare Ungleichungen in der Baustatik. Schweiz. Bauzeitung **80**, 19 (1962).
SCHRÖDER, J.: Das Iterationsverfahren bei allgemeinerem Abstandsbegriff. Math. Z. **66**, 111—116 (1956).
SENGUPTA, J. K., and G. TINTNER: A review of stochastic linear programming. Review of the internat. Statistic Institut **39**, 197—223 (1971).
STIEFEL, E.: Über diskrete und lineare Tschebyscheff-Approximationen. Numerische Math. **1**, 1—28 (1959).
— Note on Jordan elimination, linear programming and Tschebyscheff approximation. Numerische Math. **2**, 1—17 (1960).
— Einführung in die numerische Mathematik. Stuttgart: Teubner 1961, 234 S.
STOER, J.: Duality in nonlinear programming and the minmax theorem. Numerische Math. **5**, 371—379 (1963).
— Über einen Dualitätssatz der nichtlinearen Programmierung. Numerische Math. **6**, 55—58 (1964).
— and C. WITZGALL: Convexity and optimization in finite dimensions I. Berlin-Heidelberg-New York: Springer 1970, 293 S.
TOLLE, H.: Optimierungsverfahren für Variationsaufgaben mit gewöhnlichen Differentialgleichungen als Nebenbedingungen. Berlin-Heidelberg-New York: Springer 1971, 291 S.
UZAWA, H.: The Kuhn-Tucker theorem in concave programming. In: ARROW, HURWICZ, UZAWA 1958, S. 32—37.
VAJDA, S.: Mathematical programming. Reading, Mass.: Addison-Wesley 1961. 310 S.
VALENTINE, F. A.: Convex Sets. New York: MacGraw-Hill 1964, 238 S.
VOGEL, W.: Lineares Optimieren. Leipzig: Akademische Verlagsgesellschaft Geest + Portig 1967, 372 S.
WETTERLING, W.: Lösungsschranken beim Differenzenverfahren zur Potentialgleichung. International Series of Numerical Mathematics. **9**, 209—222 (1968).
— Lokal optimale Schranken bei Randwertaufgaben. Computing **3**, 125—130 (1968).
— Definitheitsbedingungen für relative Extrema bei Optimierungs- und Ap-

proximationsaufgaben. Numerische Math. **15**, 122–136 (1970).
— Über Minimalbedingungen und Newton-Iteration bei nichtlinearen Optimierungsaufgaben. International Series of Numerical Mathematics **15**, 93–99 (1970a).
Wolfe, Ph.: The simplex method for quadratic programming, Econometrica **27**, 382–398 (1959).
— Accelerating the cutting plane method for nonlinear Programming. J. Soc. Indust. Appl. Math. **9**, 481–488 (1961).
— Methods of nonlinear programming. In: Graves und Wolfe 1963, S. 67–86.
Zoutendijk, G.: Methods of feasible directions. Amsterdam: Elsevier Publishing Company 1960. 123 S.

Namen- und Sachverzeichnis

Heidelberger Taschenbücher

Wirtschaftswissenschaften

14 A. Stobbe: Volkswirtschaftliches Rechnungswesen. 2. Auflage. DM 12,80
38 R. Henn/H. P. Künzi: Einführung in die Unternehmensforschung I. DM 10,80
39 R. Henn/H. P. Künzi: Einführung in die Unternehmensforschung II. DM 12,80
40 M. Neumann: Kapitalbildung, Wettbewerb und ökonomisches Wachstum. DM 9,80
56 M. J. Beckmann/H. P. Künzi: Mathematik für Ökonomen I. DM 12,80
62 K. W. Rothschild: Wirtschaftsprognose. Methoden und Probleme. DM 12,80
78 A. Heertje: Grundbegriffe der Volkswirtschaftslehre. DM 10,80
90 A. Heertje: Volkswirtschaftslehre. Grundbegriffe II. DM 12,80
92 J. Schumann: Grundzüge der mikroökonomischen Theorie. DM 14,80

Mathematik

12 B. L. van der Waerden: Algebra I. 8. Auflage der Modernen Algebra. DM 10,80
15 L. Collatz/W. Wetterling: Optimierungsaufgaben. 2. Aufl. DM 14,80
23 B. L. van der Waerden: Algebra II. 5. Auflage der Modernen Algebra. DM 14,80
26 H. Grauert/I. Lieb: Differential- und Integralrechnung I. 2. Auflage. DM 12,80
36 H. Grauert/W. Fischer: Differential- und Integralrechnung II. DM 12,80
43 H. Grauert/I. Lieb: Differential- und Integralrechnung III. DM 12,80
44 J. H. Wilkinson: Rundungsfehler. DM 14,80
49 Selecta Mathematica I. Verf. und hrsg. von K. Jacobs. DM 10,80
50 H. Rademacher/O. Toeplitz: Von Zahlen und Figuren. DM 8,80
51 E. B. Dynkin/A. A. Juschkewitsch: Sätze und Aufgaben über Markoffsche Prozesse. DM 14,80
64 F. Rehbock: Darstellende Geometrie. 3. Auflage. DM 12,80
65 H. Schubert: Kategorien I. DM 12,80
66 H. Schubert: Kategorien II. DM 10,80
67 Selecta Mathematica II. Hrsg. von K. Jacobs. DM 12,80
73 G. Pólya/G. Szegö: Aufgaben und Lehrsätze aus der Analysis I. DM 12,80
74 G. Pólya/G. Szegö: Aufgaben und Lehrsätze aus der Analysis II. DM 14,80
80 F. L. Bauer/G. Goos: Informatik I. DM 9,80
86 Selecta Mathematica III. Hrsg. von K. Jacobs. DM 12,80
87 H. Hermes: Aufzählbarkeit, Entscheidbarkeit, Berechenbarkeit. 2. Aufl. DM 14,80
91 F. L. Bauer/G. Goos: Informatik II. DM 12,80
93 O. Komarnicki: Programmiermethodik. DM 14,80

98 Selecta Mathematica IV. Hrsg. von K. Jacobs. In Vorbereitung
99 P. Deussen: Halbgruppen und Automaten. DM 11,80
103 K. Diederich/R. Remmert: Funktionentheorie I. In Vorbereitung

Physik — Chemie — Technik

1 **M. Born: Die Relativitätstheorie Einsteins.** 5. Auflage. DM 10,80
2 **K. H. Hellwege: Einführung in die Physik der Atome.** 3. Auflage. DM 8,80
6 **S. Flügge: Rechenmethoden der Quantentheorie.** 3. Auflage. DM 10,80
7/8 **G. Falk: Theoretische Physik I und I a auf der Grundlage einer allgemeinen Dynamik.**
Band 7: Elementare Punktmechanik (I). DM 8,80
Band 8: Aufgaben und Ergänzungen zur Punktmechanik (I a). DM 8,80
9 **K. W. Ford: Die Welt der Elementarteilchen.** DM 10,80
10 **R. Becker: Theorie der Wärme.** DM 10,80
11 **P. Stoll: Experimentelle Methoden der Kernphysik.** DM 10,80
13 **H. S. Green: Quantenmechanik in algebraischer Darstellung.** DM 8,80
16/17 **A. Unsöld: Der neue Kosmos.** DM 18,—
19 **A. Sommerfeld/H. Bethe: Elektronentheorie der Metalle.** DM 10,80
20 **K. Marguerre: Technische Mechanik.** I. Teil: Statik. DM 10,80
21 **K. Marguerre: Technische Mechanik.** II. Teil: Elastostatik. DM 10,80
22 **K. Marguerre: Technische Mechanik.** III. Teil: Kinetik. DM 12,80
27/28 **G. Falk: Theoretische Physik II und II a.**
Band 27: Allgemeine Dynamik. Thermodynamik (II). DM 14,80
Band 28: Aufgaben und Ergänzungen zur Allgemeinen Dynamik und Thermodynamik (II a). DM 12,80
30 **R. Courant/D. Hilbert: Methoden der mathematischen Physik I.** 3. Auflage. DM 16,80
31 **R. Courant/D. Hilbert: Methoden der mathematischen Physik II.** 2. Auflage. DM 16,80
33 **K. H. Hellwege: Einführung in die Festkörperphysik I.** DM 9,80
34 **K. H. Hellwege: Einführung in die Festkörperphysik II.** DM 12,80
37 **V. Aschoff: Einführung in die Nachrichtenübertragungstechnik.** DM 11,80
52 **H. M. Rauen: Chemie für Mediziner — Übungsfragen.** DM 7,80
53 **H. M. Rauen: Biochemie — Übungsfragen.** DM 9,80
55 **H. N. Christensen: Elektrolytstoffwechsel.** DM 12,80
59/60 **C. Streffer: Strahlen-Biochemie.** DM 14,80
63 **Z. G. Szabó: Anorganische Chemie.** DM 14,80
71 **O. Madelung: Grundlagen der Halbleiterphysik.** DM 12,80
72 **M. Becke-Goehring/H. Hoffmann: Komplexchemie.** DM 18,80
75 **Technologie der Zukunft. Hrsg. von R. Jungk.** DM 15,80
79 **E. A. Kabat: Einführung in die Immunchemie und Immunologie.** DM 18,80
81 **K. Steinbuch: Automat und Mensch.** 4. Auflage. DM 16,80
85 **W. Hahn: Elektronik-Praktikum.** DM 10,80
102 **W. Franz: Quantentheorie.** DM 19,80

MIX
Papier aus verantwortungsvollen Quellen
Paper from responsible sources
FSC® C105338

FSC
www.fsc.org

If you have any concerns about our products,
you can contact us on
ProductSafety@springernature.com

In case Publisher is established outside the EU,
the EU authorized representative is:
Springer Nature Customer Service Center GmbH
Europaplatz 3, 69115 Heidelberg, Germany

Printed by Libri Plureos GmbH
in Hamburg, Germany